제2판

Bakery
Management

알기 쉬운
베이커리 경영론

조병동·정양식·김남근
김동균·김한희·김해룡

ᗷ (주)백산출판사

머리말

식생활의 변화와 함께 제과제빵 산업은 급속도로 발전하고 있으며 제과제빵을 전공하는 대다수의 학생들이 경영을 해보고 싶어한다.

따라서 이 책에는 제과능력, 제빵능력에서 위생안전관리, 재료구매관리, 제품개발과 품질관리, 매장관리 등과 베이커리 경영에 관한 내용을 담아 제과제빵을 전공하는 학생들이 체계적으로 학습할 수 있도록 정리하였다.

이 책 한 권으로 제과제빵에 관한 이론 정립은 물론 경영에 관한 도움을 드릴 수 있도록 전반적인 경영기법까지 아울러 실었다.

부족한 것이 많지만 앞으로 보완해 나갈 것을 약속드리며 여러분에게 도움이 되었으면 하는 마음 간절하다.

2022년 1월
저자 일동

차 례

제1장 **위생안전관리**

1-1 개인위생안전관리하기

1 식품위생

1) 식품위생

(1) 식품위생의 정의

① 식품위생이란 "식품 및 첨가물, 기구, 포장을 대상으로 하는 음식에 관한 위생"이라고 명시할 수 있다.

② 음식물의 변질, 오염과 유해물질, 위해물의 혼입 등을 방지하고 음식물과 관련 있는 첨가물, 기구, 용기, 포장에 대해서도 비위생적인 요소를 제거함으로써 음식으로 인한 위해를 방지하여 우리의 건강을 유지, 향상시키기 위한 것이라고 할 수 있다.

(2) 식품위생법

① 제1조(목적) 이 법은 식품으로 인하여 생기는 위생상의 위해(危害)를 방지하고 식품영양의 질적 향상을 도모하며 식품에 관한 올바른 정보를 제공하여 국민보건의 증진에 이바지함을 목적으로 한다.

② 제3조(식품 등의 취급)

- 누구든지 판매(판매 외의 불특정 다수인에 대한 제공을 포함한다. 이하 같다)를 목적으로 식품 또는 식품첨가물을 채취·제조·가공·사용·조리·저장·소분·운반 또는 진열을 할 때에는 깨끗하고 위생적으로 해야 한다.
- 영업에 사용하는 기구 및 용기·포장은 깨끗하고 위생적으로 다루어야 한다.
- 제1항 및 제2항에 따른 식품, 식품첨가물, 기구 또는 용기·포장(이하 "식품 등"이라 한다)의 위생적인 취급에 관한 기준은 총리령으로 정한다. 〈개정 2010.1.18., 2013.3.23.〉

③ 제40조(건강진단)

- 총리령으로 정하는 영업자 및 그 종업원은 건강 진단을 받아야 한다.
- 건강 진단을 받은 결과 타인에게 위해를 끼칠 우려가 있는 질병이 있다고 인정된 자는 그 영업에 종사하지 못한다.
- 영업자는 제1항을 위반하여 건강 진단을 받지 아니한 자나 제2항에 따른 건강 진단 결과 타인에게 위해를 끼칠 우려가 있는 질병이 있는 자를 그 영업에 종사시키지 못한다.

④ 시행규칙 제49조(건강진단 대상자)

- 건강진단을 받아야 하는 사람은 식품 또는 식품첨가물(화학적 합성품 또는 기구 등의 살균·소독제는 제외한다)을 채취·제조·가공·조리·저장·운반 또는 판매하는 일에 직접 종사하는 영업자 및 종업원으로 한다. 다만, 완전 포장된 식품 또는 식품첨가물을 운반하거나 판매하는 일에 종사하는 사람은 제외한다.
- 제1항에 따라 건강 진단을 받아야 하는 영업자 및 그 종업원은 영업 시작 전 또는 영업에 종사하기 전에 미리 건강진단을 받아야 한다.

(3) 영업에 종사하지 못하는 질병의 종류

① 「감염병의 예방 및 관리에 관한 법률」에 따른 제1군 감염병(장티푸스)
② 「감염병의 예방 및 관리에 관한 법률」에 따른 결핵(비감염성인 경우는 제외)
③ 피부병 또는 그 밖의 화농성질환
④ 후천성 면역 결핍증(성병에 관한 건강진단을 받아야 하는 영업에 종사하는 사람만 해당)

2) 식품과 미생물

(1) 미생물의 개념

① 미생물이란 개체가 아주 작아서 육안으로는 볼 수 없고 현미경으로만 식별할 수 있는 생물군을 말한다.
② 식물계에 속하는 균류와 동물계에 속하는 균류가 있고 병을 일으키는 병원성 미생물과 병을 일으키지 않는 비병원성 미생물이 있다.
③ 비병원성 미생물에는 식품의 부패나 변질의 원인이 되는 유해한 것과 발효, 양조 등에 이용되는 유익한 미생물이 있다.
④ 미생물은 주로 토양, 물, 하수, 동물, 식물, 대기 속에 존재하며 식품은 제조, 가공, 보존, 조리과정에서 이것에 의해 오염되기 쉽다.
⑤ 크기는 미크론(1/1000㎜)단위로 나타내고 인공배양하면 육안으로 관찰할 수 있는 집단을 형성한다.

(2) 미생물의 분류

① 세균
- 구균, 간균, 나선균의 3가지 형태로 존재하고 협막, 아포, 편모 등을 가지며 2분법으로 증식한다.

• 세균성 식중독, 경구전염병의 병원체와 식품의 부패 등에 작용하는 부패 세균 등이 있다.

② 효모

• 구형, 난형, 타원형으로 존재한다.

• 운동을 하지 못하고 주로 출아법으로 증식한다.

• 식품의 발효나 빵제조 등으로 이용되며 사람에게 병을 일으키는 것은 드물다.

③ 곰팡이

• 하등 균류의 하나로 동식물에 기생하며 포자로 번식한다.

• 진균류 중에 균사체를 발육기관으로 하는 것을 사상균이라 하며 무성포자나 영양체의 분열에 의해 증식하는 불완전 균이다.

• 누룩, 메주 등은 곰팡이를 이용하는 이로운 것이지만 식품을 변질시키거나 독소를 만들어 인체를 공격하는 해로운 곰팡이도 있다.

④ 리케차(Rickettsia)

• 세균과 바이러스의 중간에 속하는 것으로 원형, 타원형 등의 형태를 가진다.

• 운동성이 없고 살아 있는 세포 속에서만 2분법으로 증식하며 전염병의 원인이 되기도 한다.

⑤ 바이러스(Virus)

• 형태, 크기 등이 일정하지 않고 순수 배양되지 않으며 살아 있는 세포에서만 증식한다.

• 미생물 중에서 크기가 가장 작으며 경구전염병의 원인이 되기도 한다.

⑥ 조류

• 엽록체를 가지는 간단한 식물로서 대부분 물속이나 습한 곳에서 번식한다.

• 단세포와 다세포로 된 것이 있으며 질병을 일으키는 것은 거의 없고 주로 유용하게 쓰인다.

⑦ 원생동물

• 단일 세포로 된 최하등의 미세한 동물이다.

• 종류가 많고 온갖 곳에 살며 동물에 기생하기도 한다.

(3) 미생물과 환경

① 수분

• 미생물이 생명체로서 생활 작용의 기초가 되는 것은 수분으로 수분이 없으면 생활기능을 상실한다.

• 세균과 효모가 생육하기 좋은 환경은 식품의 수분함량이 40% 이상이 되었을 때이며 곰팡이는 15% 정도 이상이면 생육이 가능하다.

② 영양소

- 미생물이 필요로 하는 영양소에는 탄소원, 질소원, 무기염류, 발육소(발육인자) 등이 있다.
- 증식기능 한계온도는 최저온도, 최적온도, 최고온도로 나눠지는데 세균의 종류에 따라 다양하다.
- 세균은 0~80℃ 사이에서 발육하지만 고온보다는 저온에서 활성이 더욱 높다.

〈세균과 증식온도〉

종류	설명
저온균	저온 보존 식품의 부패를 일으키는 세균으로서 최적온도는 15~20℃이며 증식가능 온도는 0~25℃이다.
중온균	병원균을 포함한 대부분의 세균이 여기에 포함되며 최적온도는 25~37℃이고 증식가능 온도는 15~55℃이다.
고온균	온천수에 살고 있는 세균이 이에 해당되며 최적온도는 50~60℃이며 증식가능 온도는 40~75℃이다.

③ 산소

- 식품이 표면에서 부패하기 시작하는 것은 호기성 세균이 산소가 풍부한 표면에 작용하기 때문이다.
- 혐기성 세균은 식품의 내부에서 부패를 일으킨다. 특히 통조림의 살균처리 불량으로 잘 번식한다.

④ pH

- 일반적으로 세균은 중성 혹은 알칼리성에서 잘 번식하고 효모나 곰팡이는 산성에서 잘 번식한다.
- pH가 적당하지 않으면 아포를 형성하는 균이 생기는데 아포는 열과 약품에 아주 강해서 100℃로 끓여도 파괴되지 않는다.

3) 개인위생안전관리

(1) 개인위생안전관리 정리

① 작업자의 소지품, 수염, 머리카락, 매니큐어와 화장, 손톱, 피부 상처 등으로 인하여 식품에 위해를 일으킬 수 있는 것을 예방하고 위생복, 위생모, 장갑, 앞치마, 마스크 등의 위생 상태를 관리하는 것을 말한다.

② 식품을 다루는 이들의 위생관념은 그 어느 때보다 신중하고 비중이 높아지고 있다. 위생을 관리·감독하는 기관도 식약처, 시, 구 위생과를 비롯하여 민간단체에서도 적극적인 단속과 지도 계몽을 하고 있다.

③ 실제 식품을 다루는 제과사와 요리사는 생각지도 못한 부분에서 오염의 대상이 되는 경우가 많으므로 하나하나 관심을 가지고 살펴야 한다. 대부분의 식중독을 비롯한 식인성 병해는 식품취급자에 의하여 발생하는 경우가 많으므로 개인위생안전관리에 철저를 기해야 한다.

④ 식품만큼은 어떤 일이 있어도 안전하고 위생적으로 공급해야 한다는 마음가짐 없이는 일하기 어려운 것이 사실이므로 위생과 식품안전에 대하여 끊임없는 노력이 필요하다.

⑤ 작업장의 출입구에는 개인 위생관리를 위한 세척, 건조, 소독 설비를 하여 개인위생관리 설비를 갖추고 입출입 시 반드시 사용하게 한다.

⑥ 청결구역과 일반구역별로 각각 출입기준, 복장기준, 세척 및 소독 기준 등을 포함하는 위생 수칙을 정하여 관리한다.

⑦ 식품 및 식재료 등의 근처에서 재채기를 하거나, 차를 마시고 껌을 씹는 것, 담배를 피우는 것, 싱크대에서 손 씻기, 장갑을 허리에 차기, 옆 사람과 잡담하기, 면장갑만 착용 후 조리하기, 조리장 바닥에 침 뱉기, 행주로 땀 닦기, 조리 중 껌 씹기 등은 제품에 오염을 일으키는 요소가 될 수 있다.

⑧ 맛을 보아야 할 때는 적당량의 음식물을 개별 접시에 덜어내어 깨끗한 스푼을 이용하여 맛을 봐야 한다.

〈개인위생안전관리 지침서〉

항목	관리하기
개인위생	• 매니큐어, 인조손톱 불가(이물 발생 가능) • 3mm 이상의 손톱 및 손톱 밑에 낀 이물질 확인 • 작업자 수염이 1cm 이상 • 기타 질병자(감기, 눈병) • 휴대폰 사용 후 반드시 손을 세척한 후에 작업한다.
위생모, 위생화	• 작업장에서는 누구나 위생모, 위생화를 착용
위생복	• 평상복이 아닌 밝은색의 정해진 복장 • 업체 로고가 박힌 통일된 복장 가능
맨손작업	• 청결 구역 및 작업 특성에 따른 위생마스크 착용 • 집게, 위생장갑 사용 - 빵 포장, 김밥, 초밥, 회, 샌드위치, 도시락 작업 시
손 상처	• 화상, 자상, 골절 등으로 인한 dressing 및 깁스, 이로 인한 손 세척 불가 시

개인용 장신구	• 작업장 내 개인용 장신구 착용불가 - 시계, 팔찌, 귀걸이, 귀찌, 목걸이, 피어싱, 반지, 묵주, 휴대폰, 라이터, 담배 등 • 생물학적 위해 가능 - 귀걸이 염증, 팔찌/시계 등 틈 사이에 이물고정으로 인한 오염 - 더운 작업장에서 목걸이의 이물감에 따른 잦은 손 접촉으로 인한 오염
구성원 관리	• 주방 및 판매직 종업원에 대한 건강진단 실시(1년에 1회) • 식품매개 질병 보균자나 전염성 상처나 피부병, 염증, 설사 등의 증상을 가진 종업원은 식품을 직접 제조 · 가공 또는 취급하는 작업 금지
기타	• 작업장 출입자(방문객 포함)는 규정된 복장을 착용하고 정해진 개인위생 수칙과 이동 동선에 따라 출입 • 작업장 내의 지정된 장소 이외에서 음식물 등(식수를 포함)의 섭취 또는 비위생적인 행위 금지 • 작업 중 오염 가능성이 있는 물품 등과 접촉하였을 경우 세척, 소독 등 필요한 조치를 취한 후 작업 실시

〈개인위생검사규격〉

검사방법	항목별로 적당한 면적을 면봉 및 거즈에 멸균 식염을 묻혀 포면을 닦아 일반배지 또는 페트리 필름에 배양				
	일반세균	대장세균	황색포도상구균	주기	기록관리
• 손에 상처 없어야 함 • 손톱이 짧고 깨끗함 • 장갑을 낀 상태에서 청결 • 앞치마, 위생복 착용상태에서 청결하고 이물질 없어야 함	$10^4 CFU/cm^2$ 이하	음성	음성	기준수립 시 검증 시	작업자 위생검사 성적서

〈출처: HACCP 자료 참고〉

(2) 손 세척

① 손 세척 정리

- 손 세척은 교차오염의 방지를 위해서 주방 종업원이 지켜야 할 가장 중요한 것 중의 하나이다.
- 손 세척 후 손의 물기를 앞치마나 위생복에 문질러 닦지 않는다.
- 손 세척을 위하여 작업자가 잘 보이는 곳에 올바른 손 세척 방법 등에 대한 지침이나 기준을 게시해야 한다.

〈손 세척 또는 소독기준〉

대상	부위	세척 또는 소독방법	도구	주기	담당자
작업자	손	• 온수를 사용하여 비누 거품을 내어 30초간 팔, 손, 손가락 사이를 문질러 닦음	• 비누 • 손톱브러시	1회/일	작업자

		• 손톱브러시로 손톱 사이를 문지름 • 흐르는 물에 세척 • 건조(휘발성 소독제의 경우) • 소독제 사용 분무, 소독	• 소독수		

〈출처: HACCP 자료 참고〉

② 손 세척 시 유의사항

- 위생적인 손 세척을 위하여 합리적인 방법의 선택, 적절한 세제, 살균·소독제의 선택 및 사용이 중요하다.
- 고형비누보다는 액상비누가 더욱 효과적이며 액상비누의 경우 3~5㎖ 정도로 충분하다.
- 세척 시 비누, 세정제, 항균제 등과 충분한 시간 동안 접촉할 수 있어야 한다(30초 이상).

③ 효율적인 손 세척 방법

- 손을 따뜻한 물(43℃ 내외)에 담근다.
- 손톱 솔을 이용하여 손끝과 손톱 밑 부분 및 주변을 세심히 솔질한다(10초 이상).
- 3㎖ 정도의 비누를 손에 묻혀 골고루 도포한 뒤 격렬하게 문질러 거품을 낸다(30초 이상).
- 손가락 사이와 손톱 사이도 문지른다.
- 비누거품을 따뜻한 흐르는 물로 잘 헹군다.
- 소독액을 몇 방울 손에 묻혀 문지른다.
- 소독액을 물로 잘 헹군다.
- 온풍건조기나 깨끗한 종이타월로 충분히 건조한다.

④ 손 세척과 소독을 행하여야 할 경우

- 작업 전 및 화장실 사용 후
- 식품과 직접 접촉하는 작업 직전
- 생식육류, 어류, 난류 등 미생물의 오염원으로 우려되는 식품 등과 접촉한 후
- 미생물 등에 오염되었다고 판단되는 기구 등에 접촉한 경우
- 오염작업 구역에서 비오염작업 구역으로 이동하는 경우
- 이상의 경우 이외에도 작업 중 2시간마다 1회 이상 실시

⑤ 손 세척용 세제, 소독제

- 비누: 항균효과가 있는 비누와 항균·살균효과가 전혀 없는 일반비누가 있다.
- 클로르헥시딘(CHG): 비상재성 세균은 물론 상재성 세균, 병원성 미생물, 곰팡이에 효과가 있으나 바이러스에는 효과가 없고, 항균효과는 뛰어나다.
- 알코올: 세균에 신속하게 효과를 나타내며 바이러스에는 효과가 적으며 지속성이 떨어진다. 지나친 사용 시 피지방이 손상된다.

- 요오드 살균제: 비상재성 세균의 감소에 효과를 나타내지만 지속효과는 없다.
- 트리클로산: 대부분의 세균에 광범위하고 신속한 효과가 있을 뿐만 아니라 유기물에 의한 영향이 거의 없으며 5%의 트리클로산은 비상재성 세균에 지속적인 살균효과를 나타낸다.
- PCMX(Para-Chloro-Meta-Xvlenol): 바이러스, 일부 곰팡이 및 결핵균에 대하여 좋은 효과를 나타낸다.

■ 손 세척은 개인위생의 기본이며 식품 취급자의 중요한 위생행위이다.

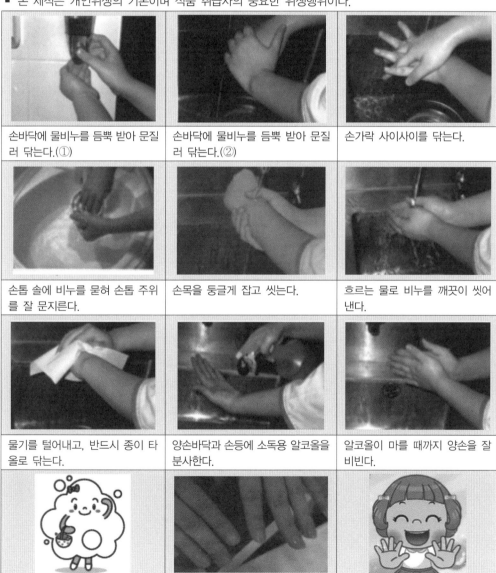

손바닥에 물비누를 듬뿍 받아 문질러 닦는다.(①)	손바닥에 물비누를 듬뿍 받아 문질러 닦는다.(②)	손가락 사이사이를 닦는다.
손톱 솔에 비누를 묻혀 손톱 주위를 잘 문지른다.	손목을 둥글게 잡고 씻는다.	흐르는 물로 비누를 깨끗이 씻어낸다.
물기를 털어내고, 반드시 종이 타올로 닦는다.	양손바닥과 손등에 소독용 알코올을 분사한다.	알코올이 마를 때까지 양손을 잘 비빈다.

2 위생점검과 감시

1) 위생식품 감시의 개념

(1) 협의의 개념

① 식품위생감시원이 영업장소나 시설에 출입하여 검사하거나 식품 등을 수거 · 검사하는 것이다.

(2) 광의의 개념

① 식품의 생산, 제조, 가공, 조리, 소비자에게 도달되어 섭취되기까지의 전 과정에 대하여 위생상 위해방지와 영양의 질적 향상을 도모하기 위하여 식품위생법령의 제반준수사항 이행상태를 확인, 지도, 단속, 계몽하는 모든 수단이라고 할 수 있다.

② 일정기준에 대한 특정사실의 상황을 식품위생감시원이 검사하고 평가하는 과정으로 안전성을 확인하기 위해 관능적인 관찰뿐만 아니라 해당식품의 원재료, 제조 · 가공방법, 살균 · 멸균방법, 보존온도, 취급상태 등을 면밀히 조사하고, 과거의 위반사례와 최신 유해정보사항 등을 분석하여 업종별, 식품별로 위해요인을 차단할 수 있도록 예방적인 감시(지도)와 위법사항에 대한 적발 및 조치를 한다.

2) 식품위생감시의 범위

(1) 원료 → 제조 · 가공 → 유통(운반 · 보관) → 조리(식품접객영업행위)

(2) 생산단계 → 수확 → 저장 → 제조 · 가공처리 → 유통(유통 · 운반 · 보관) → 판매 → 조리 → 섭취까지의 전 과정

3) 식품위생감시의 필요성

(1) 식품사고는 피해범위가 매우 크며 생명이나 건강과 직결되므로 철저한 사전 예방을 위하여 식품위생감시의 중요성 대두

(2) 국민의식 및 생활수준 향상, 건강에 대한 관심 고조

(3) 소비자의 식품에 대한 선택은 관능적 외관에 의존: 식품위생 안전성을 위한 지도 · 감시 역할 비중이 증가

4) 식품위생 감시원의 직무

(1) 식품 등의 위생적 취급 기준의 이행지도

(2) 수입, 판매 또는 사용이 금지된 식품 등의 취급여부 체크

(3) 표시기준 또는 과대광고 금지의 위반여부 체크

(4) 검사에 필요한 식품 등의 수거

(5) 시설기준의 적합여부 확인 및 검사

(6) 영업자 및 종업원의 건강진단, 위생교육 이행여부

(7) 조리사 및 영양사의 법령 준수사항 이행여부

(8) 행정처분의 이행여부 확인

(9) 식품 등의 압류, 폐기 등

(10) 기타 영업자의 법령 이행여부에 관한 확인 및 지도

5) 식품위생감시 절차 및 방법

(1) 점검 시 확인하여야 할 서류 등 목록

① 허가(신고) 및 품목제조보고(변경보고 포함)
- 영업허가(신고관련서류): 허가(신고)증의 대표자, 업소명, 소재지, 영업의 업종 및 생산 식품종류 확인
- 품목제조보고 관련서류 : 제품명, 성분배합비율, 제조방법, 유통기한 등 확인

② 종업원의 현황(사무직원, 생산직원, 기타)
- 건강진단 및 위생교육대상 파악

③ 생산 및 포장 등 작업일지: 생산품목 확인

④ 자가품질 검사 등
- 주원료 및 부원료의 검사일지: 검사사실 확인
- 완제품 검사일지: 검사사실 확인
- 한시적 기준·규격인정서류 확인(한시적 기준·규격 해당제품에 한함)
- 시약사용대장 및 실험실 기계·기구류 명세서

⑤ 생산실적보고서(매년 당해연도 종료 후 3월 이내)

⑥ 종업원 건강진단 및 위생교육일지: 실시여부 확인

⑦ 제품포장지(품목제조 보고된 품목 전체)
- 제품명 등 표시사항 확인

⑧ 원료수불 관계서류(입고, 출고)
- 품목별 성분배합비율과 비교검토 확인

⑨ 먹는 물(지하수)수질검사 성적서 적부 확인
- 마시는 음료형 식품: 6월, 기타: 1년

⑩ 원료 또는 기구 및 용기·포장의 검사 관계서류
- 공급자, 자가, 공인검사기관 성적서 등

⑪ 설치된 제조·가공시설, 기계·기구류 현황
- 생산품목과 품목제조보고서류 비교검토 확인

⑫ 수입식품 현황 및 관계서류

⑬ 출입·검사 등 기록부

(2) 식품위생 감시 준비물

① 신분증(식품위생감시원증)

② 업종별 위생점검표, 협조서한문(필요시).

③ 법령집, 식품공전, 식품첨가물공전 등

④ 위생복, 위생모, 위생장갑 등

⑤ 식품수거봉투(멸균용기), 봉인지, 아이스박스

⑥ 표면채취용 SWAB kit.

⑦ 계산기, 카메라(디지털카메라), 녹음기, 플래시 등

(3) 식품위생감시 절차 및 방법

〈식품위생감시 절차 및 방법〉

감시 절차	감시 방법
1. 소재지, 영업주 확인 및 관련서류 준비요청	• 입회자 안내로 생산제품 확인 및 제품창고, 원재료창고 등 작업장 현황 1차 파악
2. 서류검토	• 영업허가(신고) 및 품목제조 보고사항 점검
3. 원료점검 등	• 원료 및 식품첨가물 등 사용 적정여부 점검
4. 품질관리 등	• 자가품질 검사, 작업 및 생산일지 등 점검
5. 제조시설 점검	• 제조시설의 정상가동, 살균소독, 청결유지 및 기타 위생상태 점검
6. 제조공정 점검	• 원료처리공정, 배합공정, 가압가열 및 살균 공정, 중간제품 보관 및 포장공정 등 점검
7. 개인위생 등	• 종업원의 건강진단 및 위생교육 실시여부 등
8. 표시·광고	• 제품의 표시 및 광고
9. 신고사항 등	• 생산실적보고 등 신고·보고사항 등 점검 업종별 영업자 준수사항
10. 기타	• 행정처분 사항 및 각종 지시사항 이행여부

6) 개인위생안전 점검리스트

〈개인위생안전 점검리스트〉

분류	위반사항	위반자	감점	내용
개인위생	작업자 손 상처	OOO	5	화상, 자상, 골절 등으로 인한 dressing 및 깁스, 이로 인한 손 세척 불가 시 화농성 염증 해당
	작업자 액세서리 착용	OOO	1	대상: 액세서리, 시계, 팔찌, 귀걸이, 귀찌, 목걸이, 피어싱, 반지, 묵주, 기타 이물 발생 가능 물질
	작업자 개인위생 불량	OOO	1	매니큐어, 인조손톱 불가(이물 발생 가능), 3mm 이상의 손톱 및 손톱 밑에 낀 이물 확인 시, 작업자 수염이 1cm 이상, 기타 질병자(감기, 눈병 등)
	작업자 위생모 미착용	OOO	1	작업장 內 조리종사자의 위생모 미착용 시
	작업자 위생복 미착용	OOO	1	평상복이 아닌 밝은색의 복장 또는 업체 로고가 박힌 통일된 복장
	작업자 맨손작업 지양 요망	OOO	1	집게, 위생장갑 사용. 하절기 주요 수거 품목(김밥, 초밥, 회, 샌드위치) 맨손작업 시

〈법적 서류 점검리스트〉

분류	위반사항	감점	내용
성적서	자가품질검사 미실시	2	입점 후 미실시
	자가품질검사 재검사일 초과	2	재검사일 초과(1개월, 6개월)
	비자가품질검사 성적서 구비	2	참고용, 타 점포 견적서
건강진단서	건강진단서 재검진일 초과	1	만기 전 발급일 전에 재검진 실시
	건강진단서 미구비	1	채용 시 발급받은 것 불가 의료보험공단에서 발급 불가 영수증만 보관하고 1개월 이상 초과 불가
농산서류	친환경인증서 유효기간 관리	1	인증서의 유효기간 초과여부
	친환경인증서 미구비	1	품목별 인증서의 구비, 관리여부
	원산지증명서 미구비	1	
	GMO관련서류 미구비	1	구분유통증명서, 시험성적서
수산서류	기본서류 미구비	1	원산지 증명서, 수입면장
인허가	즉석판매 영업신고 미실시	3	영업개시 전후 1주일 이내 미신고
	건강기능식품 일반판매업 영업신고 미실시	3	신고 없이 신열 판매
	소분업 신고 없이 소분판매 중	3	즉판신고로 완제품 소분판매
	소분 품목 벌크 진열판매 중	1	소분신고 후 미실시
축산서류	기본서류 미구비	2	원산지 증명서, 식육거래실적 기록부, 등급판정서, 도축증명서, 지육패기대장
	축산 담당자 교육 미이수	2	교육미이수자가 위생교육실시
	SSOP 미구비	1	
	일일 위생 점검일지 미작성	1	
	위생교육 미실시	1	월별 위생교육 미실시

〈시설위생안전 점검리스트〉

분류	위반사항	감점	내용
보관시설	냉동고 고장으로 품온 미유지	3	냉동제품의 해동진행, 해동 완료
	쇼케이스 상부 청소불량	1	휴지로 닦았을 때 먼지, 쇳가루 검출
	냉동고, 냉장고 청소불량	1	선입선출 불량, 내부 물고임, 바닥성에, 내부 오염
	쇼케이스 내부 청소관리	1	송풍구 내 이물질, 거미줄, 곰팡이 등
작업장	주기적인 후드 청소 필요	1	먼지, 이물질
	바닥파일 파손	1	
	환기구 청소 불량	1	검은 먼지
	쓰레기통 뚜껑 없음	1	쓰레기통과 뚜껑은 반드시 설치
	바닥 구배불량으로 물고임	1	
	작업장 주변 청소 관리	1	벽면, 작업대, 조리대, 바닥의 청소 관리
	배수구 청소	1	배수구 이물질 관리
조리기구	기구의 비위생적 보관, 사용	1	미세척, 보관불량, 믹서 등 관리불량
	플라스틱 용기를 뜨거운 물질을 담는 용도로 사용	1	채반, 주걱, 호스, 국자, 바가지 등

〈표시기준 점검리스트〉

분류	위반사항	감점	내용
원산지	허위표시	5	외국산을 국산으로
	미표시	3	미표시 제품 판매
	이중표시	1	원산지 이중표시
	일부 누락	1	일부 국가명 누락표시
	오표시	1	국산을 외국산으로, 외국산을 다른 외국산으로
	관리미흡	1	거래맹세서 미기록 관리 원재료의 원산지 미표시 제품 판매 해역, 관할 국가명 미표시
표시사항	한글 표시사항 없는 제품 보관, 사용	5	수입제품에 한글사항 미표기
	무표시 원재료 보관 사용	5	
	대표물질표시 미비치	5	즉석판매 제조 가공업의 대표 품질 표시사항 미구비
	알레르기 유발식품 미표시	2	
	유통기한 미표시	2	제품의 유통기한 미표시
	표시사항 누락	1	식품첨가물의 용도, 복합원재료, 소분업소명, 주소, 영양성분 등
	제품 소진 시까지 표시사항 미보관	1	제품 소진 전에 포장지 폐기
	유통기한 표시 훼손	1	지워지거나 잘려진 제품 보관사용
	친환경 라벨 미부착	1	인증내용이 없는 제품
	친환경제품 인증번호 오표기	1	무농약을 유기농으로 표시
	표시사항 오표기	1	내용물과 라벨 미일치
	포장육 축종 미표시	1	
허위과대광고	허위 과대 광고물 비치, 표시 (관련문구)	2	각종 질병치료, 예방, 다이어트 문구 등

〈식품위생안전 점검리스트〉

분류	위반사항	감점	내용
보관기준	냉장, 상온보관식품을 냉동보관	3	판매상품, 직판업소 해당(영업정지 7일)
	냉동, 냉장 식품을 상온방치	3	판매상품, 원재료 모두 해당, 개봉 후 냉장보관 상품 포함
	냉장보관 상품을 냉동상태로 배송	3	
	냉동진열 판매상품의 해동 진행 중	1	쇼케이스 판매제품, 냉동식품군
	반품, 폐기상품 미구분	2	폐기지방 포함
	통조림 개봉 후 보관법 미흡	1	당일 소진 가능은 제외
	조리음식물 다단 상온 적치	1	다단 적치 금지
	조리 음식물 상온 방치	1	반조리, 조리 완료된 식품
	해동 중 미표시	1	사용원재료 냉장, 상온 해동 시 반드시 표시
위생위반	허용 외 식품첨가물 사용	5	사카린, 색소 등 허용된 식품 외 사용금지
	튀김 산가초과 4.0 이상	5	테스트 페이퍼가 노란색만 띠는 경우
	부적함 원재료 보관 중	5	곰팡이, 벌레, 부패 진행 원재료 보관
	바닥에서 원재료 해동 중	1	받침 없이 바닥에 적재
	비위생적 재료로 식품접착재료로 사용	1	신문지, 복사지, 박스지 등으로 식품을 접촉
	원재료 냉장보관 시 덮개 미사용	1	상부가 개방된 용기에 보관
	작업장 바닥에서 작업 중	1	완제품 작업 시
	조리제품 작업장 바닥 방치	1	조리가공된 제품 방치
	진공 풀린 제품 진열판매	1	진공제품이 풀린 현상
	제빙기 내 이물 보관	1	음료수, 컵, 기타 이물 보관
	냉장보관 후 명일 재판에 사용	1	아이스크림, 주스, 식혜 등
	벌크제품 진열 판매 시 덮개 미사용	1	매장 내 진열 시 상시 덮개 사용
유통기한	유통기한 초과제품 보관 사용	5	
	자체유통기한 미엄수	5	
	유통기한 연장표기	5	재포장 행위 포함

7) 위생 위반 시 적용되는 법적 사항

〈위반 시 적용되는 법적 사항〉

위반사항	법적 조치사항
작업자 개인위생 불량(손톱, 매니큐어, 액세서리 등)	• 과태료 20만 원 • 작업자 손톱 불량(길이, 매니큐어), 액세서리(목걸이, 귀걸이, 반지 등) 착용을 금지
작업자 위생복·위생모 미착용	• 과태료 20만 원 • 식품 등의 제조·가공·조리 또는 포장에 직접 종사하는 자에 대하여 위생모 착용 의무
냉장고에 냉동·상온 제품을 함께 보관	• 제조업·판매업: 영업정지 7일 • 접객업: 시정명령 　예) 명절 선물세트: 냉동LA갈비 + 상온 양념소스
통조림 등 개봉 후 관리 미흡	• 과태료 20만 원 • 개봉 후 2일 이상 사용 시 녹슬거나 부식 → 위생용기에 보관, 표시사항(유효기간 등 라벨) 별도 보관
냉장·상온 보관식품 냉동 보관 중	• 제조업·판매업: 영업정지 7일 • 접객업: 시정명령 　예) 냉장어묵 등을 냉동실에 보관 또는 상온 방치, 냉동 날치알 상온 보관
해동상품 '해동 중' 미표시	• 제조업·판매업: 영업정지 7일 • 접객업: 시정명령
위탁급식 보존식 미보관	• 영업정지 7일 및 과태료 50만 원 • 직원식당 조리·제공한 식품의 1인 분량을 5℃ 이하에서 144시간 이상 보관해야 함
부적합 원재료 보관하거나 사용 시(부패, 변질)	• 제조업: 영업정지 1월 • 판매업·접객업: 영업정지 15일 • 썩었거나 상한 것으로 인체의 건강을 해할 우려가 있는 것 • 불결한 것 또는 다른 물질이 들어 있거나 묻어 있는 것으로서 인체의 건강을 해할 우려가 있는 것
한글표시사항(수입제품) 없는 제품 보관·사용	• 영업정지 1월 • 수입제품의 한글 표시사항 없이 보관, 사용하여서는 안 된다.
무표시 원재료 보관·사용	• 영업정지 1월 • 고춧가루 등은 무표시 제품 사용하기 쉽다.
쓰레기통 덮개 미사용	• 시정명령(과태료 20만 원) • 덮개 개폐 가능한 쓰레기통 사용 권장
위해곤충 및 설치류 방제	• 과태료 30만 원 • 작업장, 작업대 및 쇼케이스 내 위해곤충 방제
후드·환기구 청결 불량	• 과태료 20만 원 • 후드와 환기구의 먼지 및 기름때 제거 필요
바닥, 벽, 배수구 청결 불량	• 과태료 20만 원 • 바닥 구배 불량으로 물고임현상 나타남 • 배수구 이물 및 악취 심함 • 배수관 연결 안 되어 바닥에 바로 폐수 유입
유통기한을 훼손하거나 기타 표시사항 미보관	• 시정명령 • 반드시 제품 소진 시까지 원 표시사항 보관 • 유통기한 표시가 변색되거나 지워지지 않게 관리

3 식중독(Food poisoning)

1) 자연독에 의한 식중독

(1) 식중독이란 음식물 섭취로 인한 급성 또는 만성적인 질병으로 발병의 원인물질에 따라 자연
독 식중독, 세균성 식중독, 화학적 물질에 의한 식중독 등이 있다.

(2) 특정한 장기나 기관에 유독성 물질이 함유되어 있을 경우에 식품을 섭취함으로써 발병한다.

① 동물성 자연독

원인균	설명
테트로도톡신 (tetrodotoxin)	• 복어(Puffer fish, Swell fish) 특히 산란기(겨울~봄) 직전의 난소와 고환에 많다. • 지각이상, 호흡장애, 운동장애, 위장장애, 혈액장애 등으로 치사율이 60%이다. • 잠복기: 1~8시간 • 예방법: 전문 조리사의 조리는 필수, 유독 부위는 피하고 먹는 습관을 갖는다.
베네루핀 (venerupin)	• 모시조개, 바지락, 굴 등의 패류가 숙주이며, 잠복기는 1~2일(빠르면 12시간, 늦으면 7일) • 구토, 복통, 변비가 계속되다 의식 혼탁, 혈변, 토혈, 피하출혈 등의 증상이 발생한다. • 치사율: 44~50%, 발병 후 10시간에서 7일 이내 사망
삭시톡신 (saxitoxin)	• 섭조개, 대합조개가 숙주이며, 잠복기는 30분~3시간 • 안면마비, 사지마비증세, 운동장애, 호흡장애, 복어중독과 비슷하며, 치사율은 10% 정도이다.
시구아톡신 (Ciguatoxin)	• 중남미 등의 소라, 독어에 있는 독소이며, 식후 1~8시간의 잠복기를 가진다. • 구토, 설사, 복통, 혀 및 전신의 마비증상, 현기증, 따뜻한 것을 차갑게 느낀다.

② 식물성 자연독

원인균	설명
무스카린(muscarine)	• 독버섯(줄기가 세로로 갈라지기 쉬운 것은 식용 가능)
솔라닌(solanine)	• 감자(발아부분의 녹색부분) 알칼로이드 배당체
고시폴(gossypol)	• 목화씨 - 정제가 잘못된 불순한 면실유에 있음
사포닌(saponin)	• 두류, 나무의 종실, 인삼, 도라지 뿌리 등에 있으며, 팥 삶을 때 생긴 거품 은 설사를 유발한다.
아미그달린(amygdalin)	• 청매(미숙한 매실), 살구씨
시쿠톡신(cicutoxin)	• 독미나리

③ 곰팡이의 대사산물에 의한 식중독

원인균	설명
미코톡신(mycotoxin)	• 곰팡이의 대사산물로서 사람이나 온혈동물에 해를 주는 물질을 총칭한다. • 탄수화물이 풍부한 농산물, 특히 곡류에 많다. • 수확 전에 가장 심하며 저장기간이 길면 서서히 상실된다.
에르고톡신(ergotoxine)	• 맥각성분 중의 하나
맥각균(claviceps purpurea)	• 맥각균이 보리, 라이맥에 기생하여 이룬 번식체. 맥각중독을 일으킴

〈독버섯 감별법〉

- 악취가 나는 것
- 색깔이 진하고 아름다운 것
- 줄기가 거칠거나 점조성인 것
- 유즙을 분비하는 것
- 물에 넣고 끓일 때 은수저를 검게 변화시키는 것

2) 세균에 의한 식중독

(1) 감염형, 독소형과 중간형의 3가지로 분류되는 세균성 식중독의 원인균에는 살모넬라, 장염 비브리오, 병원성 대장균, 여시니아, 캄팔로박터 포도상구균, 보툴리누스, 웰치균, 세레우스 등이 있다.

(2) 감염형은 세균 감염에 의해 발생하며 독소형은 원인균에 의한 독소의 생성으로 발생한다.

(3) 바이러스성 식중독은 바이러스의 감염으로 빠르게 전파되는 특징이 있으므로 특히 주의해야 한다.

① 감염형 식중독

원인균	설명
살모넬라 (Salmonella)	• 감염원: 닭, 개, 돼지, 고양이 등(특히 쥐, 파리가 운반) • 원인식품: 우유, 육류, 난류, 어패류와 그 가공품 • 증상: 24시간 이내에 발열, 구토, 복통, 설사(급성 위장염 증상) • 치사율은 1% 이하이며, 인축 공통으로 발병 • 예방법: 식품의 가열 섭취, 식품보관소에 방충, 방서망 설치 • 생달걀의 껍질에 구멍을 내고 마시면 감염의 우려가 있다.
장염 비브리오 (Vibrio parahaemolyticus)	• 원인 세균: 호염성 비브리오균(열에 약함) - 어패류의 생식으로 감염 • 잠복기는 10~18시간으로 발열, 구토, 복통, 설사(급성 위장염 증상) • 예방법: 식품 가열 처리, 조리기구, 도마, 행주 소독(여름철에 집중적으로 발생)
병원성 대장균 (Pathogenic cliform bacillus)	• 감염원: 보균자 및 환자의 분변 • 감염 경로: 식품의 비위생적 취급과 처리, 보균자의 식품에 의한 오염 • 원인식품: 병원성 대장균이 오염된 모든 식품(우유, 치즈, 소시지, 햄, 분유, 파이, 도시락, 두부 등) • 잠복기는 10~24시간으로 복통, 수양성 설사, 점혈빈, 발열, 유아에 대한 병원성이 강하다. • 예방법: 보균자 격리, 식품의 분변 오염 철저 예방, 식품저장에 주의한다.
병원성 대장균 0-157	• 특징: 열에 약함(68℃ 이상에서 사멸), 저온에 강함(-20℃에서도 생존), 산에 강함(pH 4.5 사과주스에서도 생존) • 감염경로: 오염된 고기, 동물의 분변에 오염된 채소, 오염된 식수 • 잠복기간: 12~72시간 • 증상: 혈변, 복통, 설사, 오심, 구토, 발열 • 물을 끓여 먹는다.

	• 채소, 과일은 깨끗이 씻어서 섭취한다. • 내장을 포함한 고기는 완전히 익혀서 먹는다. • 조리 전 손 세척은 필수, 생고기를 만진 후 손 세척하고 다른 음식을 만진다. • 육류와 채소는 보관도 따로, 도마도 따로 사용한다. • 칼, 도마, 행주, 식기 등은 열탕 및 햇빛 소독을 자주 한다. • 환자 발생 시 관리 철저, 오염 방지 • 수돗물은 염소처리되어 안전하나 다른 물의 조리 사용 시 주의한다.
아리조나균 (Arizona)	• 원인균: 살모넬라 중 독립된 아리조나균에 의한 감염 • 원인식품: 살모넬라와 유사 • 감염원: 파충류, 가금류에서 검출률이 높다. • 감염경로: 살모넬라와 유사 • 잠복기: 10~24시간 • 증상: 복통, 설사, 고열 • 예방: 방충 · 방서시설로 구충 · 구서, 식품의 가열살균

② 독소형 식중독

원인균	설명
포도상구균 (Staphylococcus)	• 독소: 엔테로톡신(Enterotoxin) - 장관독(장내독소) • 증상: 급성위장염 증상. 잠복기가 1~6시간으로 가장 빠르다. • 우리나라에서 가장 많이 발생 • 독소는 내열성 → 가열조리 후 저온저장 • 사람의 화농소(곪은 장소). 콧구멍에 있음 → 손 소독
보툴리누스 (Botulinus)	• 독소: 뉴로톡신(Neurotoxin) - 신경독 • 증상: 신경마비, 시력장애, 동공 확대 등으로 치사율이 64~68%로 식중독 중 가장 강함 • 감염급원: 완전 가열 살균되지 않은 통조림, 햄, 소시지 • 잠복기: 12~36시간, 길면 8일인 경우도 있다. • 방지법: 독소는 열에 약함 → 섭취 전 충분히 가열(80℃ 30분간에 파괴)
웰치균 (Welchii)	• 독소: 엔테로톡신(Enterotoxin) • 감염원: 보균자와 쥐, 가축의 분변, 조리실의 오물, 하수 • 감염경로: 식품취급자, 하수, 쥐의 분변 등으로 식품의 오염 • 원인식품: 육류, 어패류와 그 가공식품, 식물성 단백질 식품 • 잠복기는 8~20시간으로 복통, 수양성 설사, 점혈빈 • 예방법: 혐기성, 내열성이므로 조리 후 급랭, 저온저장, 분변의 오염 방지
세레우스균 (Cereus)	• 원인균: 바실루스 세레우스로 혐기성 포자이다. • 원인식품: 일반적으로 모든 오염된 식품에서 나올 수 있다. • 감염경로: 자연계에 광범위하게 퍼져 있다. 농작물의 오염과 식육제품의 오염에서 비롯된다. • 잠복기 및 증상: 8~16시간, 복통, 설사, 오심, 구토, 발열은 거의 없고 1~2일 후에 회복된다. • 예방: 내열성으로 135℃에서 4시간 가열하여도 죽지 않으므로 주의한다.

③ 바이러스성 식중독

바이러스명	설명
노로바이러스 (Norovirus)	• 증상 : 바이러스성 장염, 메스꺼움, 설사, 복통, 구토 • 어린이, 노인과 면역력이 약한 사람에게는 탈수증상 발생 • 잠복기 : 1~2일 사람의 분변, 구토물, 오염된 물 • Ready - to - eat food(샌드위치, 제빵류, 샐러드) • 케이크 아이싱, 샐러드 드레싱, 오염된 물에서 채취된 굴 • 철저한 개인위생 관리 • 인증된 유통업자 및 상점에서 수산물 구입
로타바이러스 (Rotavirus)	• 증상 : 구토, 묽은 설사, 영·유아에게 감염되어 설사의 원인이 됨 • 잠복기 : 1~3일 • 사람의 분변과 입으로 주로 감염, 오염된 물, 물과 얼음 • Ready - to - eat food, 생채소나 과일 • 철저한 개인위생 관리 • 손에 의한 교차오염 주의 • 충분한 가열 섭취

3) 화학물질에 의한 식중독

(1) 유독한 화학물질에 오염된 식품을 섭취하여 생기는 식중독이다.

(2) 일반적인 증세는 메스꺼움, 구토, 복통, 설사 등이 오고 심하면 사망에까지도 이르는 식중독이다.

① 유해 금속에 의한 식중독

원인물질	설명
비소 (As=Arsenic)	• '식품위생법'상 허용량은 고체식품 1.5ppm 이하, 액체식품 0.3ppm 이하
납 (Pb=Lead)	• 체내 축적으로 대부분이 만성중독, 도료, 안료, 농약, 납 등에 의해 오염된다.
수은 (Hg=Mercury)	• 유기수은에 오염된 해산물에 의해 오염 - 미나마타병
카드뮴 (Cd=Cadmium)	• 용기나 기구에 도금된 카드뮴 성분이 녹아서 된 만성중독 • 이타이이타이병 - 신장장애, 골연화증
구리 (Cu=Cuppe)	• 가공, 조리용 기구가 물이나 탄산에 의해 부식되어 녹청이 생겨 중독
주석 (Sn=tin)	• 통조림 내면에 도장하지 않은 것이 산성 식품과 작용하면 주석이 용출 - 식품위생법에서 청량 음료수와 통조림 식품의 허용량을 250ppm 이하로 규정
안티모니 (Sb=Antimony)	• 니켈도금으로 용출되는 일은 드물지만 벗겨진 것은 산성식품에 사용하면 위험

② 농약에 의한 식중독

원인물질	설명
유기인제	• 파라티온, 말라티온, 스미티온, 텝(TEPP) - 신경독
유기염소제	• 살충제나 제초제로 이용. DDT, BHC 신경독, 유기인제에 비하여 독성이 적으나 잔류성이 크고 지용성이므로 인체의 지방조직에 축적되므로 비교적 유해하다.
유기수은제	• 살균제, 메틸염화수은, 메틸요오드화수은, EMP, PMA, 신경독, 신장독
비소화합물	• 살충제, 쥐약, 산성비산납, 비산칼슘

③ 유해첨가물에 의한 식중독

원인물질	설명
유해표백제	• 롱갈리트(Rongalite), 과산화수소(H_2O_2), 염화질소(Ncl_3), 광표백제
유해감미료	• 사이클라메이트(Cyclamate), 둘신(Dulcin), 에틸렌글리콜(Ethylene glycol), 페릴라틴(Peryllatine)
증량제	• 탄산칼슘(Ca-carbonate), 탄산나트륨(Na-carbonate), 규산알루미늄(Al-Silicate), 규산마그네슘(Mg-silicate), 카올린(Kaoline), 벤토나이트(Bentonite)
인공착색료	• 아우라민(Auramine), 로다민(Rodamine)
유해방부제	• 붕산(Boric acid), 포름알데히드(Formaldehyde), 우로트로핀(Urotropin), 승홍($Hgcl_2$), 베타나프톨(β-naphtol), 티몰(Thymol), 에틸에스테르(Ethylester)
기타	• 메틸알코올(Methyl alcohol), 4-에틸납(Tetra ethyl lead)

4) 기구, 용기, 포장에 의한 식중독

(1) 금속제 기구, 용기, 도자기, 법랑피복제품, 옹기류, 유리제품 등에서 옮기는 식중독
(2) 여러 가지 중금속과 유해 첨가물이 용출될 위험성이 있다.

원인물질	설명
종이제품	• PCB 등의 유해환경 오염물질이 혼입된다. • 세균이나 미생물의 발생을 저지하기 위해 smile control제를 첨가하는데 이 중에 유해한 것이 많다. • 종이를 희게 하는 형광증백제는 발암성이 의심된다. • 파라핀지 제조에 사용되는 왁스는 발암성인 다환계 탄화수소가 함유될 위험성이 있다.
플라스틱제품	• 제조과정에서 첨가되는 첨가제 중에는 독성이 많은 것도 있다. • 열경화성 수지인 요소수지와 멜라민 수지: 포르말린 용출 • 페놀수지: 포르말린과 독성이 크고 부식성인 페놀 용출 • 열가소성 수지인 폴리프로필렌: 자극성이 강한 프로필렌 단량체가 잔류 가능

4 식중독 예방대책

1) 개인위생관리

(1) 손으로 직접 음식을 만드는 작업장에서 식중독 예방을 위해서는 식품 취급자의 관리가 매우 중요하다. 건강한 식품 취급자에 의해서만 안전한 음식이 만들어지기 때문에 조리 종사원의 건강상태 확인은 매우 중요한 사항이다.

(2) 몸의 청결, 전염병 감염자의 식품취급 금지 등으로 예방 조치를 취한다.

(3) 세균성 식중독이 모든 식중독의 80%를 차지하므로 특히 식품을 취급하는 사람은 개인위생을 철저히 해야 한다.

(4) 식품의 제조, 가공, 소매점에서 식품 취급자의 부적절한 손 세척에 따른 질병의 발생에 대한 잠재적 가능성이 지속적으로 문제가 된다.

(5) 작업 시작 전, 작업 과정 바뀔 때, 화장실 이용 후, 배식 전 손 씻기를 생활화하고 깨끗한 복장 등 개인위생관리를 철저히 하고 위생 교육 및 훈련을 주기적으로 실시한다.

2) 환경위생관리

(1) 위생해충 서식 억제, 식품의 냉장보관 등으로 예방 조치를 취한다.

(2) 세균이 증식하기 좋은 온도는 27~37℃이므로 겨울보다는 여름철의 식품 안전에 각별히 신경 써야 한다.

(3) 식품의 미생물오염 원인은 원재료 및 식품 자체의 환경적 요인에 의한 오염 등으로 재료는 물론 조리된 식품을 오염시키거나 원료, 기구 등을 오염시킨다.

3) 미생물관리

(1) 피부에 존재하는 세균의 유형은 상재성 세균(resident bacteria)과 비상재성 세균으로 구분되며 상재성 세균에는 식중독 원인균도 있다.

(2) 상재성 세균은 피지샘의 분비물에 의해 땀구멍에 깊이 묻히기 때문에 일반적인 손 세척으로 쉽게 제거되지 않는다.

(3) 로타바이러스는 손에서 최대 4시간까지도 생존하므로 접촉 등에 의하여 오염되며 일반적으로 유아나 노인, 면역이 약한 성인에게 위장염을 일으킨다.

(4) A형 간염바이러스시설, 장비의 표면이나 사람의 손에서 7시간까지 생존가능하기 때문에 식품오염이 용이하고 살균제에 대한 내성이 강하다.

(5) 리스테리아균은 손에서 11시간 동안 생존할 수 있으며 생존시간이 길기 때문에 식품가공설비, 주방기구의 청결이 요구된다.

4) 교차오염관리

(1) 식중독의 원인이 될 수 있는 교차오염은 생식품에 부착된 세균이나 미생물이 종사원의 손이나 주방기기를 통하여 가열된 음식이나 조리된 음식에 옮겨져 일어날 수 있다.

(2) 음식이 생산되는 과정 중 미생물에 오염된 사람이나 식품으로 인해 다른 식품이 오염되는 것을 말한다. 개인위생의 미비로 발생하는 식중독은 대부분 사람에게 존재하는 세균 및 미생물, 주위 환경, 식품에 존재하는 미생물에 의한 교차오염에 의해 유발될 가능성이 크다.

(3) 식중독의 원인이 될 수 있는 교차오염은 생식품에 부착된 세균이나 미생물이 종사원의 손이나 주방기기를 통하여 가열된 음식이나 조리된 음식에 옮겨져 일어날 수 있다.

(4) 교차오염을 방지하기 위해 다음 사항을 준수한다.

　① 개인위생관리를 철저히 한다.

　② 손 씻기를 철저히 한다.

　③ 조리된 음식 취급 시 맨손으로 작업하는 것을 피한다.

　④ 화장실의 출입 후 손을 청결히 하도록 한다.

5) 식중독 예방하기

(1) 손 씻기: 손은 비누 등의 세정제를 사용하여 손가락 사이, 손등까지 골고루 흐르는 물로 30초 이상 씻는다.

(2) 익혀 먹기: 음식물은 중심부 온도가 85℃, 1분 이상 조리하여 속까지 충분히 익혀 먹는다.

(3) 끓여 먹기: 물은 끓여서 먹는다.

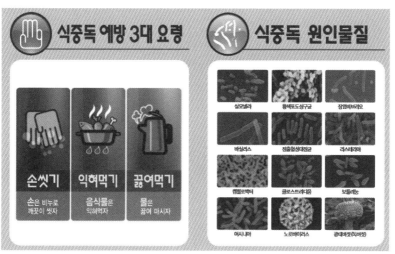

〈출처: 식품의약품안전처〉

〈식품위생관리의 유의사항〉

구분	내용
제조사 (도매상 포함)	• 시설의 청결 및 정기적인 소독 • 생산 종사자의 위생관리 • 사용 수질의 정기적인 검사 • 위생적인 포장용기, 운반용기 사용 및 정기적인 세척, 소독 • 보관, 적재 과정의 오염을 방지한 위생적인 취급 • 상온에서 지체시간 최소화 • 재료의 신선도 유지 및 위생적인 취급과 포장용기, 운반용기의 위생관리
운반과정	• 냉동, 냉장제품의 유지온도 준수(냉동기 가동) • 혼합적재 및 박스 위에 포개서 적재를 삼가 • 운반차량의 적재함 청소, 정기적 소독 실시 • 적재, 하역 등 취급 중 위생장갑 착용 의무화 • 적재, 검수를 위해 상온에서 지체시간 최소화 • 비가열 조리식품은 별도의 용기에 운반하며 혼합되지 않게 함
취급자	• 샘플 확인, 또는 내용물 확인을 위한 포장 개봉 시 위생장갑 착용 의무화 • 손 세척, 개인위생관리
주방, 창고	• 납품 시 제품박스가 주방바닥에 직접 닿지 않게 깔판(팔레트) 사용 • 박스로 냉장고에 보관 시 조리용기 및 조리된 식품과 닿지 않게 하며 구분 저장 또는 비닐로 포장하여 저장 • 유효기간 관리 • 사용 중인 식수의 수질검사 • 냉장고 및 주방기구 관리, 개인위생
가정, 개인	• 충분히 가열 조리된 식품 취식 • 조리 후 단기간 내 취식 • 식수는 끓여서 사용 • 냉장고에 오래 보관된 음식은 재가열하여 취식 • 비가열 조리식품은 특히 유의하며 수돗물에 충분히 세척 • 자연수(약수) 사용 시 유의 • 개인위생에 유의

5 식중독 발생 역학조사와 예방요령

1) 식중독 발생 시 대처사항

(1) 식중독이 의심되면 즉시 진단을 받는다.

(2) 의사는 환자의 식중독이 확인되는 대로 관할 보건소장 등의 행정기관에 보고한다.

(3) 행정기관은 신속·정확하게 상부 행정기관에 보고하는 동시에 추정 원인식품을 수거하여 검사기관에 보낸다.

(4) 역학조사를 실시하여 원인식품과 감염 경로를 파악하고 국민에게 주지시킴으로써 식중독의 확대를 막는다.

(5) 수집된 자료는 예방대책 수립에 활용한다.

2) 역학조사와 예방요령

(1) 격리 및 치료

- 초기증상이 전염병과 유사하기 때문에 병의 확산을 방지하기 위해 환자를 다른 정상인들과 접촉하지 않도록 격리조치한 후 치료한다.

(2) 환자의 수와 증상, 먹은 음식을 파악

- 제일 환자의 수를 파악한 다음 환자의 증상을 조사한다. 환자의 증상을 보면 어떠한 전염병 또는 식중독에 의해서 발생하였는가를 추측할 수 있다.

(3) 환자의 가검물 수거

- 환자의 분변 또는 구토물 등을 수거하여 원인균을 파악한다.

(4) 원인식품 및 조리기구, 물 등의 수거

- 환자들이 공통으로 식사했던 원인식품에 대하여 채취하는데 수인성 전염병 여부확인으로 물은 반드시 수거하며 행주, 도마, 숟가락 및 밥, 국 등을 수거한다.

(5) 미생물 검사 실시

- 환자의 가검물(검사물) 및 원인식품, 조리기구 등에 대하여 원인균 규명을 위한 미생물 배양검사를 실시한다.
- 원인균 규명방법은 추정되는 원인균의 특성에 따른 배지를 이용한다.

(6) 원인균 및 원인식품 규명과 오염경로 조사

- 원인식품이 어떻게 오염되었는지를 조사한다.
- 살모넬라 식중독의 경우 달걀 등의 불충분한 가열이나 마요네즈 등 난 가공식품에 의해서 오염될 수 있으며, 황색포도상구균의 경우 조리종사자 중 화농성질환자에 의하여 발생할 수 있다.

(7) 식중독 예방요령

① 식품에 식중독균이 오염되지 않도록 한다.(청결의 원칙)
- 행주, 도마, 식칼 등 부엌기구의 소독을 철저히 한다.
- 손에 상처가 있는 사람과 설사가 있는 사람은 조리작업에 종사하지 않도록 한다.
- 조리장 내외의 청소에 노력하고 청결한 위생복을 착용한다.
- 음식물 조리 전·후에 손을 깨끗이 씻는다.

② 식중독균을 증가시키지 않게 한다.(신속의 원칙)
- 식품에는 원래 다소의 식중독균이 오염되어 있는 것이 많기 때문에 식중독균이 증가할 수 있는 시간적 여유를 주지 않도록 신속하게 조리하여 손님에게 제공한다.
- 많은 양을 가열 조리한 식품은 소량으로 나누어 빨리 냉각시킨다.
- 식중독균이 있어도 그것이 식중독을 일으킬 수 있는 숫자가 되지 않는 범위 내에서 섭취하는 것이 중요하다.

③ 식중독균을 사멸시킨다.(가열 또는 냉장의 원칙)
- 가열할 수 있는 식품은 충분히 가열하여 조리한다.
- 식중독균의 사멸을 위하여 전날에 가열·조리된 식품은 손님에게 제공하기 전에 반드시 재가열한다.
- 균이 증가하기 쉬운 온도에 방치하는 시간을 짧게 하고, 냉장(가능하면 5℃ 전후) 또는 냉동(18℃ 이하) 상태에서 보관한다.

〈식중독 예방의 일반적 원칙〉

〈출처: 식품의약품안전처〉

1-2 환경위생안전관리하기

1 작업장 관리

1) 환경 및 작업동선 관리

(1) 제과제빵 작업장은 누수, 외부 오염물질이나 해충, 설치류의 유입을 차단할 수 있도록 밀폐 가능한 구조여야 한다.

(2) 작업장에서 발생할 수 있는 교차오염 방지를 위하여 물류 및 출입자의 이동 동선에 대한 계획을 세워 운영하여 교차오염이 일어날 수 있는 근본적인 대책을 세운다.

(3) 바닥, 벽, 천장, 출입문, 창문 등은 오븐, 가스 스토브 등의 사용에 안전하고 실용적인 재질을 사용하여야 하며 바닥의 타일은 파이거나 갈라지지 않고 물기를 없게 유지해야 한다.

(4) 주방 안의 타일은 홈에 먼지, 곰팡이, 이물이 끼지 않게 깨어지거나 홈이 있는 제품을 사용하지 않아야 한다.

(5) 작업장은 배수가 잘 되어 퇴적물이 쌓이지 않아야 하며 역류현상이 일어나지 않게 해야 한다.

(6) 주방 내 작업자의 이동 동선에 물건을 적재하거나 다른 용도로의 사용을 자재하고 바닥에는 절대 식재료를 쌓아서는 안 된다.

(7) 채광 및 조명은 육안 확인이 필요한 조도인 540Lux 이상의 밝기를 유지해야 한다.

(8) 재료의 입고에서부터 출고까지 물류 및 종업원의 이동 동선을 설정하고 이를 준수하여 이물의 혼입을 막아 교차오염을 방지해야 한다.

(9) 기계, 설비, 기구, 용기 등은 사용 후 충분히 세척하여야 하므로 이에 필요한 시설이나 장비를 갖추어야 한다.

(10) 청소 도구함은 구비해야 한다.

2) 작업장 온도 및 습도 관리

(1) 작업장은 재료 및 제품의 특성에 따라 부패나 변질이 일어나지 않도록 적정한 온도 및 습도를 유지하게 해야 한다.

(2) 주방 및 판매장의 온도 및 습도 관리를 위한 공조 시설의 필터나 망 등은 주기적으로 세척 또는 교체하여 이물질로 인한 오염이 되지 않게 관리한다.

(3) 주방은 제과제빵의 작업에 적당한 환경이 될 수 있게 제품별 주방의 온도와 습도를 달리하여 관리하는 것이 좋다.

3) 환기시설 관리

(1) 제과 주방의 환기시설은 나쁜 냄새, 유해가스, 매연, 증기 등을 배출하는 데 충분한 용량으로 설치하고 배출된 공기가 다른 작업장으로 유입되는 것을 차단해야 한다.

(2) 밀가루 분진이 발생할 수 있는 도우 시터 룸 등의 경우 이를 제거하는 장치를 설치하여 쾌적하게 일할 수 있는 환경을 만든다.

(3) 주방과 재료 창고 등에서 외부로 통하는 환기구 등에는 여과망이나 방충망 등을 부착하고 주기적으로 청소하거나 교체하여 환기구를 통한 오염이 되지 않게 관리한다.

4) 방충 및 방서시설 관리

(1) 주방 출입구에는 자동문이나 용수철이 달린 문 등을 설치한다.

(2) 주방 및 재료 창고 등의 모든 작업장은 해충의 출입 및 번식을 방지할 수 있도록 관리하고 정기적인 확인을 할 수 있게 관리지침을 만든다.

(3) 내벽과 바닥 및 지붕의 경계면에 폭 15㎝ 이상의 금속판 등을 부착하여 쥐의 출입을 막는다.

(4) 주방 출입문의 밑부분에 15㎝ 이상의 금속판을 부착하고 자동개폐장치를 설치한다.

(5) 창문 및 환기시설은 지면에서 90㎝ 이상 높이에 위치하도록 하고 16메시 이상의 철망을 설치하여 방충 및 방서에 도움이 되게 한다.

〈방충·방서 점검내용〉

구분	점검내용
방충	• 방충망의 설치는 안전하게 관리되고 있는가? • 음식물 잔반통, 쓰레기통 등에 해충의 흔적이 없는가? • 창문틀, 벽이나 천장의 모서리, 구석진 곳에 해충의 흔적이 없는가? • 기계 및 기구류, 냉장고, 에어컨 밑 등에 해충의 흔적이 없는가? • 따뜻하거나 음습한 곳에 해충 등의 서식 흔적이 없는가? • 트렌치와 바닥틈 사이의 해충의 서식공간은 없는가?
방서	• 벽의 틈이나 창틀 사이 어두운 곳에 쥐의 배설물과 발자국 등이 발견되는가? • 재료 창고에서 쥐가 갉아먹은 원료나 제품이 발견되는가? • 배선과 벽지 등을 쥐가 갉아먹은 흔적은 없는가? • 환기구, 연결통로 등 작업장 주변에 쥐가 출입 가능한 구멍은 없는가? • 기계설비류의 안전관리로 쥐에 노출되는 장소를 제공하지 않는가? • 출입문과 창문의 여닫이 관리를 안전하게 하고 있는가?

5) 용수

(1) 용수의 경우 분원성 대장균, 살모넬라, 쉬겔라 등의 병원성 미생물, 납, 불소, 비소 등의 중금속, 페놀 등의 유해물질, 잔류염소 등의 소독제 등에 의한 오염이 있을 수 있으므로 상수도를 사용하도록 한다.

(2) 식품제조 용수는 검사 기준에 맞게 항상 깨끗이 사용하고 안전하게 관리되도록 주기적인 용수검사가 필요하다.

〈생활용수검사 기준〉

분석대상	검사규정
일반세균 수	일반세균 수는 100CFU 이하/㎖
대장균	불검출/100㎖
총대장균 균 수	5000 이하/100㎖
노로바이러스	불검출

〈출처: HACCP자료 참고〉

6) 화장실

(1) 화장실은 휴게 장소가 있는 곳으로 남녀 화장실은 분리하여 설치하고 생산장소에 근접해야 한다.

(2) 작업장에 악취가 유입되지 않도록 환기시설을 갖추고, 항상 청결을 유지해야 한다.

(3) 화장실의 구조는 수세식이어야 하고 벽면은 타일로 한다. 또한 냉·온수 설비, 세척제, 손 건조기 또는 종이 타월을 구비하고, 전용 신발을 비치하며, 휴지통은 항상 청결한 상태로 유지되어야 한다.

(4) 탈의실은 개인별로 칸막이 옷장을 사용해야 하며, 청결한 옷만 보관되어 있어야 한다.

7) 작업장 정리 정돈 및 소독 관리

(1) 제과제빵 재료와 제품 오염을 막기 위하여 모든 장비와 기구는 물론 주방 전체를 일별, 주별, 월별, 연간으로 청소계획을 수립하여 정기적으로 실시한다.

(2) 주방에는 기계, 설비, 기구, 용기 등을 충분히 세척하거나 소독할 수 있는 세척실, 개수대 등의 시설이나 장비를 갖추어야 한다.

(3) 세척 및 소독의 효과는 다음의 검사기준에 의해 관리되어야 한다.

〈제과제빵 주방 청소 계획〉

시기	청 소 구 역	비 고
일별	• 기구 및 기계류 • 작업대 • 주방 바닥 • 배수구 및 배수관 • 창고 및 화장실	작업 후 매일
주별	• 배기후드, 닥트 청소 • 스토브 • 조명, 환기기구 • 벽, 천장 등	지정일(1회 이상)
월별	• 유리창 청소 및 방충망 청소 • 창고 대청소	월: 1~2회
연간	• 주방 전체 대청소 • 스케일 제거(약품 사용) • 위생관련 시설, 설비, 기기 점검 및 보수	연: 1~3회

〈표면 오염도 검사기준〉

검사방법	작업대, 포장대, 충진대 등 작업장 내 사용 중인 작업도구 및 공정틀을 Swab contact method를 이용하여 측정		
육안기준	일반세균	대장균	
이물질, 녹, 부식 등 없이 청결	10³CFU/㎠ 이하	음성	
검사주기	기준 수립 시	기록관리	표면오염도 검사성적서

〈출처: HACCP 자료 참고〉

(4) 세척 및 소독기구나 용기는 정해진 장소에 보관 관리되어야 한다. 세제 및 소독제는 잠금 장치가 있는 캐비닛에 보관해야 하고 수불기록을 해야 한다.

(5) 청소도구나 용기는 분리된 별도의 공간이나 캐비닛 등 지정된 장소에 보관 관리하면서 사용해야 한다.

〈규정된 약제와 농도〉

용도	약제명	농도	비고
바닥 청소	P3-Topax	2~5%	세정제
손걸레, 도구	주방용 세제	0.2% 내외	세정제
도구 소독	락스	0.3~0.4% 내외	살균제
악취 제거	락스	4% 내외	살균제
도구, 설비 소독	P3-Oxonia Acti P3-liquid 14	0.2~1%	살균제
도구, 생물 소독	네오클로로 CAMICA-SD	200~1000ppm	살균제

〈출처: NCS〉

8) 주변 환경 및 안전관리

(1) 주방의 바닥은 안전을 위해 항상 깨끗하고 마르게 관리해야 한다.

(2) 물기가 있어 타일이나 트렌치의 철망이 미끄러우면 사고의 위험이 크므로 항상 바닥에 기름이나 물기가 없게 관리해야 한다.

(3) 무거운 재료나 기물을 들거나 운반할 때는 반드시 나에게 적당한 무게인지를 생각한다.

(4) 근골격에 무리가 가지 않는 작업의 방법을 숙지한다.

(5) 작업복 앞 상단 주머니에 볼펜 등 사무용품의 착용을 금지해야 작업 시 칼날, 펜 뚜껑 등 이물질이 음식물에 들어가는 것을 막을 수 있다.

(6) 한자리에서 오랫동안 움직이지 않고 서서 작업해야 하는 경우가 많으므로 수시로 스트레칭 하여 몸에 무리가 오지 않게 주의한다.

9) 주방 폐기물 관리

(1) 음식과 관련된 폐기물은 수거, 운반 시에 오수 및 악취, 침출수 등으로 환경오염을 유발시키 며 많은 수분과 염분을 함유하고 있어 2차적인 오염을 발생시키고 있다.

(2) 주방 안 쓰레기는 음식물 쓰레기통과 일반 쓰레기통으로 분리하여 수거해야 하며 가급적 장시간 방치하지 않도록 한다.

(3) 쓰레기 처리 장소는 쥐나 곤충의 접근을 막을 수 있도록 해야 하며, 정기적으로 구충, 구서 한다.

(4) 쓰레기통은 작업도구로 사용하지 않는다.

(5) 쓰레기통 내부와 외부를 중성세제로 씻어 헹군 후, 차아염소산나트륨(300배 희석)으로 소독한다.

(6) 세척 또는 소독 시 주방 내부가 오염되지 않도록 주의한다.

2 환경위생 관리방안

1) 환경위생 관리방안

(1) 방역회사와 계약을 체결하여 해충방제를 위하여 연 2회 이상 구제작업을 시행하고 그 기록 을 1년간 보존한다.

(2) 전압 유인 살충등을 설치할 때는 죽은 곤충류가 낙하하여 식품에 혼입될 우려가 없는 곳에 설치하여 관리한다.

(3) 해충에 대한 화학적, 물리적 또는 생물학적 약품처리를 포함한 관리는 전문방역업체의 감독 하에 이루어져야 하고, 살충제 사용에 대한 적절한 기록이 유지되어야 한다.

(4) 쥐 및 해충 등의 먹이가 되는 음식물의 찌꺼기 등을 없애야 한다.

(5) 구제작업 시 식품에 관한 적절한 보호 조치를 취한 후에 실시하며, 작업 종료 후 접촉한 시설 및 기구, 기계 등에 대하여 충분한 세척 및 관리를 하여 식품에 오염이 되지 않게 한다.

(6) 살충제 등 유해물질의 보관은 그 독성과 용도에 대한 경고문을 표시해야 한다. 또한 유해물질은 자물쇠가 채워진 전용지역이나 캐비닛에 보관해야 하며, 적절하게 훈련받은 위임된 사람에 의해서 처분 및 취급되어야 하고, 위생 또는 가공 목적에 필요한 경우를 제외하고, 식품을 오염시킬 수 있는 어떠한 물질도 식품취급지역에서 사용하거나 보관하지 않는다.

2) 작업장 환경위생관리 지침서

(1) 작업장의 환경위생관리는 제과작업장, 제빵작업장, 초콜릿작업장, 디저트 작업장, 재료창고, 포장실, 완제품 보관실, 매장 등 각각의 작업장에서 온도, 습도는 물론 적당한 작업환경이 차이가 나는 것이므로 작업장별 관리지침서를 따로 작성하여 관리해야 한다.

(2) 작성된 관리지침서는 기간을 정하여 담당자가 점검을 실시하고 책임자는 점검된 사항에 따라 조치해야 한다.

〈작업장 환경위생관리지침서: 제빵실 기준〉

구분	점검항목	관리기준	점검 결과		
			양호	보통	부적합
온도, 습도	• 작업장의 온도와 습도를 확인	온도: 20~25℃			
		습도: 80~85%			
조명	• 적정조도 확인 및 관리	220Lux			
창문과 출입문	• 해충의 유입을 유발하는지 확인	확인			
	• 고장과 개폐여부는 지켜지는지 확인	확인			
바닥, 천장, 벽	• 오염물질발생 및 낙화여부	무			
	• 파손 및 누수 발생여부	무			
급배수	• 냉수, 온수 공급여부	확인			
	• 고장여부	확인			
소독제	• 출입구의 손, 발 소독기 사용여부	실시			
	• 소독제의 적정량 사용여부	별도관리			
이동경로	• 이동 통로 오염 물질(지방, 스크랩 등) 유무 및 청소상태	청결			
	• 탈의실 정리 정돈 및 청결 상태	청결			
	• 화장실 청소 및 청결 상태	청결			

포장작업	• 포장지 내 포장지 오염물질 이상 유무	확인			
	• 부자재 먼지 상태 및 정리 정돈 상태	확인			
	• 쓰레기 발생 시 즉시 처리 여부	확인			
	• 비닐포장 포장 시 공기 유입방지 최대 밀착 포장	확인			
	• 박스 포장, 제조 일자 확인	확인			

〈출처: NCS〉

3) 작업장 주변환경 관리

(1) 건물 외부

① 건물시설은 어떠한 환경적 오염원과도 인접하지 않도록 하고 먼지가 나지 않고 배수가 잘 되도록 처리해야 한다.

② 건물 외부는 오염원과 해충의 유입이 방지되도록 설계, 건설, 유지 · 관리되어야 한다.

(2) 탈의실

① 작업장 내에서 옷을 갈아입게 되면 제품에 이물이 혼입되거나 식중독균이 교차오염될 수 있기 때문에 작업장 외부에 옷을 갈아입을 수 있는 공간을 정한다.

② 일반외출 복장과 깨끗한 위생 복장을 같은 공간에 보관할 경우 교차오염이 발생할 수 있기 때문에 구분하여 보관한다.

(3) 발바닥 소독기

① 발바닥 소독기는 현장 출입문과 자재 반입문에 설치하고 작업자 등이 현장에 입실할 경우 발바닥 소독기를 사용하여 소독한 후에 입실해야 한다.

② 발바닥 소독기의 청결상태는 청결 점검자가 매일 점검하며, 청결치 못할 경우 즉각 시정 조치하고, 소독기는 주 1회 이상 외부 청소를 실시한다.

③ 발판소독기는 매일 점검하여 필요시 소독제를 보충하고, 0.75%의 P3(옥소니아액티브)나 차아염소산나트륨과 같은 소독제를 사용할 수 있다. 차아염소산나트륨은 물 5L에 락스 50㎖를 희석하여 사용한다.

④ 모든 출입자는 입실 시 발판소독기에 발을 올려놓고 바닥을 비비면서 신발바닥에 묻어 있는 이물을 제거한 후 매트에 발바닥을 올려 물기를 제거하고 매트에서 신발바닥에 묻어 있는 물기를 말린 후 작업장 내로 들어간다.

⑤ 퇴실 시 발바닥 소독기를 사용하지 않아도 된다.

4) 재활용품 분리 배출요령

(1) 재활용 가능한 것과 가능하지 않는 것을 분리 배출하여 전체 쓰레기양을 줄여 환경을 생각하는 작업자가 될 수 있게 한다.

(2) 재활용 가능 품목을 직원들의 교육을 통하여 실시하고 책임자는 수시로 확인해야 한다.

〈재활용품 분리 배출 대상〉

종류	대상	배출요령	재활용 불가능 품목
종이류	신문지	반듯하게 편 후 묶어서 배출	비닐코팅된 광고지, 방수용지, 벽지
	헌책, 공책	비닐코팅된 표지, 공책의 스프링 등 제거 후 배출	
	박스류	비닐코팅, 테이프, 철핀 등을 제거 후 압착하여 배출	
종이팩	우유팩, 종이컵	물로 헹군 후 펼치거나 압착하여 종이류와 구분하여 배출	
유리병류	음료수병, 기타 병류	이물질, 병뚜껑 제거 후 내용물 비우고 배출	도자기병, 거울, 유리컵, 유리그릇 등
캔류	철캔, 알루미늄캔	이물질, 뚜껑 등 제거 후 배출	페인트통, 폐유 등 유해물질이 묻어 있거나 담았던 통
	부탄가스통, 살충제 용기	구멍을 뚫어 내용물을 비우고 배출	
고철류		이물질 제거 후 봉투에 넣거나 끈으로 묶어서 배출	플라스틱 등 기타 재질이 많이 섞인 제품
플라스틱류	각종 플라스틱 제품	뚜껑, 부착상표 등을 제거하고 물로 헹군 후 압착하여 배출	카세트 테이프, 완구류 등 열에 잘 녹지 않고 딱딱한 제품
폐의류	면섬유류, 기타 의류	물기에 젖지 않도록 마대 등에 담거나 묶어서 배출	반복, 담요, 베개, 카펫, 이불, 가죽제품 등
페트병	요구르트병 등	다른 재질로 된 뚜껑, 부착상표 등을 제거하고 물로 헹군 후 압착하여 배출	물통, 음료수통 등
필름류 포장재	라면, 과자봉지, 비닐봉투	이물질을 제거 후 내용물이 보이는 봉투에 담아 배출	물기나 이물질이 묻은 비닐류
스티로폼	스티로폼, 받침접시	은박지, 랩, 부착상표 등을 제거하고 물로 헹군 후 배출	이물질이 묻어 있거나 타 재질로 코팅된 스티로폼
폐건전지	건전지류	녹슬지 않게 모아서 배출	
폐형광등	폐형광등류	깨지지 않도록 하여 배출	깨진 형광등
고무제품	고무장갑 등	이물질을 깨끗이 제거한 후 배출	내피가 부착된 제품

1-3 기기안전관리하기

1 **기기안전을 위한 내부규정관리**

1) 기기관리 지침서의 적용범위를 정한다

(1) 생산공정에 사용되는 생산 설비 및 보조 설비의 도입, 유지 관리, 보수, 폐기 등에 대한 업무에 대하여 적용한다.

(2) 개별기기의 특성에 따라 적용범위를 정하여 관리 지침서를 작성하고 교육을 통해 구성원에게 관리의 방법을 습득케 한다.

(3) 특별한 경우 관리점검일지를 만들고 점검자를 정하여 규칙적인 점검을 하여 기록한다.

(4) 책임자는 기록된 점검사항을 빠르게 파악하여 생산에 차질이 없게 조치한다.

2) 기기의 사용 목적을 정한다

(1) 기기의 사용목적을 분명하게 하고 목적에 맞게 사용하여 기기의 효율을 높인다.

(2) 생산공정에 사용되는 설비를 안정된 상태로 유지하고 관리하여, 작업의 효율성을 높이고 고객이 요구하는 품질의 제품을 생산하기 위하여 작성한다.

3) 기기 운영절차를 정한다

(1) 기기 도입 검토하기

① 생산 기기의 도입이 필요할 경우 도입을 검토한다.

② 기기 도입을 검토 후, 기기 도입 검토서를 작성하여 관련 부서의 검토를 거친 후 책임자에게 보고한다.

(2) 기기 도입 및 설치하기

① 기기 도입 검토서를 심의한 책임자는 기기의 도입이 필요하다고 판단되면, 해당 기기의 도입을 생산 부서장이나 구매 담당자에게 지시한다.

② 기기 도입 진행을 지시받은 부서장은 기기의 사양 제작업체와 금액, 일정 등을 협의하여 책임자의 승인을 득한 후 제작 업체와 계약하여 기기를 발주한다.

③ 생산 부서장은 기기의 입고 일정에 맞추어 기기의 설치에 이상이 없도록 생산 현장의 lay out 변경 등 기기의 설치 준비를 한다.

④ 기기가 입고 일정에 맞추어 입고되면 생산 부서장은 기기의 사양이 계약 내용과 다른 것은 없는지 검수, 확인 후 설치하도록 한다.

⑤ 기기의 설치가 완료되면 생산 부서장은 시운전을 완료하고, 이상이 없으면 기기를 생산 공정에 투입하도록 하며, 기기 도입 완료 보고서를 작성하여 책임자에게 보고한다.

(3) 기기 이력 등록하기

① 기기의 도입이 완료되면 생산 부서장은 기기 등록 대장에 기기의 내역을 등록하고 기기설비의 이력을 작성한다.

② 기기 이력은 기기의 모델명 등 다음의 표를 참고하여 기기의 특징과 사용목적에 맞게 정리하고 기기 사용 시 주의할 점을 반드시 명기한다.

③ 기기의 이상 발생 시에는 필요한 조치를 수행하고 기기 이력카드에 작성한다.

〈기기 이력카드〉

모델명		제조업체	
구입일	년 월 일	수량	
모델 사양			
용량		사진	
외형규격			
전기사양			
부속품 등 기타			
제품특징	1. 2. 3.		
주의사항	1. 2. 3.		
정기검사	유, 무	검사일	
수리 및 보수내역	유, 무	검사일	
관리 담당자	직급:	성명:	인

(4) 기기 이력 관리하기

① 생산 부서장은 모든 기기에 대하여 기기 이력카드를 작성하여 기기의 도입부터 폐기까지 기기에 대한 이력을 기록하고 관리해야 한다.

② 기기의 정기검사 유무 및 수리 보수내역을 기록하고 관리한다.

③ 기기의 이상 발생 시에는 필요한 조치를 수행하고 기기 이력카드에 작성한다.

(5) 기기 운영하기

① 생산 부서장은 기기의 도입 후 해당 기기의 사용에 대한 작동 순서를 파악하여 이를 순서대로 기록하여 기기에 부착하고, 기기 사용자가 숙지하도록 한다.

② 생산 부서장은 기기의 운영에 필요한 매뉴얼을 확보하여 기기 운영자로 하여금 이를 활용할 수 있도록 한다.

③ 생산 부서장은 기기 사용자 및 관리 담당자에게 기기의 운영 및 관리를 담당하도록 하며, 이의 소홀로 인하여 기기의 가동이 중단되는 일이 발생하지 않도록 한다.

④ 기기의 가동 중 이상이 발견되거나 발생되었을 시에 기기 사용자는 즉시 이를 관리 담당자에게 보고하고, 관리 담당자는 이를 조치하여야 하며, 이의 조치가 불가할 경우는 생산 부서장에게 보고하고 조치에 따른다.

⑤ 기기의 이상 발생 보고를 받은 생산 부서장은 이상 발생이 사용자의 잘못으로 인한 이상 발생인지 기계적 결함인지를 판단하여 조치를 취하도록 하고, 조치가 완료되기 전까지는 기기가 가동되지 않도록 한다.

(6) 기기 유지 · 관리하기

① 기기의 점검 및 보수 계획
  - 생산 부서장은 기기 사용자가 매일 점검할 항목을 일일 기기 점검표 양식에 의거 작성하여 기기에 부착한다. 단, 생산 부서장이 일일 점검을 하지 않아도 된다고 판단한 기기는 이를 생략하도록 한다.
  - 생산 부서장은 기기별, 주별, 월별로 점검하여야 할 사항을 명시한 기기 정비 계획표 양식에 의거 기기정비 계획을 수립하여 각 생산 라인별 기기관리 담당자에게 배포한다.

② 기기의 점검 및 정비
  - 기기별 사용자는 기기에 부착된 일일 기기 점검표에 의한 일일 점검을 실시한 후 결과를 기록하고, 생산 부서장은 이를 확인한다.

• 각 라인별 담당자는 기기별 기기 정비 계획표에 의하여 기기를 정비하도록 하고, 생산 부서장은 이를 확인한다.

(7) 기기의 개조 및 폐기하기

① 기기의 개조

• 작업상 작업자의 안전에 관한 문제가 발생한 경우에 실시한다.

〈기기(설비) 점검일지〉

기기명	세부점검사항	점검결과			점검자	점검일
		양호	보통	불량		
반죽기	작동여부 및 믹싱 간격	○			조병동	8/31
	작동 시 기계 전체 움직임					
	청소상태					
오븐	열전달 및 내부 온도 전달					
	내부 조명 및 스팀작동					
	청소상태					
발효기	습도, 온도 조절 기능					
	물빠짐 및 외부상태					
	청소상태					
냉장고	냉장온도 관리상태					
	냉장물품 적재상태 및 내용물 관리					
	성에 등 청소상태					
냉동고	냉동온도 관리상태					
	냉동물품 적재상태 및 내용물 관리					
	얼음 등 청소상태					
작업대	작업대의 청소상태					
	작업대의 소독상태					
	작업대의 외부 균형상태					
개수대	개수대의 물 공급 여부					
	개수대의 하부 이물질 관리					
	개수대의 기타 청소상태					
선반 등	선반의 적재물 상태					
	선반의 청소 및 불량 상태					
	선반의 안전 관리상태					
전기	전선 및 콘센트					
	스위치 및 연결 부위					
	안전관리 상태					
가스	가스 배관, 호수, 코크 및 연결부위					
	누출기 차단장치 상태					
	가스 안전관리 및 점검 상태(비눗물 등)					
벽, 천장 등	해충의 번식을 차단하는 장치 및 관리					
	곰팡이와 거미줄 등 상태					
	페인트 칠과 벗겨짐 등 외부적 상태					

- 운영 중 불량품의 발생 원인이 기기의 중대한 결함으로 개조가 불가피한 경우에 개조한다.
- 새로운 작업 방법의 도입이나 신기술의 개발로 설비의 개조가 필요하다고 판단되는 경우에 실시한다.
- 생산 현장 layout 변경으로 기기의 이동 시 설치 위치와 기기의 조건이 맞지 않아 개조가 필요하다고 판단될 경우에 실시한다.
- 기존 기기의 일부 개조로 기기의 기능 향상이 가능할 경우에 실시한다.
- 기타 생산 부서장이 판단하여 개조가 필요한 경우에 실시한다.

② 기기의 폐기
- 기기의 사용 연한이 다하였을 경우에 폐기한다.
- 기기의 중대한 결함으로 인하여 사용이 불가할 경우에 폐기한다.
- 기기의 해당 생산공정의 변경으로 기기의 용도 가치가 상실되었을 경우에 폐기한다.
- 기타 기기의 폐기 사유가 발생한 경우에 실시한다.

2 설비 및 기기 관리의 필요지식

1) 세척

(1) 세척은 기구 및 용기를 세제를 사용하여 찌꺼기 등을 제거하는 작업으로 유해한 미생물이나 오염물질 등을 제거하여 식품안전을 기하기 위한 조치이다.
(2) 세제 구입 시에는 세제의 용도, 효율성과 안전성을 고려하여 구입한다.
(3) 염소계와 산성계의 세제는 혼합하여 사용하면 유해가스의 발생을 높일 수 있어 세제별 사용방법을 숙지하여 임의대로 섞어 사용하는 일이 없도록 한다.
(4) 세제는 안전한 장소에 식품과 구분하여 보관한다.

〈세제의 종류 및 용도〉

종류	용도
일반세제(비누, 합성세제)	거의 모든 용도의 세척
솔벤트(solvent)	가스레인지 등의 음식이 직접 닿지 않는 곳의 묵은 때 제거
산성세제	세척기의 광물질, 세제 찌꺼기 제거 - 산성의 강도 점검 후 사용
연마제	바닥, 천장 등의 청소 - 플라스틱 제품에 부적절함

(5) 세척실은 냉·온수가 공급되어야 하고, 주변은 이물 등이 제거되어 있어야 하며, 세척솔, 세제 등이 비치되어 있어야 한다.

2) 소독

(1) 소독은 기구, 용기 및 음식 등에 존재하는 미생물을 안전한 수준으로 감소시키는 과정이다.

(2) 소독액은 사용방법을 숙지하여 사용하고, 미리 만들어놓으면 효과가 떨어지므로 사용하기 전에 만들어 사용한다.

(3) 염소로 기구를 소독할 때에는 세척해서 이물질을 제거하고 난 후에 소독하고 소독액의 농도 확인 후 안전하게 사용한다.

(4) 자외선 소독기는 자외선이 닿는 면만 균이 죽을 수 있으므로 칼의 아래 면, 컵의 겹쳐진 부분과 안쪽은 전혀 살균이 되지 않는다. 따라서 자외선 소독기를 구입할 때 자외선 등이 상하·좌우·뒷면까지 부착되어 기구의 사방에서 자외선을 쪼일 수 있는 모델을 선택한다. 자외선 소독기 내·외부는 이물 등이 제거되어 있어야 하고, 소독기 내 기구들이 겹침 없이 관리되어야 한다. 1주일에 1회 이상 청소 및 소독을 실시해야 한다.

〈소독의 종류 및 방법〉

종류	대상		방법
열탕 소독	식기, 행주		열탕: 100~120℃, 10분 이상 처리 금속제: 100℃, 5분 사기, 토기류: 80℃, 1분 천류: 70℃, 25분 또는 95℃, 10분
일광소독	칼, 도마, 행주		바람이 잘 통하는 햇볕이 잘 드는 곳에서 화학 소독제나 열탕소독을 병행하여 사용한다.
건열 소독	식기		160~180℃, 30~45분
자외선 소독	소도구, 용기류		자외선: 2537Å, 30~60분 조사
화학 소독제	염소 소독	발판 소독	100ppm
		용기 등의 식품 접촉면	50ppm, 1분간
		생채소, 과일 등	100ppm, 5~10분 침지
	요오드액	기구, 용기	pH 5 이하, 실온, 요오드액: 25ppm, 최소 1분간 침지
	알코올	손, 용기 등 표면	70% 에틸알코올을 분무하여 건조

3) 주방기기 세척 및 소독방법

(1) 제과주방 기계

① 세제: 중성, 약알칼리성 세제

② 세척방법

- 전기를 차단한다.
- 세척제를 수세미에 묻혀 잘 닦는다.
- 40℃ 이상의 따뜻한 물로 세제를 씻어낸다.
- 세정 후 물기를 말려 소독한다.

③ 소독방법

- 작업전 70%의 알코올을 분무하여 소독한다.
- 25ppm 요오드액, 50ppm 염소액의 분무 후 1분간 기다린 후 식수로 깨끗하게 씻어낸다.

(2) 작업대

① 세제: 중성, 약알칼리성 세제

② 세척방법

- 테이블 위의 이물질을 깨끗하게 닦아낸다.
- 세척제를 수세미에 묻혀 고르게 잘 닦는다.
- 40℃ 이상의 따뜻한 물로 세제를 씻어낸다.
- 세정 후 물기를 말려 소독한다.

③ 소독방법

- 작업 전 70%의 알코올을 분무하여 소독한다.
- 25ppm의 요오드액, 50ppm의 염소액 분무 후 1분간 기다린 뒤 식수로 깨끗하게 씻어 낸다.

(3) 도마, 칼 등 소도구

① 세제: 중성, 약알칼리성 세제

② 세척방법

- 40℃의 식수로 깨끗하게 이물질을 닦아낸다.
- 세척제를 수세미에 묻혀 고르게 잘 닦는다.
- 40℃ 이상의 따뜻한 물로 세제를 씻어낸다.
- 세정 후 물기를 말려 소독한 뒤 정해진 보관함에 보관한다.

③ 소독방법
- 열탕소독은 100℃에서 5분이상 한다.
- 25ppm의 요오드액, 50ppm의 염소액 분무 후 1분 이상 기다린 뒤 식수로 깨끗하게 씻어낸다.

(4) 가스레인지(그릴)

① 세제: 중성, 약알칼리성 세제
② 세척방법
- 40℃의 식수로 깨끗하게 이물질을 닦아낸다.
- 세척제를 수세미에 묻혀 고르게 잘 닦는다.
- 40℃ 이상의 따뜻한 물로 세제를 씻어낸다.

③ 소독방법
- 25ppm의 요오드액, 100ppm의 염소액 분무 후 1분 이상 기다린다.
- 따뜻한 식수로 깨끗하게 씻어낸 후 건조시킨다.

(5) 냉장, 냉동고

① 세제: 중성, 약알칼리성 세제
② 세척방법
- 전원을 차단하고 내용물을 옮긴 후 성에 등 이물질을 닦아낸다.
- 속 선반을 분리하고 세척제를 수세미에 묻혀 고르게 잘 닦는다.
- 40℃ 이상의 따뜻한 물로 세제를 씻어낸다.

③ 소독방법
- 100ppm의 염소액 분무 후 1분 이상 기다린다.
- 따뜻한 식수로 깨끗하게 씻어낸 후 행주로 물기를 닦아낸다.

(6) 저울

① 세제: 중성, 약알칼리성 세제
② 세척방법
- 40℃의 따뜻한 물로 이물질을 닦아낸다.
- 세척제를 수세미에 묻혀 고르게 잘 닦는다.
- 40℃ 이상의 따뜻한 물로 세제를 씻어낸다.

③ 소독방법
- 25ppm의 요오드액 분무 후 1분 이상 기다린다.

- 70%의 알코올로 소독한다.

(7) 행주

① 세제: 중성, 약알칼리성 세제
② 세척방법

- 사용한 행주는 3회 이상 깨끗하게 씻는다.
- 세척제를 사용하여 세척한 후 흐르는 물이나 40℃ 이상의 따뜻한 물로 세제를 씻어낸다.

③ 소독방법

- 100℃에서 10분 이상 삶는다.
- 바람이 잘 통하는 곳에서 빠르게 말린다.

〈살균소독제의 올바른 사용법〉

〈출처: 식품의약품안전처〉

4) 검·교정 점검

(1) 발효실, 전자저울, 온·습도계, 냉장 창고, 냉동 창고의 검·교정 점검 기준은 다음과 같다.

(2) 검·교정 기준에 부합할 수 있게 책임자의 노력이 필요하다.

〈검·교정 점검표〉

| 측정범위 / 설비명 | 검·교정 기준 | | | | | 점검 일자 | 점검 결과 | 비고 |
	항목	기준치	허용치	방법	주기			
비중계	비중			국가공인기관에 의뢰	1회/1년			
온도계	온도	35℃	±0.5℃	국가공인기관에 의뢰	1회/1년			
습도계	습도	70% R.H.	±5%	국가공인기관에 의뢰	1회/1년			
조도계	조도	100~1500 Lux	±5%	국가공인기관에 의뢰	1회/1년			
냉장, 냉동 창고	온도	-1℃	±0.5%	검·교정된 표준온도계와 비교대상 온도계를 각각 측정 후 결과를 비교함	1회/1년			
발효실	온도	35℃	±1℃	검·교정된 온도계를 넣어 비교측정	1회/6개월			
분동	중량	100g	±1g	국가공인기관에 의뢰	1회/2년			
전자저울 (내포장실)	중량	100g	±1g	검·교정된 표준분동과 비교대상 저울을 각각 측정 후 결과를 비교함	1회/2년			
전자저울 (계량실)	중량	60kg	±1kg	국가공인기관에 의뢰	1회/2년			
전자저울 (실험실)	중량	500.1g	1 kg 이하: ±0.5% / 1 kg 초과: ±0.3%	국가공인기관에 의뢰	1회/2년			

〈출처: HACCP 자료 참고〉

3 매장 설비 및 기자재 관리하기

1) 진열대 관리하기

(1) 진열대 윗면 및 표면에 먼지 등 이물질이 없도록 청소하고, 진열대의 얼룩 제거, 광택, 흠집 보호에 주의한다.

(2) 제품을 진열대 위에 놓을 경우 먼지나 세균에 노출될 수 있으므로 뚜껑을 덮거나 포장을 하여 외부 오염으로부터 보호한다.

(3) 진열대 위에는 진열식품과 관계되지 않는 물건은 가급적 올려놓지 않아야 교차오염에 의한 진열대에서의 식품오염을 피할 수 있다.

2) 진열장 관리하기

(1) 냉장 진열장의 온도가 5-6℃로 유지하도록 온도 관리를 하고 진열장 속과 문틈에 쌓인 찌꺼기를 제거하여 청결하게 유지한다.

(2) 냉동 진열장의 온도는 -18℃ 이하를 유지하게 한다.

(3) 진열장 안의 조명에 의한 온도 변화를 항상 점검하고 제품 진열 후 안전하고 완전한 개폐가 되었는지를 확인하는 습관을 기른다.

(4) 진열장 내 전깃줄의 오염 물질을 제거하고 전깃불의 관리를 하여 온도 변화에 주의한다.

(5) 습기로 인해 성에가 끼는 등의 위생 불량인 상태가 되지 않도록 하고 정기적인 관리를 한다.

3) 에어컨 관리하기

(1) 에어컨은 사용 전 필터를 점검하여 먼지와 각종 세균에 오염되지 않도록 체크한다.

(2) 에어컨 필터를 1주일에 1번씩 꺼내서 중성세제로 닦은 후 물로 씻어 말려주고, 냉각핀 등에는 에어컨 전용세제를 뿌려 청소한다.

(3) 스탠드형 에어컨의 필터는 극세 필터와 미세 필터를 동시에 청소한다.

(4) 실외기는 뒷면의 냉각핀을 중심으로 중성세제를 뿌려 청소한 뒤 찬물로 씻어준다.

4) 정수기 관리하기

(1) 정수기의 출수구와 출수구 내부를 깨끗하게 닦아 소독약품이 정수기에 잔류되지 않도록 주의하고, 뜨거운 물이나 식초를 이용해 꼭지를 살균한다.

(2) 정수기의 필터는 정기적으로 교체하며, 외관을 깨끗이 청소하고 일회용 컵을 청결하게 비치한다.

(3) 살균 기능이 없는 정수기를 사용할 때는 수조 속에 보관 중인 물을 전부 빼낸 후 다시 사용하는 것이 위생적으로 안전하다.

(4) 사용하지 않을 때는 밸브를 꽉 잠가야 위생적으로 관리할 수 있다.

(5) 6개월마다 1회 이상 고온·고압 증기 소독 방법, 약품과 증기 소독의 병행 방법, 전기분해 방법 등으로 소독·청소해야 한다.

(6) 총대장균군, 탁도 항목이 「먹는물 수질기준 및 검사 등에 관한 규칙」에 의한 먹는 물 수질 기준에 적합하도록 관리한다.

5) POS(point of sale system: 판매시점정보) 관리하기

(1) 방수 덮개를 사용하여 습기나 물기로 인한 고장을 방지하고, 먼지 등의 이물질이 없도록 청소, 관리한다.

(2) 제품을 직접 포장하거나 판매한 손으로 POS를 만지지 않는다.

(3) 일회용 장갑을 사용할 경우에는 매번 바꾸어 사용한다.

(4) 돈을 만지고 난 후에 그 손으로 제품을 포장하거나 만지지 않는다.

4 제과주방 설비 및 기자재 관리하기

1) 제과제빵 작업대

(1) 작업대는 항상 깨끗이 유지하여 작업 중 이물질이 제품에 혼입되지 않게 조치한다.

(2) 작업에 필요한 기구, 도구 이외의 물건은 작업 중 작업대에 올리지 않는다.

(3) 항상 물기가 없게 청결을 유지한다.

2) 냉장, 냉동 시설

(1) 냉장시설은 내부 온도를 5℃ 이하로 하고 냉동시설은 -18℃ 이하로 유지하여 외부에서 온도 변화를 관찰할 수 있어야 하며 온도 감응장치의 센서는 온도가 가장 높게 측정되는 곳에 위치하도록 한다.

(2) 온도 기준은 정상적인 밀폐 관리 시 기준으로 하며 문을 여닫는 순간이나 제상 중에는 예외로 인정한다.

3) 오븐

(1) 오븐은 평균 200℃가 넘는 온도를 유지하므로 오븐을 열고 작업할 때에는 항상 주의해야 한다.

(2) 작업 시 소매를 길게 내리고 반드시 마른 장갑을 여러 켤레 끼워 화상을 방지해야 한다.

(3) 오븐 속 깊숙이 있는 물건을 꺼낼 때는 무리하게 손을 사용하지 말고 반드시 꺼내기용 갈고리를 사용하여 안전에 주의한다.

4) 발효실

(1) 발효실은 항상 습기가 있어서 주위 바닥에 물기가 있을 수 있으므로 작업 시 미끄러지지 않도록 주의해야 한다.

(2) 발효실은 온도와 습도의 관리가 중요하므로 신속한 동작으로 열고 닫아야 하므로 주의하여 작업하도록 한다.

5) 반죽기

(1) 반죽 도중 손을 넣고 바닥을 긁을 때는 항상 스위치의 상태를 확인하고 완전히 멈추었을 때 주의하여 작업하는 버릇을 들인다.

(2) 반죽기의 볼은 무거운데 반죽이 들어 있으면 너무 무거워지므로 내리거나 올릴 때 다른 사람의 도움을 받아야 허리에 무리가 가지 않는다.

(3) 여럿이 함께 작업할 때에는 반죽기 주위에서 떨어져 있어야 안전하므로 항상 주의를 기울인다.

(4) 작업 전 반죽기에 볼의 뒷면이 확실하게 걸렸는지를 확인하고 훅, 비타, 휘퍼 중 어느 것을 사용하는 것이 맞는지를 확인한 후 스위치를 켠다.

(5) 재료를 넣거나 반죽 완료 후 꺼낼 때에는 재료의 허실이 없게 조치하는 버릇을 들인다.

6) 스토브

(1) 가스 안전에 각별히 주의해야 한다.

(2) 가스 작업 도중 자리를 지키는 습관이 중요하다.

(3) 화상의 위험이 항상 존재한다는 것을 염두에 두어야 한다.

(4) 화재의 위험에 대비하는 최소한의 안전장치를 숙지한다.

7) 파이롤러

(1) 사용 후 헝겊 위나 가운데 스크레이퍼 부분의 이물질을 솔로 깨끗이 털어내고 청소를 철저히 해야 세균의 번식을 막을 수 있다.

(2) 물청소를 잘 할 수 없는 기기이므로 매 사용 시마다 구석구석 깨끗하게 이물질을 제거하여 보관한다.

8) 튀김기

(1) 따뜻한 비눗물을 팬에 가득 붓고 10분간 끓여 내부를 충분히 깨끗이 씻은 후 건조시켜 뚜껑을 덮어둔다.
(2) 튀김 후 기름은 분리하여 관리하고 튀김기의 온도조절 기능의 이상유무를 항상 확인한다.

9) 기타 설비

(1) 배기후드, 덕트 등의 시설은 정기적인 점검을 하여 오염원이 생기지 않게 관리한다.
(2) 세척실의 개수대는 깨끗이 관리하여 곰팡이, 음식물, 물때 등의 이물질이 끼지 않게 관리하여 교차오염이 일어나지 않게 관리한다.

5 판매 및 주방 소도구 관리

1) 집게, 쟁반

(1) 필요에 맞게 사용하고 사용 후 깨끗하게 세척한 후 물기를 제거하고 위생검사 안전기준에 적합하게 관리한다.
(2) 제품을 집는 집게는 많은 사람들이 손으로 만지고, 각기 다른 제품을 집을 때 사용하기 때문에 교차오염을 일으킬 수 있으므로 수시로 소독수로 세척해야 한다.
(3) 제품이 직접적으로 닿는 기구들은 철저한 세척 및 소독 관리가 필요하며, 쟁반 위에 일회용 종이를 깔고 사용한다.

2) 장갑

(1) 장갑은 1회용 비닐장갑을 사용하고 사용 후 반드시 폐기한다.
(2) 작업장에서 사용하는 고무장갑은 사용 후 물기가 빠지도록 널어서 보관한다.

3) 저울

(1) 사용 후에는 제품 올려두는 판을 제거하여 수건으로 닦은 뒤 부착하여 보관한다.

(2) 사용 시나 이동 시 충격을 주지 말고, 아랫부분을 들고 운반한다.

(3) 정기적으로 검·교정하여 기록 관리해야 한다. 1kg 이하는 ±0.5%, 1kg 초과는 ±0.5% 정도 허용되며, 1년에 1번 정도 국가공인기관에 의뢰하여 검·교정을 받는다.

4) 시트팬

(1) 점착성 코팅팬은 세척 시 철솔이나 철 스크레이퍼를 사용하면 코팅이 벗겨져 제품에 묻거나 구울 때 빵이나 과자류가 붙을 수 있으므로 주의한다.

(2) 오염이 많이 된 것은 중성세제로 깨끗이 닦아 건조시켜 보관하고, 사용한 팬은 제품의 찌꺼기를 깨끗이 제거한 뒤 닦아서 보관한다.

(3) 사용 후 팬의 남은 찌꺼기는 제거하여 진균이 검출되지 않도록 주의한다.

(4) 사용하기 전에 제품이 팬에 달라붙지 않도록 기름칠을 하는데 남은 지방이 산화되어 제품에 영향을 줄 수 있으므로 세척하여 건조 보관한다.

5) 각종 틀

(1) 틀은 녹이 슬지 않도록 세척하여 건조 보관하고 종류와 개수를 기록하여 보관한다.

(2) 무스 틀은 알코올로 소독한 다음 사용하거나 자외선 살균기에 보관한다.

6) 스텐볼

(1) 기름기 없이 깨끗하게 세척한 후 건조하여 보관하고, 불에 직접 가열하지 않도록 한다.

(2) 탄 그릇을 그대로 사용하면 음식에 들어갈 수 있으므로 철수세미로 세척하고, 잘 지워지지 않으면 오븐크리너를 사용하여 탄 부분을 즉시 제거한다.

7) 도마

(1) 도마는 과일과 채소용, 생선용, 육류용 등 용도별로 나누어 준비하여 필요에 따라 사용하면 위생적이다.

(2) 보통 나무 도마나 플라스틱 도마 등을 사용하는데 사용한 뒤에는 세제로 씻고 뜨거운 물을 부어 소독한다. 그런 다음 키친타월로 물기를 닦고 살균소독기에 보관하면서 살균소독한다.

(3) 도마에 얼룩이 졌을 때는 굵은소금으로 문질러 닦으면 좋고 비린내가 날 경우에는 레몬으로 문질러 씻은 뒤 햇볕에 1시간 정도 건조하면 살균효과가 있다.

(4) 도마는 사용 전에 곰팡이와 대장균이 검출될 수 있고, 사용 후에는 진균이 검출될 수 있으므

로 철저한 세척이 요구된다.

(5) 흠집이 생기거나 금이 간 경우에는 비브리오균이나 살모넬라균의 온상지이므로 주의한다.

(6) 세척은 표백제를 푼 뜨거운 물에 담그거나 살균세제를 묻힌 행주를 도마 위에 얹어 하룻밤 두었다가 깨끗이 세척한 다음 끓인 물을 도마 위에 붓고 햇볕에 말리거나 도마전용 소독기를 사용한다.

(7) 2~3일에 한번은 소독하고, 교차오염을 방지하기 위하여 조리되지 않은 식품과 이미 조리된 음식, 채소류와 육류를 다루는 도마를 구분하여 사용한다.

(8) 세척된 도마의 물기를 행주로 닦으면 행주에서 세균이 오염될 수 있으므로 주의한다.

8) 칼, 스패튤러, 고무주걱, 붓, 파이핑백, 모양깍지

(1) 칼 등 위험하고 날카로운 기구를 사용한 후에는 개수대에 담그지 말고 밖에 두었다가 세척하여 보관하는 습관을 들여 안전에 주의한다. 개수대에 담그면 다른 그릇과 함께 섞였다가 세척할 때 상당히 위험한 상황이 될 수 있다는 것을 명심하자.

(2) 사용할 때는 바른 자세로 작업을 하며 위험기구 사용 시 다른 사람과의 대화 등으로 주의를 소홀히 하는 일이 없도록 한다.

(3) 칼은 오염되기 쉬우므로 재료별 전용으로 나누어 써야 한다. 특히 과일 칼을 다른 재료에 사용할 때는 주의한다.

(4) 칼, 스패튤러는 사용 후 잘 세척하여 칼꽂이에 보관하거나 살균기에 넣어 보관하고, 70% 에탄올 또는 세제로 소독하여 말린 후에 사용한다.

(5) 조리용 칼은 진균이나 대장균에 오염된 경우가 많고, 칼의 대장균은 식재료에 오염될 우려가 있으므로 샌드위치를 만들 때 철저한 세척을 요구한다.

1-4 공정안전관리하기

1 작업공정관리지침서

1) 공정별 위해요소 정리

(1) 공정관리

① 제빵의 제조 공정관리에 필요한 제품 설명서와 공정 흐름도를 작성하고 위해요소 분석을 통해 중요 관리점을 결정한다.

② 결정된 중요 관리점에 대한 세부적인 관리 계획을 수립하여 공정관리하는 것을 말한다.

(2) 위해요소

① 위해요소(Hazard)는 식품위생법 제4조 위해 식품 등의 판매 등 금지의 규정에서 정하고 있다.

② 인체의 건강을 해할 우려가 있는 생물학적, 화학적 또는 물리적 인자나 조건을 말한다.

(3) 중요 관리점(Critical Control Point: CCP)

① 중요 관리점은 위해요소 중점 관리기준을 적용하여 식품의 위해요소를 예방 · 제거한다.

② 위해요소를 허용 수준 이하로 감소시켜 당해 식품의 안전성을 확보할 수 있는 중요한 단계 · 과정 또는 공정을 말한다.

2) 공정관리 지침서

〈작업공정별 관리〉

제빵공정	공정별 위해요소 발생원인	공정 중요관리점
재료입고, 보관	• 원료 자체에서 오염 • 포장재 훼손 등으로 식중독균이 혼입	• 포장재 훼손 여부에 대한 육안검사를 실시한다. • 신선한 재료인지 확인한다. • 유효기간을 확인한다. • 유통과정에서의 온도 확인
배합표 작성	• 배합의 적절하지 못함에서 오는 위해요소	• 제품에 따른 배합표의 확인
재료개량	• 작업환경(종사자, 작업도구 등)으로부터 식중독균 교차오염 • 종사자로부터 머리카락 등 이물질 혼입 • 작업도구 등으로부터 금속 이물혼입	• 작업환경 위생관리 • 종사자 개인위생 관리 • 작업도구 파손 여부점검
반죽하기	• 원료에 오염된 식중독균 • 작업환경(종사자, 작업도구 등)으로부터 식중독균 교차오염 • 반죽 시 이물의 혼입	• 작업환경 위생관리 • 반죽기의 청소관리가 중요하다.
1차 발효	• 발효 시 발효실의 청결하지 못함으로 인한 오염	• 발효실 청소관리 매일 확인
분할	• 작업대와 도구의 위생이 불량 • 작업자의 마스크 등 개인위생 불량에서 오는 오염	• 작업자의 개인위생철저관리 • 작업대와 기구에 대한 확인
둥글리기	• 작업자의 손에서 오염 • 둥글리기 후 철판이나 나무판에서 오는 오염	• 작업 전 손 세척 확인 • 철판이나 나무판 청결 확인
중간발효	• 관리미흡에서 오는 위해요소 • 마르지 않게 관리하는 과정에서 비닐 등 덮개에서 오는 오염	• 비닐, 헝겊 등 청결한 것 사용 • 실온에서 관리 시 오염원 제거
성형	• 작업자의 위생불량에서 오는 오염 • 필링, 토핑 등 첨가 재료 및 조리과정에서 오는 오염	• 작업자의 손 세척 확인 및 개인위생관리 • 첨가재료의 안전위생관리
패닝	• 철판의 불량에서 오는 오염 • 첨가재료에서 오는 오염	• 사용할 철판의 세척 확인 • 성형 후 첨가재료의 확인
2차 발효	• 발효실의 청결불량에서 오는 오염	• 발효실 관리(청결, 온도, 습도)
굽기	• 굽기과정에서 발생하는 위해요소	• 굽기 과정 중 온도변화관리
포장	• 포장환경불량에서 오는 위해요소 • 포장지 등에서 오는 위해요소 • 작업자의 위생불량에서 오는 오염	• 포장실의 온도와 습도 등 관리 • 포장 작업자의 위생안전관리
진열	• 빛과 온도 등 진열환경에서 오는 위해요소	• 진열장의 온도, 햇빛, 전구빛 습도 등 관리

2 제품설명서

1) 제품설명서 작성요령

(1) 제품명은 해당 관청에 보고한 해당 품목의 "품목 제조(변경)보고서"에 명시된 제품명과
 일치하도록 작성한다.

(2) 어떤 종류의 제품인지 식품 유형(제품 유형)을 작성한다. 제품 유형은 "식품공전"의 분류
 체계에 따른 식품의 유형을 기재한다.

(3) 품목 제조 연월일을 작성한다. 품목 제조 보고 연월일은 식품 제조·가공 업소의 경우에
 해당하며, 해당 식품의 "품목 제조(변경)보고서"에 명시된 보고 날짜를 기재한다.

(4) 제품 설명서를 작성한 사람의 성명과 작성 연월일을 기재한다.

(5) 성분(또는 식자재) 배합 비율은 식품 제조·가공 업소의 경우 해당 식품의 "품목 제조(변경)
 보고서"에 기재된 원료인 식품 및 식품 첨가물의 명칭과 각각의 함량을 기재한다. 예를
 들면 밀가루 00%, 알파화 00%, 쌀분말 00%, 말티톨 00%, 전지분유 00%, 소금 00%, 오메가-3
 DHA분말 00%, 패각칼슘 00%, 버터버드 00%, 비타민프리믹스 00%, 단호박 농축액 00%, 전
 란액 00%, 난황액 00%, 쇼트닝 00%, 탄산수소암모늄 00%, 탄산수소나트륨 00%, 인산석회
 00% 등과 같이 작성한다.

(6) 제조 포장 단위는 판매되는 완제품의 최소 단위를 중량, 용량, 개수 등으로 기재한다.

(7) 완제품의 규격은 성상, 생물학적, 화학적, 물리적 항목별로 식품공전상의 법적 규격과 식품
 원료, 공정 등에서 심각성이 높은 위해요소 및 실제 발생되는 위해요소를 자사규격으로
 나누어서 작성한다.

(8) 직사광선을 피하여 건조하고 서늘한 곳에 보관 또는 개봉 후 가급적 빠르게 섭취와 같은
 보관·유통상의 주의사항을 작성한다.

(9) 포장방법은 구체적으로 기재하며, 포장 재질은 내포장재와 외포장재 등으로 구분하여 기
 재한다. 예를 들면 질소 충진, 탈산소제 등과 같이 내포장 방법과 테이프 등의 외포장방법
 을 작성하고, 포장 재질은 PE 등의 내포장과 골판지 등의 외포장 재질을 작성한다.

(10) 표시 사항에는 "식품 등의 표시 기준"의 법적 사항에 기초하여 소비자에게 제공해야 할
 해당 식품에 관한 정보를 기재한다. 즉 제품명, 식품의 유형, 반품 및 교환 장소, 제조
 및 판매원, 소비자 상담실, 제조 일자 또는 유통 기한, 내용량, 원재료명, 성분명 및 함량,
 영양성분, 포장 재질, 유의사항, 바코드, 부정 불량식품 안내 문구, 유탕 처리 제품 표시(스
 낵 과자), 분리 배출 표시, 소비자 피해 보상 규정 표시사항 등을 적는다.

(11) 제품 용도는 소비 계층을 고려하여 일반 건강인, 영유아, 어린이, 환자, 노약자, 허약자

등으로 구분하여 기재한다.

(12) "그대로 섭취"와 같이 섭취 방법을 작성한다.

(13) 유통기한은 식품 제조·가공 업소의 경우 "품목 제조(변경) 보고서"에 명시된 유통기한을 제조일로부터 ○○개월과 같이 작성한다.

2) 제품설명서

〈빵류 HACCP 관리: 식품의약품안전처〉

1. 제품명	○○빵(실재 제품명을 기재)		
2. 식품유형	빵류		
3. 품목제조보고연월일	2016.01.20		
4. 작성자 및 작성연월일	홍길동, 2016.01.20		
5. 성분배합비율	밀가루(강력분) 00%, 탈지분유 00%, 설탕 00%, 소금 00%, 팥앙금00%, 이스트 00%, 전란 00%, 마가린 00%, 유화제 00%, 용수 00%		
6. 제조(포장)단위	00g, 00g, 000g		
	구분	법적 규격	사내규격
	성상	고유의 색택과 향미를 가지고 이미, 이취가 없어야 한다.	
	생물학적 항목	-	Listeria.monocytogenes: 음성
			장출혈성 대장균: 음성
7. 완제품의 규격(식품 공정상 규격)	화학적 항목	• 타르색소: 불검출(식빵, 카스텔라에 한한다) • 사카린나트륨: 불검출 보존료(g/kg): 다음에서 정하는 것 이외의 보존료가 검출되어서는 아니 된다. <table><tr><td>• 프로피온산 • 프로피온산나트륨 • 프로피온산칼슘</td><td>2.5 이하(프로피온산으로써 기준하며, 빵 및 케이크류에 한한다.)</td></tr><tr><td>• 소르빈산 • 소르빈산나트륨 • 소르빈산칼슘</td><td>1.0 이하(소르빈산으로써 기준하며, 팥 등 앙금류에 한한다.)</td></tr></table>	
	물리적 항목	이물 불검출	
8. 보관유통상 주의사항	• 직사광선을 피하여 건조하고 서늘한 곳에 보관 • 개봉 후 가급적 빠르게 섭취		
9. 포장방법 및 재질	• 포장방법: 내포장, 외포장(테이프) • 포장재질: 내포장(PE), 외포장(골판지)		
10. 표시사항	• 제품명, 식품의 유형, 제조 및 판매원, 소비자상담실, 반품 및 교환장소, 제조일자 또는 유통기한, 내용량, 원재료명, 성분명 및 함량, 영양성분, 포장재질, 유의사항, 바코드, 부정불량식품 안내문구, 분리배출표시, 소비자피해보상규정		
11. 제품의 용도	• 영·유아 및 일반인의 간식용(전 소비계층)		
12. 섭취방법	• 그대로 섭취		
13. 유통기한	• 제조일로부터 0일		

❖ 자사 제품의 특성에 따라 설정(수정, 보완) 필요
❖ 완제품의 규격은 법적 규격(식품공정상 규격)과 자사규격(식품원료, 공정 등에서 심각성 높은 위해요소 및 실재 발생되는 위해요소)으로 나누어 작성

3 제과제빵공정도

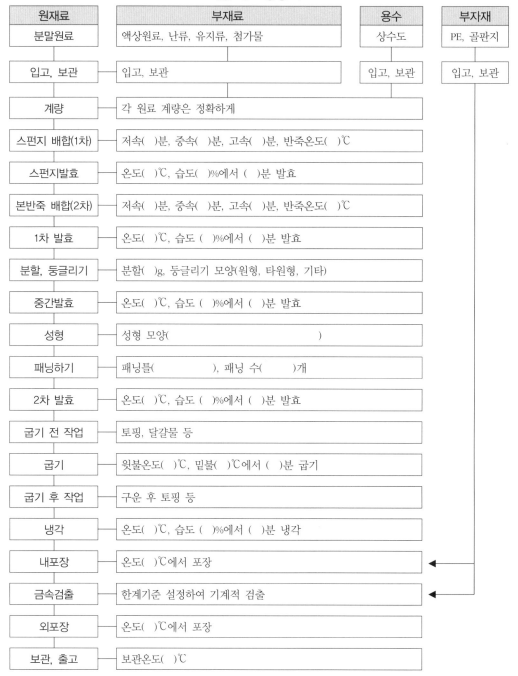

〈빵 제조 공정도〉

원재료	부재료	용수	부자재
분말원료	액상원료, 난류, 유지류, 첨가물	상수도	PE, 골판지
입고, 보관	입고, 보관	입고, 보관	입고, 보관
계량	각 원료 계량은 정확하게		
스펀지 배합(1차)	저속( )분, 중속( )분, 고속( )분, 반죽온도( )℃		
스펀지발효	온도( )℃, 습도( )%에서 ( )분 발효		
본반죽 배합(2차)	저속( )분, 중속( )분, 고속( )분, 반죽온도( )℃		
1차 발효	온도( )℃, 습도 ( )%에서 ( )분 발효		
분할, 둥글리기	분할( )g, 둥글리기 모양(원형, 타원형, 기타)		
중간발효	온도( )℃, 습도 ( )%에서 ( )분 발효		
성형	성형 모양( )		
패닝하기	패닝틀( ), 패닝 수( )개		
2차 발효	온도( )℃, 습도 ( )%에서 ( )분 발효		
굽기 전 작업	토핑, 달걀물 등		
굽기	윗불온도( )℃, 밑불( )℃에서 ( )분 굽기		
굽기 후 작업	구운 후 토핑 등		
냉각	온도( )℃, 습도 ( )%에서 ( )분 냉각		
내포장	온도( )℃에서 포장		
금속검출	한계기준 설정하여 기계적 검출		
외포장	온도( )℃에서 포장		
보관, 출고	보관온도( )℃		

〈출처: HACCP 관리; 식품의약품안전처 자료 참고하여 정리함〉

1) 공정 흐름도(Flow diagram)는 원료의 입고에서부터 완제품의 출하까지 모든 공정 단계들을 파악하여 각 공정별 주요 가공조건의 개요를 기재한다.

2) 모든 공정별 위해요소와 교차오염 또는 2차 오염, 오염 증식 등의 가능성을 파악하는 데 도움을 준다.

3) 구체적인 제조 공정별 가공방법과 그에 따른 평가 및 확인에 대하여는 일목요연하게 표로 정리하여 관리하는 것이 좋다.

〈과자 제조 공정도(크림법)〉

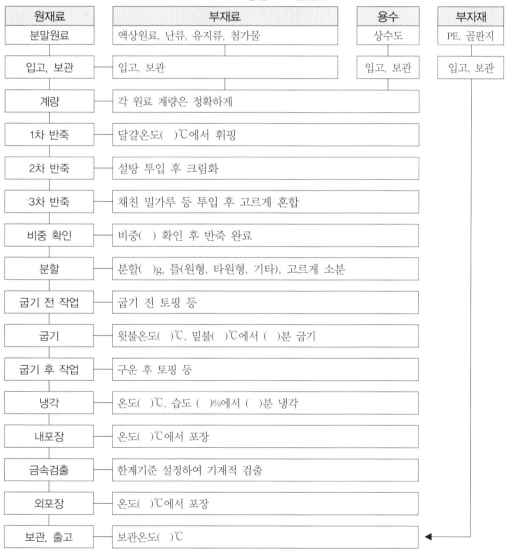

원재료	부재료	용수	부자재
분말원료	액상원료, 난류, 유지류, 첨가물	상수도	PE, 골판지
입고, 보관	입고, 보관	입고, 보관	입고, 보관
계량	각 원료 계량은 정확하게		
1차 반죽	달걀온도( )℃에서 휘핑		
2차 반죽	설탕 투입 후 크림화		
3차 반죽	채친 밀가루 등 투입 후 고르게 혼합		
비중 확인	비중( ) 확인 후 반죽 완료		
분할	분할( )g, 틀(원형, 타원형, 기타), 고르게 소분		
굽기 전 작업	굽기 전 토핑 등		
굽기	윗불온도( )℃, 밑불( )℃에서 ( )분 굽기		
굽기 후 작업	구운 후 토핑 등		
냉각	온도( )℃, 습도 ( )%에서 ( )분 냉각		
내포장	온도( )℃에서 포장		
금속검출	한계기준 설정하여 기계적 검출		
외포장	온도( )℃에서 포장		
보관, 출고	보관온도( )℃		

〈출처: HACCP 관리; 식품의약품안전처 자료 참고하여 정리함〉

〈과자 제조 공정도(스펀지 공립법)〉

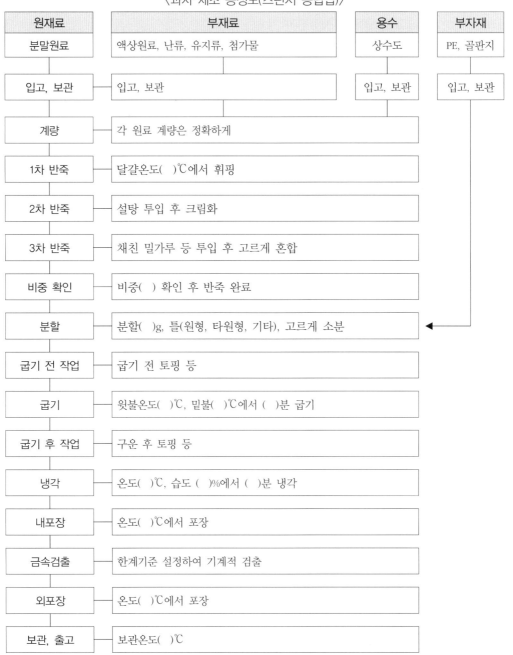

원재료	부재료	용수	부자재
분말원료	액상원료, 난류, 유지류, 첨가물	상수도	PE, 골판지
입고, 보관	입고, 보관	입고, 보관	입고, 보관
계량	각 원료 계량은 정확하게		
1차 반죽	달걀온도(　)℃에서 휘핑		
2차 반죽	설탕 투입 후 크림화		
3차 반죽	채친 밀가루 등 투입 후 고르게 혼합		
비중 확인	비중(　) 확인 후 반죽 완료		
분할	분할(　)g, 틀(원형, 타원형, 기타), 고르게 소분		
굽기 전 작업	굽기 전 토핑 등		
굽기	윗불온도(　)℃, 밑불(　)℃에서 (　)분 굽기		
굽기 후 작업	구운 후 토핑 등		
냉각	온도(　)℃, 습도 (　)%에서 (　)분 냉각		
내포장	온도(　)℃에서 포장		
금속검출	한계기준 설정하여 기계적 검출		
외포장	온도(　)℃에서 포장		
보관, 출고	보관온도(　)℃		

〈출처: HACCP 관리; 식품의약품안전처 자료 참고하여 정리함〉

4 공정 흐름도에 따른 평가 및 확인

〈제빵 공정 흐름도 관리〉

구분	평가내용		판정 (O/X)	비고
	내용	기준 및 확인 사항		
1	• 원료 및 부원료의 입고 및 검사관리 • 원료 및 부원료의 보관	• 원료 및 부원료 관리기준 • 검사성적서 확인 • 관능검사(색택·풍미 등) • 보관온도 및 습도 확인		
2	• 해동공정	• 해동실 위생상태 • 해동조건 충족		
3	• 선별 및 세척공정	• 손상·부패 등 가공에 부적합한 원료 및 부원료 확인 • 세척상태 • 염소세척 처리 시 잔류 염소농도		
4	• 세절공정	• 이물혼입 확인 • 칼, 믹서 등 세절기의 위생상태 • 금속검출기의 감도 및 작동상태		
5	• 재료 계량	• 계량 저울의 교정 및 검사 확인 • 제품에 따른 재료의 확인 • 계량의 정확성 확인 • 재료의 허실 확인		
6	• 배합(혼합) 및 반죽공정	• 제품의 혼합비율 • 반죽온도 및 시간 • 반죽상태의 관능검사(색택 등) • 이물혼입: 기록 확인		
7	• 발효공정	• 발효실온도 및 발효시간 • 발효실의 위생상태 • 제빵법에 따른 조건 확인 • 1차발효실 조건 확인 • 2차발효의 조건 확인		
8	• 성형공정	• 각 제품에 따른 모양의 일정함 • 성형 작업자 관리 • 분할과 둥글리기의 조건 및 상태 • 중간발효의 적절함 • 성형의 조건 및 상태관리 • 패닝의 조건 및 적절함		
9	• 굽기공정	• 예열온도 및 시간 • 오븐의 상태 확인		
10	• 토핑공정	• 이물혼입 확인 • 토핑실 온도 및 습도		
11	• 필링 충전	• 충전 기구 및 기계 위생상태 • 제품의 특성과 재료의 균형 사용 확인		

12	• 동결공정	• 동결기온도: 기록 확인 • 동결시간 및 제품중심부 온도		
13	• 포장	• 포장기의 위생상태 • 포장실 온도: 기록 확인 • 금속검출기의 감도 및 작동상태 • 진공도		
14	• 제조설비에 대한 세척	• 세척상태 • 세척기간 및 관리책임자		
15	• 완제품의 보관	• 냉장고, 냉동고 온도, 습도, 조명 관리		
16	• 제품 운반차량 관리	• 냉동탑차 또는 냉동컨테이너 온도		
17	• 포장재·기구 및 용기 등 부자재	• 부자재 등 관리기준 • 검사성적서 확인 • 표시사항·이물 등 육안검사		

〈출처: 빵류 HACCP 관리; 식품의약품안전처 자료 참고하여 정리함〉

5 작업장 평면도

〈예시그림: 작업장 평면도 및 작업 흐름도〉

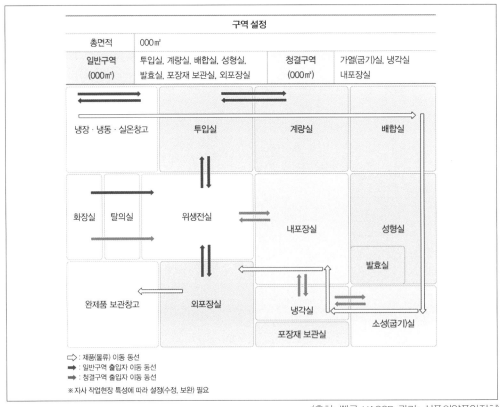

〈출처: 빵류 HACCP 관리; 식품의약품안전처〉

1) 작업장 흐름도

(1) 작업장 평면도(Plant schematic)는 작업 특성별 구역, 기계·기구 등의 배치, 제품의 흐름 과정, 작업자의 이동 경로, 세척·소독조 위치, 출입문 및 창문, 환기 또는 공조 시설 계통도, 용수 및 배수 처리 계통도 등을 작성한다.

(2) 공장 도면으로 총면적을 일반 구역과 청결 구역으로 나누어 설정한다. 일반 구역은 투입실, 계량실, 배합실, 성형실, 포장재 보관실, 외포장실 등이고, 청결 구역은 가열실, 냉각실, 내포장실 등이다.

(3) 제품의 이동 동선과 일반 구역 출입자 이동 동선, 청결 구역 출입자 이동 동선으로 작업 현장 특성에 따라 수정 보완한다.

2) 작업장 위생관리

(1) 작업장 내부

① 바닥, 트렌치 등에는 깨지거나 파여서 이물질이나 퇴적물 등이 쌓여 냄새가 나지 않도록 파손된 부위는 보수한 후 방수 페인트로 도포하거나 청결하게 유지하도록 한다.

② 벽 및 천장, 문 등에는 거미줄, 먼지 등 이물질, 검은 때, 곰팡이 등이 묻어 있지 않도록 한다.

③ 작업장 밖 진입로 주변의 먼지 등 이물질은 수시로 제거한다.

(2) 환기시설

① 창문의 유리와 창문턱의 먼지를 주기적인 청소로 깨끗이 관리한다.

② 방충망의 상태를 수시로 점검하여 먼지 등 이물질을 수시로 제거한다.

③ 환풍기 및 냉난방기는 이취나 먼지가 발생하지 않도록 청결하게 유지한다.

④ 천장 배기구는 깨끗이 관리하고 하단에 받침대를 설치하여 낙하 이물의 혼입을 예방한다.

(3) 조명시설

① 전등에 먼지가 쌓이거나 이물질이 묻지 않도록 수시로 청소를 실시한다.

② 전등의 상태를 주기적으로 점검하고 전등 커버를 설치하여 이물질이 떨어져 제품에 혼입되지 않도록 한다.

(4) 작업도구관리

① 스테인리스 재질의 작업도구를 사용하여 유해미생물의 번식 및 작업도구 파편 혼입을

예방한다.

② 작업 솔은 미지근한 물로 세정하고 털이 빠지지 않는 것을 확인한 후 사용한다.

③ 금속제 수세미는 파편이 제품에 혼입되는 경우가 빈번하게 발생하므로 사용하지 않는다.

④ 작업도구는 지정된 보관위치에 식별가능하도록 구분하여 보관한다.

(5) 청소도구관리

① 청소도구는 사용한 작업자가 직접 세척한 후 소독하여 교차오염 방지를 위해 작업도구와 구분해서 보관한다.

② 수세미 및 세척용 솔은 용수에 깨끗이 세척하고 염소수(200ppm)에 침지시킨 후 물기를 제거하여 보관한다.

③ 바닥용 걸레는 세제를 사용하여 세척하고 염소수(200ppm)에 침지시킨 후 건조하여 보관한다.

④ 장비 세척용 걸레는 세제를 사용하여 세척하고 염소수(200ppm)에 침지시킨 후 깨끗한 물에 충분히 헹구어 보관한다.

(6) 폐기물 처리

① 폐기물은 구분하여 정리하고 당일 폐기물 처리장으로 이송한다.

② 작업장 내 폐기물 보관함은 냄새나 침출수가 새어 나오지 않는 재질을 사용한다.

③ 폐기물 처리통은 반드시 뚜껑을 덮어 관리한다.

6 공정별 위해요소와 관리

1) 위해요소

(1) 생물학적 위해요소(Biological hazards)

① 원·부자재, 공정에 내재하면서 인체의 건강을 해할 우려가 있는 위해요소로는 리스테리아 모노사이토게네스(Listeria monocytogenes), 이콜라이 0157(E Coli 0157:H7), 대장균, 대장균군, 효모, 곰팡이, 기생충, 바이러스 등이 있다.

② 제과에서 발생할 수 있는 생물학적 위해요소는 황색포도상구균, 살모넬라, 병원성대장균 등의 식중독균이 있다.

(2) 화학적 위해요소(Chemical hazards)

① 제품에 내재하면서 인체의 건강을 해할 우려가 있는 중금속, 농약, 항생물질, 항균물질 등이 있다.

② 사용 기준 초과 또는 사용 금지된 식품 첨가물 등이 있다.

(3) 물리적 위해요소(Physical hazards)

① 원료와 제품에 내재하면서 인체의 건강을 해할 우려가 있는 인자 중에는 돌조각, 유리조각, 쇳조각, 플라스틱 조각, 머리카락 등이 있다.

② 제과에서 발생할 수 있는 물리적 위해요소는 금속조각, 비닐, 노끈 등의 이물이 있다.

2) 위해요소 개선 관리

(1) 생물학적 위해요소 개선조치

① 시설 개·보수를 실시한다.

② 원·부재료 협력업체의 시험 성적서를 확인한다.

③ 입고되는 원·부재료를 검사한다.

④ 보관, 가열, 포장 등의 온도, 시간 등의 가공조건 준수를 확인한다.

⑤ 시설·설비, 종업원 등에 대한 적절한 세척·소독을 실시한다.

⑥ 공기 중에 식품 노출을 최소화한다.

⑦ 종업원에 대한 위생교육 등을 실시한다.

⑧ 식중독균은 가열(굽기)공정을 통해 제어할 수 있다.

(2) 화학적 위해요소 개선조치

① 원·부재료 협력업체의 시험 성적서를 확인한다.

② 입고되는 원·부재료를 검사한다.

③ 승인된 화학물질을 사용한다.

④ 화학물질의 적절한 식별 표시를 하고 보관한다.

⑤ 화학물질의 사용 기준을 준수한다.

⑥ 화학물질을 취급하는 종업원의 적절한 교육·훈련 등을 실시한다.

(3) 물리적 위해요소 개선조치

① 시설 개·보수를 실시한다.

② 원·부재료 협력업체의 시험 성적서를 확인한다.

③ 입고되는 원·부재료를 검사한다.

④ 육안 선별, 금속 검출기 관리 등을 실시한다. 금속파편, 나사, 너트 등의 금속성 이물은 금속검출기를 통과시켜 제거하고, 기타 비닐, 노끈, 벌레 등 연질성 이물은 육안 등으로 선별한다.

⑤ 종업원 교육·훈련 등을 실시한다.

〈위해 예방 관리를 위한 해썹(HACCP) 7원칙〉

원칙 1	위해요소 분석	원·부재료 및 제조공정에서 발생될 수 있는 위해요소 [식중독균, 농약 및 중금속, 이물 등]를 확인하는 것이다.
원칙 2	중요관리점 결정	확인된 위해요소를 제어할 수 있는 공정을 찾고 결정하는 것이다. 예) 가열공정, 금속검출공정 등
원칙 3	중요관리점 한계 기준 설정	중요관리점에서 위해요인이 제거될 수 있는 공정조건을 말한다. 예) 가열온도 00±0℃, 가열시간 00±0분
원칙 4	중요관리점 모니터링	위해요인이 제어될 수 있는 조건이 유지되는지를 확인·기록하는 주기, 방법을 설정하고 관리하는 것을 말한다.
원칙 5	개선조치	중요관리점 모니터링 결과 설정된 한계기준에서 벗어났을 때 조치 방법을 설정하고 관리하는 것을 말한다.
원칙 6	검증	중요관리점이 제대로 설정되었는지, 한계기준이 적절히 설정되었는지, 모니터링은 제대로 이루어지고 있는지를 확인하고 문제점을 개선하는 것을 말한다.
원칙 7	문서 기록	"위해요소분석"부터 "검증"까지 설정된 기준과 기록을 문서화하고 관리하는 것을 말한다.

〈출처: 식품의약품안전처〉

3) 제과제빵 공정별 위해요소 개선조치

(1) 원부재료 입고·보관

① 원부재료 운송차량이 들어오면 운송차량의 온도(냉동·냉장차량) 및 원부재료의 외관상태 등을 확인하고 물품을 검수한다.

② 냉장, 냉동 원료가 온도 기준이 이탈된 상태로 운송되거나 실온에서 오랫동안 방치될 경우 제품 온도 상승으로 인해 세균이 증식될 수 있으므로 온도 기록 관리가 필요하다.

③ 보관 시 외부 포장을 제거하고 보관해야 교차오염을 예방할 수 있다.

④ 보관 시 재료의 보관관리 기준에 적합하게 (상온제품 → 상온창고, 냉장제품 → 냉장창고,

냉동제품 → 냉동창고) 입고·보관한다.

⑤ 입고검사결과 부적합한 경우 식별표시 후 반품 또는 폐기한다.

(2) 개포·계량

① 재료를 개포할 때는 이물질이 혼입되지 않게 관리하여 개포한다.

② 분말원료, 액상원료, 식품첨가물 등은 제품별 배합비에 맞도록 각각 계량하여 용기에 담는다.

③ 종사자가 직접 실시하는 작업인 계량공정은 종사자의 부주의로 식중독균의 교차오염, 사용 도구에 의한 이물 등의 혼입 우려가 있으므로 숙련된 종업원을 배치하여 철저히 관리한다.

④ 재료의 계량 시 재료를 저울에 직접 닿지 않게 하여 계량한다.

(3) 배합(반죽), 발효

① 분말원료, 용수, 유지류, 식품첨가물 등을 믹서기(배합기)에 넣고 균일하게 배합하여 제품별 발효조건에 맞게 발효한다.

② 배합·반죽 작업은 주로 믹싱기를 이용하여 작업이 이루어지며, 믹싱기 노후 및 파손으로 인해 금속 파편이 제품에 혼입될 수 있으므로 믹싱기는 매일 노후상태나 파손된 부위가 없는지 확인·관리한다.

③ 발효는 발효기를 이용하여 작업이 이루어지며 발효기 내부 오염이 반죽에 혼입될 수 있으므로 발효기 내부 청소상태를 확인한 후 발효기를 사용한다.

(4) 분할, 성형

① 분할, 성형작업은 주로 종사자를 통하여 작업이 이루어지며 종사자의 머리카락 등으로 인해 이물이 혼입될 수 있으므로 종사자의 개인위생 상태를 확인한다.

② 성형작업은 주로 성형기를 이용하여 작업이 이루어지며, 성형기 노후 및 파손으로 인해 금속 파편이 제품에 혼입될 수 있으므로 성형기는 매일 노후상태나 파손된 부위가 없는지 확인·관리한다.

(5) 가열 후 청결 제조공정

① 식중독균을 제어할 수 있는 중요공정으로 관리기준에 맞게 가열되는지 주기적으로 점검한다.

② 안전한 제품을 생산하기 위해 가장 중요한 공정이다.

(6) 냉각

① 냉장온도로 급속히 냉각할 경우 제품의 노화가 일어나므로 유의한다.

② 냉각공정은 가열 또는 굽기, 튀기기 공정 이후의 과정으로 가장 청결한 상태로 관리되어야 한다.

(7) 포장

① 가열공정에서 식중독균과 같은 생물학적 위해요소가 제거되므로, 이러한 상태를 유지하기 위해 가열공정 이후부터 포장공정까지 보다 청결한 수준으로 공정을 관리해야 한다.

② 이상이 없는 것으로 확인된 제품을 내포장재에 담고, 중량을 확인한 후 내포장한다.

③ 개인위생을 준수하지 않은 상태로 작업에 임할 경우 종사자로 인해 식중독균 등에 오염될 수 있으므로 종사자는 반드시 개인위생을 준수하고, 수시로 손 세척과 소독을 실시해야 한다.

④ 종사자는 필요시 마스크를 착용하고 일회용 장갑 등을 착용하고 작업하도록 한다.

⑤ 시설·설비에 대해 세척·소독기준을 정하여 주기적으로 관리한다.

⑥ 내포장 시 종이, 철(Fe), 스테인리스(STS) 등 제품에 혼입된 이물질이 없는지를 확인한다.

(8) 보관 및 출고

① 외포장실로 이송하여 외포장 상자(골판지, 피이(PE) 박스 등)에 포장한다.

② 외포장이 완료된 완제품은 제품의 특성에 따라 보관하며 거래처 주문에 따라 출고한다.

재료·구매관리

2-1 원·부재료 구매관리하기

1 구매관리

1) 구매의 정의와 목적
(1) 다른 재화를 생산하기 위하여 중간재 내지 원료를 구입하는 경우와 최종 소비자가 소비를 목적으로 구입하는 경우가 있다.
(2) 구매 또는 구매관리는 사전적 의미로 제품 생산에 필요한 원재료 등을 필요한 시기에 될수록 유리한 가격으로 적당한 공급자에게 구입하기 위한 체계적인 방법이다.
(3) 구매의 목적은 적절한 품질, 적정한 수량의 상품을 적정한 가격으로 적정한 공급원으로부터 구입하여 적정한 장소에 납품하도록 하는 데 있다.
(4) 재료의 구매는 제품의 질에 큰 영향을 미치며 원가관리 측면에서도 중요하다.

2) 구매활동 효과
(1) 최고 품질의 제품을 생산하여 최대의 가치를 소비자에게 제공
(2) 원·부재료의 품질을 결정하고 구매량을 결정
(3) 시장조사를 통해 유리한 조건으로 협상 가능한 공급업체를 선정
(4) 적절한 시기에 납품되도록 관리
(5) 검수, 저장, 입출고, 원가 관리 등을 통해 지속적인 구매활동으로 이익 창출

3) 원료 수급현황과 구매계획
(1) 효과적인 원료수급
① 제과제빵 재료는 장기간 보관하면서 사용하는 재료가 많으므로 재고관리를 철저히 하여 보관하고 있는 재료를 파악하고 원료수급 현황을 알아야 한다.
② 재고관리 시 재료의 유통기한을 체크하고 유통기한의 표시와 함께 재고 파악이 이루어져야 한다.
③ 원료 구매를 계획할 때는 생산계획과 재고수량을 감안하여 수급현황을 파악한다.

(2) 효율적인 구매계획
① 제품에 따른 재료의 특성을 살리고 생산계획에 기초하여 생산기간과 생산량을 설정하여 구매계획을 세운다.

② 재료의 구매를 계획할 때는 경영활동 전반과 연결하여 이익의 원천으로써 보다 창조적인 구매관리가 필요하다.

③ 원·부재료의 소요량을 파악하고 현재 보유하고 있는 재고량과 구매해야 할 원·부재료의 품질, 수량, 가격, 시기 및 장소를 고려하고 공급처를 선정하여 발주, 구매, 저장, 생산, 판매해야 한다.

④ 효율적인 구매계획을 위한 고려사항으로는 원·부재료의 검수방법, 저장장소, 저장장치 또는 설비, 저장 능력 및 저장 방법 등을 표준화하고 매뉴얼화할 필요가 있다.

4) 구매를 위한 시장조사

(1) 시장조사의 6요소와 분류

① 품질, 가격, 수량, 조건, 시기, 구매처

② 시장조사에는 여러 가지 조사가 있으나 크게 나누어서 구입사용실태조사, 판매계획조사, 제품계획조사, 수요예측조사의 4가지로 분류할 수 있다.

(2) 시장조사의 목적

① 제품의 재료비를 산출하여 원가 및 제품의 기초자료로 활용하여 제품의 질을 높이기 위함이다.

② 계절 재료에 따른 원가 등의 제품에 미치는 영향을 검토하여 합리적이고 경제적인 제품을 생산하기 위함이다.

③ 시장의 변동사항을 정확히 파악하고 포장, 생산지 등에 따른 신선도 및 가격차이를 재료의 감별 및 검수 시 활용할 수 있게 하기 위함이다.

(3) 수급문제 해결을 위한 시장조사

① 재료 수급에서 발생한 문제는 관련된 자료를 수집하고 분석하여 객관적으로 해결하는 것이 중요하다.

② 시장조사는 과학적이고 체계적인 방법으로 조사할 때 문제를 해결할 수 있다.

③ 자료의 수집과 분석 방법
  • 문헌조사를 기반으로 하는 방법
  • 현장 전문가를 대상으로 문제를 도출하고 해결하는 방법
  • 소비자를 대상으로 설문조사 또는 FGI(Focus Group Interview) 등의 기법을 통해 문제를 해결하는 방법

• 벤치마킹(benchmarking)을 통해 우수한 대상을 찾아 비교하고 차이를 극복하여 문제를 해결하는 현장 검증 방법

(4) 구매 의사결정을 위한 시장조사

① 의사결정을 위한 시장조사는 문제에 대한 현상을 조사, 분석, 사례에 대한 검증을 실시하고 여러 가지 대안을 모색하여 그중 가장 합리적이고 효과적인 구매방법을 정하는 것이다.

② 이러한 의사결정 방법은 의사결정의 부담을 줄이고, 올바른 의사결정을 가능케 하며, 개인적 판단의 오류와 불확실성을 감소시켜 준다.

(5) 식재료 구매시장 가격결정 요인

① 재료 원가 및 품질

• 재료 원가는 제품의 원가에 직접적인 영향을 미치므로 재료 구매의 가장 큰 결정사항이다.

• 재료의 품질은 재료 원가에 영향을 미칠 뿐만 아니라 제품의 품질과도 직접적인 관계가 있으므로 재료 가격결정의 중요 점검사항이다.

② 시장의 특수성

• 시장의 접근성이나 재료 자체의 구매 빈도 등 시장의 특수성에 따라 재료의 가격이 달라진다.

③ 시장수요의 탄력성

• 수요탄력성은 시장탄력성과 가격탄력성으로 구분된다.

• 수요탄력성이 작으면 높은 가격이 형성되고 수요탄력성이 클수록 가격은 낮아진다.

• 소득탄력성 $= \dfrac{수요변화율}{소득변화율}$, 가격탄력성 $= \dfrac{수요변화율}{가격변화율}$

④ 경쟁업체의 가격

• 경쟁업체의 가격정책을 수시로 파악하여 재료 수급 가격에 반영한다.

⑤ 유통과정의 마진

• 유통단계에 따라 가격이 달라지므로 유통과정을 파악한다.

⑥ 마케팅전략

• 판매 촉진을 위한 홍보활동은 가격결정에 영향을 미친다.

5) 수요예측조사

(1) 수요

① 수요란 재화나 서비스를 구매하려는 욕구이다.

② 잠재수요란 구매능력이 갖추어지지 않아 아직 소비로 결부되지 못하는 욕구이다.

③ 유효수요란 금전적 지출을 동반하는 수요로 바로 구매가능하거나 구체적인 구매계획이 있는 수요를 말한다.

(2) 수요예측

① 수요예측이란 재화나 서비스에 대하여 일정기간 동안에 발생가능성이 있는 모든 수요의 크기를 측정하는 것이다.

② 재료 수요예측은 생산하려는 제품과 재료의 특성에 따라 장·단기적인 예측 모델을 세우는 것이 작업자들의 생산일정 계획이나 기본적인 운영계획을 세우는 데 도움이 된다.

③ 수요예측의 기본자료는 과거의 업무기록이므로 업무기록을 일별, 주별, 월별로 엄격하게 구분·정리하면서 살피면 앞으로의 수요예측에 도움이 된다.

④ 제과제빵에서의 재료 수요예측은 제품별 판매사항도 꼼꼼하게 확인하는 것이 제품별 각기 다른 재료 수급여부를 결정하는 데 도움이 된다.

⑤ 아무리 정확한 수요분석을 통하여 추정하여도 수요의 예측이 완벽하기는 어려우므로 예측이 빗나갈 경우를 항상 염두에 두는 수요예측이 필요하다.

⑥ 수요예측의 오차 발생에 대한 준비로 수요예측의 기간을 설정하여 짧은 기간의 예측활동으로 예측의 적중률을 높여야 한다.

2 구매관리 활동

1) 구매관리 활동 정리

(1) 구매관리란 제품생산에 필요한 원재료 및 상품을 유리한 가격으로 필요한 시기에 적당한 공급자로부터 구입하기 위한 체계적인 활동을 말한다.

(2) 구매가치분석, 시장조사, 재료품질 등을 관리하여 제품의 생산계획 및 용도에 따라 가장 적합한 것을 찾아야 한다.

(3) 우량 업체 또는 업자로부터 구입하여 납기에 늦지 않고 수급이 원활한지를 파악한다.

(4) 일정한 재고를 필요로 하는 제품과 자재에 대해서는 재고 고갈의 위험이 없게 적정재고관리를 하여 구매를 적정량 할 수 있게 한다.

(5) 적절한 수송수단으로 구입하여 원재료의 신선도를 유지할 수 있게 관리한다.

(6) 최저의 구매비용으로 최대의 효과를 낼 수 있는 재료를 파악하고 관리한다.

(7) 제품의 배합표를 확인하여 제품의 특성을 최대한 살릴 수 있는 재료를 선택하고 생산계획에 맞게 적절한 양을 구매한다.

(8) 재료 공급처는 가격 변동 등 수급 변화에 빠르게 대응할 수 있도록 2곳 이상을 구매처로 확보한다.

(9) 구매 관리기법에는 구매시장조사, 가치분석, 표준화 및 단순화, ABC 분석, 경제적 주문량 결정법 등이 있다.

2) 과학적인 구매관리 활동

(1) 품질 가치분석: 구매시장조사를 바탕으로 용도에 따라 가장 적정하고 적합한 것을 찾아 구입한다.

(2) 납기 관리: 납기(納期)에 늦지 않도록 구입하여 생산에 차질이 없게 한다.

(3) 적정재고관리: 일정한 재고를 필요로 하는 제품과 자재에 대해서는 될 수 있는 대로 재고를 최소한도로 하면서 재고 고갈의 위험도 없애야 한다.

(4) 납품업자의 선정·외주 관리: 구매 시장조사를 통하여 우량 업체 또는 업자로부터 구입해야 한다.

(5) 수송 관리: 재료에 따른 적절한 수송수단을 가진 업체로부터 구입한다.

(6) 비용관리: 최저의 구매비용으로 최대의 효과를 올릴 수 있는 재료를 구입한다.

(7) 잔재(殘材) 관리 용이: 사용하고 남은 재료를 유효적절하게 활용할 수 있는 재료를 구입한다.

(8) 구매조직의 합리화: 구매조직을 전문화, 합리화하여 구매의 능률화를 기한다.

3) 구매절차

(1) 수요판단

① 구매할 때에는 생산부서 및 관리부서 등과 긴밀하게 협조하여 생산계획과 재고량을 파악하고 필요한 구매물품과 소요량을 결정한 후 구매계약에 들어가야 한다.

② 재료를 일정시점에 적절하게 확보할 수 있도록 구매 전 반드시 요청부서에서 구매부서로 요청한 재료 및 자재의 사양, 품질, 용도와 규격 등에 대해 충분히 협의한 후 구매해야 한다.

(2) 공급처 선정

① 구매자와 판매자 간에 서로의 만족을 충족할 수 있는 업체를 선정한다.

② 공급처 선정을 위해서는 과거의 실적평가와 안정된 공급을 위한 충분한 여건을 갖춘 업체인지를 확인한다.

③ 운송시간, 기상적 요인, 운반비용, 사고위험 등 공급처의 지리적 영향도 고려한다.

④ 식재료 확보능력, 거래선으로의 우선순위 결정 등 공급처의 자금능력을 파악한다.

⑤ 노사관계에 의한 변수와 종업원의 납품태도 등 공급처의 인적 관리능력도 파악한다.

⑥ 공급가 및 안정적인 품질로 꾸준한 공급이 이루어질 수 있는 업체를 선정한다.

(3) 구매계약

① 구매하는 방법에는 일반경쟁계약, 지명경쟁계약, 수의계약의 세 가지가 있다.

② 수요 판단이 이루어지면 필요한 재료나 자재의 사양과 수량을 구매부서나 구매담당자가 정리하여 공급업체에게 발주하고 공급업체는 발주된 물품의 거래명세서와 발주서를 검수장소에 함께 제출하게 된다.

③ 구매계약의 성립과 해지는 법률적인 행위이므로 구매 청약과 해지는 상대방의 승낙에 의해서 이루어진다.

(4) 수납과 검사

① 공급업체로부터 납품받은 재료나 자재를 검수담당자는 거래명세서와 발주서의 일치여부를 확인하고 검수할 물품과 대조하여 정확한 입고가 이루어졌는지를 확인한다.

② 발주서와 거래명세서상의 물품이나 수량의 차이가 발생할 경우 담당자에게 즉시 연락하여 해결하고 그렇지 못하면 인도되지 못한다.

(5) 대금지급

① 납품이 성사되면 대금은 신속히 지급하는 것이 일반적이다.

② 신속한 대금(代金)지급이 요구되는 것은 그것이 결과적으로 가격인하의 효과를 가져다주는 요인이 될 수 있기 때문이다.

(6) 납품업체 평가

① 납품업체에 대해 정확한 품질의 재료를 납품하는지의 여부, 납기일을 지키는지의 여부, 정확한 발주량을 납품하는지 등에 대한 종합적인 평가를 지속적으로 하여 다음 거래가 원활히 이뤄지도록 관리한다.

② 계약서, 발주서 등 구매관련 서류를 법률적 효력이 있는 기간 동안 보관하고 배달 및 서비스 등 납품업체에 대한 전반적인 평가를 하여 이를 다음의 구매활동에 반영되도록 한다.

3 발주관리

1) 발주의 개념
(1) 구매 담당자가 주문 비용을 최소화하여 적정량의 재료를 업자에게 주문하는 것을 말한다.
(2) 생산부서에서 요구하는 재료의 양은 그대로 발주량이 될 수 없으며 적정한 주문 수량은 구매부서에서 타 부서의 의견을 종합하여 결정한다.
(3) 적정한 수량의 발주란 구매자와 공급자 쌍방의 가장 경제적인 수량을 말하는데 여러 가지 요인과 물품에 따라 달라질 수 있다.

2) 발주량 결정
(1) 주문비용을 최소화하는 적정 발주량을 결정해야 한다.
(2) 적정 발주량은 저장비용(storage cost)과 주문비용(order cost)의 비용요인에 의해 영향을 받는다.
(3) 발주방식은 정기 발주방식과 정량 발주방식이 있다.
(4) 발주량 결정 시 고려해야 할 요인들
  ① 가격의 변화: 장래 가격이 오를 것인가 내릴 것인가에 따라 재료의 발주량을 조절해야 한다.
  ② 수량 할인율: 주문수량에 따른 할인율이 적용될 경우 재고 유지비용보다 할인가격의 액수가 크다면 주문수량을 늘리는 것이 이익이 된다.
  ③ 재료의 특성: 저장기간에 따라 질이 저하되는 것이 보통이므로 재료의 특성에 따른 저장기간을 참고하여 발주량을 결정해야 한다.
  ④ 계절적인 요인: 특정 계절과 성수기에만 공급되는 재료인지 비수기나 계절이 지나면 비싸지지 않는지를 확인하여 발주량을 결정한다.
  ⑤ 저장장소 확인: 재료의 특성에 따라 저장방법이 다르므로 재료의 저장장소를 확인하고 발주해야 한다.

4 검수관리

1) 검수관리 정리

(1) 검수란 주문과 일치하는지를 확인하는 것으로 납품된 식재료와 물품의 품질, 선도, 위생, 수량 및 규격이 주문서의 요구 기준에 부합되는지 확인하여 수령 여부를 판단하는 과정으로 식재료의 신선도와 품질을 결정하는 것이다.

(2) 품질, 규격, 성능, 수량 등이 구매하려는 식자재와 동일한지 확인하고 받아들이는 과정에서 검수 관계자의 정확한 식자재 전문지식이 필요하다.

(3) 검수방법에는 전 재료를 검사는 전수 검수법과 일부를 검사하는 발췌 검수법이 있다.

(4) 효과적인 업무 통제를 위해서는 구매와 검수를 분리하는 것이 이상적이다.

2) 검수 절차

(1) 주문 내용과 납품서의 대조

① 구매청구서와 거래명세서를 대조하여 물량조달이 원활하도록 한다.

② 납품서는 납품업자가 어떤 물건을 어떠한 가격으로 보냈는지를 적은 서류이므로 모든 반입 품목과 비교하여 정확한 입고가 되었는지를 확인한다.

(2) 품질 검사

① 크기, 중량, 선도 및 유통기한 등의 품질을 구매청구서와 대조하여 확인한다.

② 구매 수량이 정확한지를 검사하고 기록한다.

(3) 물품의 인수 또는 반품

① 구매청구서와 일치하는 정확한 재료가 입고되었으면 인수절차를 거쳐 인수한다.

② 재료의 불량 등이 있을 때 반품여부를 결정한다.

(4) 검수에 관한 기록 및 문서 정리

① 대금지급방법을 확인하고 납품되는 원·부재료는 일일보고서를 통해 기록하여 보관한다.

② 납품 시 발생되는 모든 내용을 정확하게 기재해야 하며, 수시로 검수절차와 검수방법을 점검해야 한다.

3) 검수원의 자질

(1) 식재료의 품질에 대한 지식을 갖추고 있어야 한다.

(2) 검수절차와 과정에 대한 지식을 갖추어야 한다.

(3) 검수일지를 작성하고 문제 발생 시 처리방법에 대한 지식을 가지고 있어야 한다.

4) 검수원의 업무

(1) 검수원은 주문서와 견적서 등에 따라 검수한다.

(2) 품질, 규격, 성능 등 주문 식재료의 내용 및 수량을 검수한다.

(3) 시식, 또는 시험에 의한 검수도 병행한다.

(4) 검수결과에 관한 내용의 기록을 남긴다.

(5) 주문 후 납품되지 않는 재료를 확인한다.

(6) 제품별 검수기준을 파악하고 검수기준에 따른 검수가 이루어질 수 있게 한다.

5) 검수 시 유의사항

(1) 식재료를 맨바닥에 놓지 않고 검수대 위에 올려놓고 검수한다.

(2) 검수대의 조도는 540Lux 이상을 유지한다.

(3) 식재료 운송차량의 청결상태 및 온도유지 여부를 확인·기록한다.

(4) 식재료명, 품질, 온도, 이물질 혼입, 포장상태, 유통기한, 수량 및 원산지 표시 등을 확인·기록한다. 검수온도기준은 냉장식품은 10℃ 이하이고, 냉동식품은 언 상태를 유지하며 녹은 흔적이 없어야 한다. 전처리된 채소는 10℃ 이하로 입고되어야 하며 일반채소는 상온상태에서 신선도를 확인한다.

(5) 검수가 끝난 식재료는 곧바로 전처리 과정을 거치도록 하되, 온도관리를 요하는 것은 전처리하기 전까지 냉장·냉동보관한다.

(6) 외부포장 등 오염 우려가 있는 것은 제거한 후 조리실에 반입한다.

(7) 검수기준에 부적합한 식재료는 자체규정에 따라 반품 등의 조치를 취하도록 하고, 그 조치 내용을 검수일지에 기록·관리한다.

(8) 곡류, 통조림 등 상온에서 보관 가능한 것을 제외한 육류, 어패류, 채소류 등의 신선식품 및 냉장·냉동식품은 당일 구입하여 당일 사용을 원칙으로 한다.

6) 검수 시 필요장비

(1) 검수는 검수장소 및 창고와 같은 공간이 필요하며, 검수에 적당한 조명과 안전하고 위생적인 장소 즉 상온보관시설 및 냉장·냉동시설이 필요하다.

(2) 검수를 위한 설비 및 집기·장비로는 기본적으로 급·배수시설, 방충·방서관리, 선반, 팔레트, 저울, 온도계와 계산기 등이 필요하다.

(3) 검수업무를 올바르게 수행하기 위해서는 다음 조건이 필요하다.

 ① 물품의 검사에 필요한 적절한 밝기의 조명시설

 ② 물품과 사람의 이동에 충분하고 안전한 공간

 ③ 청소가 용이한 시설적 요건

7) 검수관련 서류

(1) 검수일지

 ① 검수일지는 검수품명, 납품업자, 납품수량, 가격정보(단가, 총액) 등 납품되는 식자재의 모든 정보를 제공한다.

 ② 검수일지는 검수원이 직접 작성하고 회계책임자나 경영자의 결재를 득한다.

(2) 거래명세서

 ① 공급업자가 공급하는 물품의 명세와 대금에 대해 기록한 문서로 납품서라고도 한다.

 ② 물품명, 수량, 단가, 총액, 공급업자명 등이 기록되어 있다.

 ③ 검수원은 검수가 끝나면 배달전표나 납품서에 검수인장을 찍고 일자와 서명을 한다.

(3) 검수표

 ① 납품서 없이 물품을 인수할 때는 검수표를 작성한다.

 ② 검수표는 납품서와 마찬가지로 기록하고 회계부서에 넘겨야 한다.

(4) 반품서

 ① 납품서에 기록된 내용과 다른 물품이 들어왔을 경우 검수원이 작성하는 문서이다.

 ② 대금의 환불이나 적절한 다른 물품을 공급받기 위한 서류이다.

8) 검수 중점관리기준

〈검수 과정에서의 중점관리기준〉

구 분	위해요소	중점관리기준
납품차량 위생상태	• 납품차량의 부적절한 온도 • 수송시간의 장기화 • 차량 내부 청결상태 • 차량 내 교차오염 및 불순물 혼입 • 식품 외 보관물품으로 인한 오염	• 냉장식품 5℃ 이하 • 차량 내 온도 기록장치 부착 및 냉장·냉동 설비의 정기적 점검 보수 • 납품 시 수송시간의 최소화 • 내부 청소상태 매일 점검 및 시정 명령 • 포장상태의 완전성 • 물품의 과다적재 금지를 통한 포장상태 파손 및 물성 변화 예방 • 품목별 분리 수송 또는 적재 장소 분리 • 세제류, 박스류 등 식품 이외의 물품을 식품과 동시 수송 금지 • 납품시간 종료 후 납품차량에 식품 이외의 물품 보관 금지
운반원의 위생상태	• 복장 불량 • 장갑에 의한 오염 • 운반원의 개인위생	• 식품수송 전용 위생복, 위생화 착용 및 청결 유지(운전용/식품 취급용 분리 사용) • 식품 취급용 장갑은 일회용 장갑 또는 세척, 소독된 것으로 착용 • 건강진단증 소지 여부 정기적 확인 • 운반원의 개인위생상태 점검 및 시정 명령
공통사항	• 검수 후 부적절한 전처리 • 비위생적인 검수도구 • 검수 시 바닥에 식재료 방치	• 납품 즉시 검수 시작 • 검수 후 저장 또는 전처리, 조리단계로 신속 운반 • 검수 도구, 공간, 식품 보관대, 검수 후 운반기구의 청결 유지 • 냄새, 외관상의 이상 유무 등의 관능평가, 제조일자 및 포장상태 확인 후 검수일지 기록 • 식품의 안전도 및 품질, 규격 미달 시 반품 또는 교환 조치

〈출처: 이수정(2008), 부산지역 학교급식 식재료 검수관리에 관한 연구〉

5 저장관리

1) 저장관리 목적

(1) 식재료 구입 시의 원상태 유지를 위하여

(2) 손실과 폐기를 줄이고 안전하게 보관하기 위하여

(3) 원활한 입출고로 업무의 능률을 올리기 위하여

(4) 최상의 품질을 유지하고 위생적이고 안전하게 관리하기 위하여

2) 저장관리 원칙

(1) 분류저장

① 재료는 사용빈도에 따라 분류 저장하여 선입선출이 용이하게 한다.

② 재료의 유통기한에 따라 분류 저장하여 재료의 낭비가 없게 한다.

(2) 위치표시

① 재료의 보관위치를 정하여 해당물을 찾기 쉽게 해야 한다.

② 찾기 어려운 재료는 과다 구매될 수 있으며 유통기한을 놓쳐 사용하지 못하게 될 때도 있다.

③ 재고조사 시 혼란과 복잡함을 덜어주고 시간을 벌게 해준다.

(3) 선입선출

① 물품은 저장시설에 먼저 들어온 순서로 사용되어야 한다.

② 부패성이 있는 물건일수록 선입선출 사용에 만전을 기해야 한다.

③ 선입선출에 따라 사용하면 재료의 낭비를 최소화할 수 있다.

(4) 품질보존

① 납품된 상태 그대로 품질을 보존하는 관리를 해야 한다.

② 재료의 온도, 습도 관리를 위해 냉장 혹은 냉동이나 실온보관품으로 분리하여 저장한다.

③ 곤충이나 이물의 혼입을 막을 수 있어야 하며 다른 환경적인 영향을 받지 않게 보관해야 한다.

(5) 공간활용

① 식재료의 저장시설은 충분한 공간의 확보도 중요한데 이는 복잡한 곳에 많은 식재료가 보관되면 교차오염도를 높이고 관리에도 어려움이 있기 때문이다.

② 물품 자체가 점유하는 점유공간 및 물품 운반장비의 이동공간도 고려할 수 있으면 최상이다.

3) 저장 창고의 종류

(1) 건조저장실

① 건조저장실은 해충의 침입을 막을 수 있고 과도한 습도, 햇빛 등으로부터 보호될 수 있는 위생적인 환경이어야 한다.

② 건조저장실 온도조건: 10℃ 내외가 가장 이상적임

③ 건조저장실의 습도조건: 50~60%의 통풍이 잘 되는 곳이 이상적임

④ 건조저장실의 관리

㉮ 재료의 특성별로 구분하여 적재 보관하여 출고 시 시간을 절감할 수 있게 한다.

㉯ 주기적인 관리가 이루어지게 하고 내용물의 구분과 재고량을 표시할 수 있게 관리한다.

㉰ 식재료 이외의 비누, 소독제, 살충제 등의 화학물질과 함께 보관하지 않는다.

(2) 냉장저장실

① 냉장저장실의 온도: 0~7℃

② 냉장저장실의 습도: 75~90%

③ 냉장저장실의 관리

㉮ 냉장저장 품목은 입고 즉시 냉장고로 옮겨 미생물의 증식을 억제시킨다.

㉯ 냉장 재료는 사용직전에 냉장실에서 꺼내서 사용한다.

㉰ 식품의 특성에 따라 온도와 습도 등 적절한 냉장장소에 보관한다.

㉱ 선입선출이 가능하도록 진열한다.

㉲ 식품 냄새가 서로 배지 않게 각각 포장하여 보관한다.

㉳ 냉장고에 온도계를 비치하고 하루에 2번 정도 온도를 기록하고 관리한다.

(3) 냉동저장실

① 냉동저장실의 온도: -24~-18℃

② 입고 즉시 수분이 증발되지 않도록 포장하여 보관한다.

③ 해동은 냉장해동이나 해빙고에서 하고 한번 해동한 식품은 재냉동하지 않는다.

④ 장기 보관될수록 냉해, 탈수, 오염, 부패 등이 냉동고에서도 나타날 수 있으므로 선입선출이 철저하게 이루어지도록 관리해야 한다.

4) 저장관리 방법

(1) 검수완료된 원·부재료는 보관방법을 고려하여 냉장, 냉동, 실온에서 저장할 수 있는 자재로 각각 분리 보관하여 적절한 습도, 온도, 통풍, 채광 등 식자재의 조건에 맞게 저장한다.

(2) 외국산 식자재의 경우 한글 표시사항이 있는지 확인하고 표시사항이 적히지 않은 포장지는 제거한 후 저장하여 교차오염을 적게 한다.

(3) 식자재 표시기준 중 유효기간이 짧은 것을 먼저 쓸 수 있게 저장한다.

(4) 포장단위를 줄여 소포장을 할 때에는 원포장의 유효기간을 같이 보관한다.

(5) 캔을 오픈하여 다른 그릇에 옮겨 담아 보관할 때에는 유효기간의 라벨을 함께 보관한다.

(6) 자체 생산한 식재료도 유효기간을 표시하여 저장한다.

(7) 식자재의 박스를 바닥면에 바로 닿지 않게 하고 가벼운 것보다 무거운 것은 낮은 곳에 저장하여 입·출고를 쉽게 한다.

(8) 시건장치와 위생안전관리에 철저를 기한다.

5) 입·출고 관리

(1) 입·출고의 관리는 전산화하여 한눈에 재료의 관리가 이루어지도록 하는 것이 생산관리에 유리하다.

(2) 선입선출의 일관된 적용으로 창고 내의 식자재가 유효기간이 지나지 않게 철저히 관리하기 위하여 재료별 유효기간 카드 및 입출고 대장을 설치하여 관리한다.

(3) 창고관리자를 선임하여 책임있는 관리가 이루어지도록 한다.

(4) 입출고 시 입출고 카드에 수량을 기록하여 관리하는 직원교육을 꾸준히 실시하고 책임자는 수시로 창고를 점검해야 한다.

6 재고(inventory)관리

1) 재고관리의 정리

(1) 재고관리란 쓰고 남은 재료의 관리뿐만 아니라 입고부터 출고까지 재료의 전체적인 관리를 말한다.

(2) 재고관리란 물품의 수요가 발생했을 때 경제적으로 사용할 수 있도록 재고를 신속하고 안전하게 최적의 상태로 관리하는 것을 말한다.

2) 재고관리의 목적

(1) 재료 부족으로 인한 생산차질을 없게 하기 위하여

(2) 남는 재료의 적절한 사용과 생산에 필요한 재료의 구매관리를 위하여

(3) 위생적이고 안전한 식자재의 관리를 위하여

(4) 유지비용과 발주에 따른 제비용을 최소화하고 자산을 보존하는 데 있다.

3) 재고회전율

(1) 재고회전율이란 일정기간 동안 재고가 얼마나 자주 사용되었는지를 나타내는 것으로 재고
관리를 평가하는 방법이다.

(2) $월평균재고액 = \dfrac{초기\,재고액 + 마감\,재고액}{2}$

(3) $재고회전율 = \dfrac{총\,재료비}{평균재고액}$

4) 식재료 재고조사

(1) 저장 및 재고관리 책임자는 정기적으로 원·부재료와 생산에 필요한 모든 물품의 재고조사
를 실시해야 한다.

(2) 재고조사는 입·출고기록상의 문제점과 현 재고량을 파악하여 원·부재료의 총가치를 평가
하게 된다.

(3) 재고조사는 향후 생산부서 또는 영업부서에서 필요한 원·부재료의 재고를 확보하는 데
중요한 역할을 하게 되며 최종적으로는 경영상의 정보를 제공하여 생산 및 영업에 대한
손익결과를 알려주는 지표가 된다.

5) 유통기한

(1) 제과제빵 유통기한

① 제과점 빵과 과자의 유통기한은 임의로 정할 수 있으나 보통 빵은 2일, 케이크는 4~5일
정도이며 책임질 수 있는 기간이 되어야 한다.

② 양산 빵의 유통기한은 일반적으로 4~5일 정도이며, 샌드위치의 경우는 24시간으로 제한하
고 있다.

③ 제과점의 경우 유통기한이 지나기 전 처리를 원칙으로 한다.

④ 양산 빵의 직영점의 경우 유통기한이 경과된 제품은 전량 회수 후 회사 매뉴얼에 의해 폐기를 원칙으로 하고 있으며 가맹점의 경우는 점주가 자체적인 매뉴얼에 의해 폐기하게 되어 있다.

(2) 유통기한의 표시

① '유통기한'이라 함은 소비자에게 판매가 가능한 최대기간을 말하고 제품의 특성에 따라 설정한 유통기한 내에서 유통기한을 자율적으로 정할 수 있다. 다만, 표시된 유통기한 내에서는 식품 공전에서 정하는 식품의 기준 및 규격에 적합해야 한다.

② 식품은 다음 구분에 따라 그 유통기한을 정하여 표시해야 한다. 다만, 설탕, 아이스크림류, 빙과류, 식용얼음, 과자류 중 껌류(소포장 제품에 한한다)와 세제, 가공소금 및 주류(탁주 및 약주를 제외한다)는 유통기한 표시를 생략할 수 있다.

③ 유통기한의 표시는 사용 또는 보존에 특별한 조건이 필요한 경우 이를 함께 표시해야 한다. 이 경우 냉동 또는 냉장 보관하여 유통해야 하는 제품은 '냉동보관' 또는 '냉장보관'을 표시해야 하고, 제품의 품질유지에 필요한 냉동 또는 냉장 온도를 표시해야 한다.

④ 유통기한이 서로 다른 여러 가지 제품을 함께 포장하였을 경우에는 그중 가장 짧은 유통기한을 표시해야 한다.

⑤ 유통기한을 잘 지키고 식품의 유통단계와 유통과정, 제조과정별 청결에 최선을 다할 때 식중독의 예방에 한 걸음 다가서는 것이다.

(3) 유통기한의 표시방법

① 유통기한의 표시는 "○○년○○월○○일까지", "○○○○. ○○. ○○까지" 또는 "○○○○년○○월○○일까지"로 표시하여야 하고, 유통기한을 일괄표시장소에 표시하기가 곤란한 경우에는 당해 위치에 유통기한의 표시위치를 명시해야 한다. 다만, 수입되는 식품 등에 있어서 단순히 수출국의 연, 월, 일의 표시순서가 전단의 표시순서와 다를 경우에는 소비자가 알아보기 쉽도록 연, 월, 일의 표시순서를 예시해야 한다.

② 제조일을 표시하는 경우에는 "제조일로부터 ○○일까지", "제조일로부터 ○○월까지" 또는 "제조일로부터 ○○년까지"로 표시할 수 있다.

③ 도시락류는 "○○월○○일○○시까지" 또는 "○○일○○시까지"로 표시해야 한다.

④ 제품의 제조·가공·포장 과정이 자동화 설비로 일괄처리되어 제조시간까지 자동 표시할 수 있는 경우에는 "○○월○○일○○시까지"로 표시할 수 있다.

2-2 제과제빵 원재료와 부재료

1 원·부재료의 정리

1) 재료의 구분
(1) 원재료와 부재료는 생산되는 제품의 부품자재관리(BOM=Bill of Material management)를 기준으로 판단한다.
(2) 소요량은 직접 계산이 가능한 것은 원재료, 직접 계산이 불가능하거나 배분하는 것은 보통 부재료라 한다.
(3) 제과제빵 제조에서 제과제빵 제품을 생산하는 데 반드시 필요하거나 여러 제품에 두루 쓰이는 원재료와 부재료는 원재료로 분리하고 특정한 제품에만 쓰이거나 특정한 용도로 쓰이는 것은 부재료로 구분할 수 있다.
(4) 제빵에서 원재료는 밀가루, 물, 소금, 이스트 등 제빵의 기본 재료를 포함하여 달걀, 설탕, 유지(Fat & Oil) 등 필수재료를 포함하며 필수재료 이외의 재료를 부재료라 한다.
(5) 부재료는 소비자의 기호성을 높이고 제품의 품질과 모양을 향상시킬 목적으로 사용하며 각종 가루류, 과일 및 견과 등 다양한 부재료가 있다.

2) 재료의 구분 관리
(1) 제과제빵 부재료는 유통기간이 긴 것과 짧은 것을 구분하여 관리해야 한다.
(2) 제과제빵 재료의 원재료와 부재료의 구매에 관해서는 특별히 분리해서 생각해야 할 것은 없지만 부재료에는 적은 양으로 큰 효과를 내는 강한 성질의 재료들이 있고 유통기한에 차이가 많이 나므로 구매, 유통, 보관 관리에 유의해야 한다.

〈원재료와 부재료의 예〉

원재료	제빵	밀가루, 물, 소금, 이스트
	제과	밀가루, 달걀, 설탕, 유지
부재료	곡물재료류	통밀가루, 호밀가루, 감자가루, 귀리 등
	유지(Oli & Fat)류	버터, 마가린, 쇼트닝, 식용유 등
	당류	물엿, 전화당, 시럽, 잼 등
	과일 및 견과류	과일류, 과일퓌레류, 건조과일류, 당절임 과일류, 견과류 등
	기타 및 소모품류	술(럼주), 데코용 초콜릿, 개량제, 유화제, 위생용 식품지, 포장재 등

2 원·부재료의 특성

1) 밀가루(Wheat Flour)

(1) 밀알의 구조

① 배아(Germ)
- 전체 밀의 2~3%를 차지하며 단백질의 함량이 8%이다.
- 밀의 눈부분으로 상당량의 지방을 함유하고 있어 저장성이 나쁘다.
- 단백질, 지방 외에도 비타민 등이 많이 포함되어 있다.
- 배아의 기름은 식용과 약용으로 상용되고 있다.

② 껍질(Bran Layers)
- 전체 밀의 14%를 차지하며 단백질의 함량은 19%이다.
- 과피와 종피로 구분되고 과피는 색깔을 띠지 않는 표피세포를 말하며 종피 속에 있는 플라빈(flavin)계 색소로 인해 황갈색을 띠며 제분 시 밀기울로 분리되어 동물의 사료로 많이 사용되고 있다.

③ 내배유(Endosperm)
- 전체 밀의 83%를 차지하며 단백질의 함량은 73%이다.
- 내배유부는 밀가루가 되는 부분인데 내배유 중에 들어 있는 단백질의 양은 호분층(내배유 중 껍질에 가까운 쪽)에 가까울수록 단백질의 양은 많으나 질은 떨어지고 중심부에 갈수록 단백질의 양은 적으나 품질이 좋다.

〈밀알의 부위별 특징〉

항목	껍질	배아	내배유
중량구성비	14%	2~3%	83%
단백질	19%	8%	73%
회분량	많다	많다	적다
지방량	중간	많다	적다
무질소물	적다	적다	많다

(2) 밀(소맥)의 종류와 특성

① 밀가루는 제분에 따라 밀가루의 종류가 정해지는 것이 아니라 밀의 종류에 따라 이미 밀가루의 질이 정해지는 것이다.

② 박력분이 강력분에 비하여 입자가 곱고 부드러워서 손으로 잡았을 때 촉촉하고 흐트러지지 않아서 조금만 관심을 가진다면 쉽게 구분할 수 있다.

③ 박력분은 강력분에 비하여 반죽과 발효에 대한 내구성이 작아서 이스트 발효에 의한 제빵에 사용하기보다 제과에 사용된다.

〈소맥의 종류와 특성〉

종류	특성
경질소맥	• 강력분을 만들고 흡수율이 높으며 입자가 거칠고 회분의 함량은 0.40~0.50%이다. • 경질소맥은 제빵용으로 사용되는 강력분을 만든다. • 낟알의 크기가 작고 배유의 조직이 조밀하다. • 단백질의 함량이 높으며 수분함량이 적어 반죽 속에서 흡수율이 높고 글루텐의 질이 높다.
연질소맥	• 박력분을 만들고 흡수율은 경질소맥에 비하여 낮으며 입자가 곱고 회분은 0.40% 이하이다. • 연질소맥은 제과용으로 사용되는 박력분을 만든다. • 낟알이 크고 배유조직이 조밀하지 못하다. • 단백질의 함량이 낮고 전분과 수분함량이 높으며 글루텐의 질이 낮아 빵에 사용하지 않고 보통 과자를 만드는 데 사용된다.

(3) 밀가루의 표백, 숙성과 개선제

① 표백
   • 밀가루의 황색색소(1.5~4ppm 함유―카로틴)를 제거하는 데는 콩이나 옥수수로부터 얻어지는 리폭시다아제(Lipoxidase)라는 것이 있다.
   • 표백제로 이산화염소 혹은 과산화질소가스를 제분할 때 첨가하여 할 수 있으나 위생상의 문제로 사용하지 않고 있다.

② 숙성
   • 황산화그룹(-SH)을 산화시켜 제빵적성을 좋게 하는 것을 말한다.
   • 밀가루는 제분 후 24~27℃의 통풍이 잘 되는 곳에서 3~4주간 저장하여 숙성시키면 제빵적성이 좋아지고 공기 중의 산소에 의해 환원성 물질이 자연 산화되어 색깔이 희게 된다.
   • 내배유에 천연상태로 존재하는 카로틴이라는 색소물질은 표백제에 의해 탈색된다.

③ 밀가루의 색
   • 밀가루의 색을 지배하는 요소는 입자의 크기, 껍질입자, 카로틴 색소 등이다.
   • 입자가 작을수록 밝은색, 껍질입자가 많이 포함될수록 밀가루는 어두운 색이 된다.

④ 밀가루의 개선제

- 브롬산칼륨, 아조디카본아마이드, 비타민 C: 숙성제로 사용된다.
- 과산화아세톤: 20~40ppm 수준으로 처리한 밀가루는 반죽의 신장성, 부피증가, 브레이크와 슈레드, 기공, 조직, 속색을 개선한다.
- 비타민 C는 자신이 환원제이지만 반죽과정에서 산화제로 작용한다. 그러나 산소공급이 제한되면 산화를 방지하여 환원제의 역할을 한다.

(4) 밀가루의 종류와 품질특성

〈밀가루의 종류와 품질특성〉

종 류	단백질	품 질 특 성
강력분	11~13.5%	• 경질소맥을 제분한다 • 반죽혼합 시 흡수율이 높고 반죽의 강도가 강하다. • 글루텐 형성이 좋아 빵의 부피가 잘 형성되며 제빵에 적합하다. • 밀가루 입자가 가장 크다.
중력분	9~10%	• 부드럽고 반죽 형성시간이 빠르다. • 면 또는 데니시 페이스트리용 및 다목적으로 사용되며 삶거나 튀김 시 퍼짐성이 적고 쫄깃한 식감을 나타낸다. • 강력분보다 입자가 작다.
박력분	7~9%	• 연질소맥을 제분한다. • 가장 부드럽고 부피변화가 적다. • 튀김 시에는 부품성이 좋다. • 스펀지 케이크 제조 시 글루텐 형성이 낮고 내면이 부드러워 식감이 좋으며, 쿠키 등에 사용된다. • 밀가루 입자는 가장 작다.

(5) 밀가루의 성분

① 단백질

- 글리아딘(gliadin)과 글루테닌(glutenin)이 물과 결합하여 글루텐(gluten)을 만든다. 메소닌, 알부민(albumin), 글로불린(globulin) 등도 밀가루의 단백질이다.
- 배아 속에는 주로 수용성인 알부민과 염수용성인 글로불린이 있으며 글루텐을 만들지 못한다.
- 내배유에 함유된 단백질은 전체 밀 단백질의 75%이며 글루텐 형성 단백질인 글리아딘과 글루테닌 등은 전체 단백질의 각각 40% 정도를 차지한다.

〈밀가루 단백질의 분류〉

구분		비율	분류	단백질	특징
밀가루단백질	비글루텐 단백질	15%	수용성 단백질	알부민 (60%)	leucosin: 알부민에 속하는 단백질
			염에 녹는 단백질	글로불린 (40%)	edestin: 글로불린에 속하는 단백질. 분자량 약 31만
	글루텐 단백질	85%	알코올에 녹는 단백질	프롤라민 (prolamin) 글리아딘 (gliadin)	분자량이 25,000~100,000개로 저분자량의 단백질로 반죽에서 신장성이 높으며, 탄성은 낮다.
			알칼리에 녹는 단백질	글루텔린 (glutelin) 글루테닌 (glutenin)	분자량이 100,000개 이상의 고분자량의 단백질로 신장성이 낮으며, 상대적으로 탄성은 높다. 지방질과 복합체를 형성

〈출처: 윤성준 외(2011), 제빵기술사실무〉

② 전분(탄수화물)

- 밀가루 함량의 70%가 전분의 형태로 존재하며 그중 아밀로오스(amylose) 함량이 약 25%이다.
- 전분분자는 포도당이 여러 개 축합되어 이루어진 중합체로 아밀로오스와 아밀로펙틴 (amylopectin)으로 구성되어 있다. 대개의 곡물은 아밀로오스가 17~28%이며 나머지가 아밀로펙틴이다.
- 전분은 굽기 중 호화(gelatinization)과정으로 인해 빵의 구조에 중요한 역할을 하게 된다. 단백질(gluten)은 열에 의해 변성이 시작되고 수분을 방출하게 된다. 거의 동일한 시점에 전분은 방출되는 수분을 흡수하여(60~80℃) 호화되기 시작하고 전분의 형태가 붕괴되면서 표면적이 커져 반투명한 점조성이 있는 풀이 된다. 이러한 현상을 전분의 호화(α화)라 한다.
- 전분의 가열온도가 높을수록, 전분입자 크기가 작을수록, 가열 시 첨가하는 물의 양이 많을수록, 가열하기 전 물에 담그는 시간이 길수록, 도정률이 높을수록, 물의 pH가 높을수록 전분의 호화가 잘 일어난다.
- 적은 양으로 설탕(sucrose), 포도당(glucose), 과당(fructose), 삼당류인 라피노오스(raffinose) 등의 당류와 셀룰로오스(cellulose), 펜토산(pentosan) 등으로 존재한다.

③ 손상된 전분
- 밀가루 전분 속의 손상된 전분이란 제분 시 전분의 분자가 흐트러진 것을 말한다.
- 밀가루 속의 손상된 전분의 함량은 보통 4.5~8%(보통 5%) 정도이다.
- 흡수율을 높이고 굽기 과정 중 적정 수준의 덱스트린을 형성한다.
- 밀가루의 흡수율 및 점도에 영향을 주는 박력분보다 단백질 함량이 높은 강력분이 제분할 때 손상되기 쉬우므로 많이 생성된다.
- 손상전분이 과하면 α, β-amylase 두 가지 효소에 의해 동시에 가수분해되어 발효성 당으로 전환이 빨라져 물이 방출되어 반죽이 질어지고 빵의 최종제품의 조직이 나빠지게 되는 원인이 되기도 한다.

④ 펜토산
- 5탄당(pentose)의 중합체(다당류)이며 밀가루에 약 2% 정도 함유되어 있다.
- 이 중 0.8~1.5%가 물에 녹는 수용성 펜토산이며, 나머지는 불용성 펜토산이라고 한다.
- 제빵에서 펜토산은 자기무게의 약 15배 정도의 흡수율을 가지고 있으며 제빵에서 손상전분과 함께 반죽의 물성에 중요한 역할을 하고 수용성 펜토산은 빵의 부피를 증가시키고 노화를 억제하는 효과가 있다.

⑤ 지방
- 제분 전의 밀에는 2~4%, 배아에는 8~15%, 껍질에는 6% 정도의 지방이 존재하며 제분된 밀가루에는 약 1~2%의 지방이 있다.
- 유리지방: 에스테르(Ester), 사염화탄소와 같은 용매로 추출되는 지방을 말하며 밀가루 지방의 60~80%가 유리지방이다.
- 결합지방: 용매로 추출되지 않고 글루테닌 등의 단백질과 결합하여 지단백질을 형성하는 지방을 말한다.

⑥ 광물질
- 밀에는 회분이 내배유에 0.28%, 껍질에 5.5~8.0% 정도 보유되는데 밀가루에는 회분이 3.5% 정도 함유되어 있으며 껍질이 많이 포함된 밀가루일수록 회분함량이 높다.
- 밀가루의 회분은 밀의 정제도를 나타내며 제분율에 정비례하고 강력분일수록 회분함량이 높으며 제빵적성과는 무관하다.
- 밀가루에는 펜토산이 2%, 적은 양의 비타민 B_1, B_2, E 등이 존재한다.

〈밀가루 반죽의 물성에 영향을 주는 재료〉

구분	성 분	단백질에 미치는 영향	반죽의 상태	사용 예
경화 (硬化)	소금	글루텐의 탄성을 강하게 한다.	반죽탄성이 강하게 된다.	빵반죽, 면류
	비타민 C	글루텐의 형성을 촉진한다.		빵반죽
	칼슘염 마그네슘염	글루텐의 탄성을 강하게 한다.		빵반죽
연화 (軟化)	레몬즙 식초	글루테닌과 글리아딘을 녹이기 쉽다.	글루텐이 부드럽게 되고 반죽 이 늘어나기 쉽게 된다. (신전성이 향상됨)	밀어 펴고 접는 파이반죽
	알코올류	글리아딘을 녹이기 쉽다.		
	샐러드유 (액상유)	글루텐의 신전성을 좋게 한다.		
약화 (弱化)	버터 마가린 쇼트닝 (가소성유지)	글루텐의 망상구조를 방해한다.	반죽의 탄성이 약해지고 부서지기 쉽다.	

〈출처: 윤성준 외(2011), 제빵기술사실무〉

2) 기타 가루(Miscellaneous Flour)

(1) 호밀가루(Rye Flour)

① 글루텐 형성 단백질이 밀가루보다 적다.

② 펜토산의 함량이 높아 반죽을 끈적거리게 하고 글루텐의 형성을 방해한다.

③ 사워(Sour) 반죽에 의한 호밀빵이라야 우수한 품질을 생산할 수 있다.

④ 호밀가루에는 지방이 0.65~2.25% 정도 있어 함량이 높을수록 저장성이 떨어진다.

⑤ 호밀은 당질 70%, 단백질 11%, 지방질 2%, 섬유소 1%, 비타민 B군도 풍부하다.

⑥ 단백질은 프롤라민(prolamin)과 글루텔린(glutelin)이 각각 40%를 차지하고 있으나 밀가루
   단백질과 달라서 글루텐이 형성되지 않아 빵이 덜 부풀고 색도 검어서 흑빵이라고 한다.

(2) 대두분(Soybean Flour)

① 필수아미노산인 라이신(lysine), 루신(leucine)이 많아 밀가루 영양의 보강제로 쓰인다.

② 밀가루 단백질과는 화학적 구성과 물리적 특성이 다르며, 신장성이 결여된다.

③ 제과에 쓰이는 이유는 영양을 높이고 물리적 특성에 영향을 주기 때문이다.

④ 빵 속의 수분증발속도를 감소시키며 전분의 겔과 글루텐 사이의 물의 상호변화를 늦추어
   빵의 저장성을 증가시킨다.

⑤ 빵 속의 조직을 개선한다.

⑥ 토스트할 때 황금갈색을 띤 고운 조직의 빵이 된다.

⑦ 대두분은 단백질 함량이 52~60% 정도로 밀가루 단백질보다 4배 정도 높은 함량을 가지고 있다. 대두 단백질은 밀 글루텐과 달리 탄력성이 결핍되어 있으나 반죽에서 강한 단백질 결합작용을 발휘한다. 단백질의 영양적 가치는 전밀 빵 수준 이상이다.

⑧ 실제 대두분의 사용을 꺼리는 것은 제빵의 기능성이 나쁘기 때문이다.

⑨ 대두분은 빵에서 수분 증발 속도를 감소시켜 전분의 겔과 글루텐 사이에 있는 수분의 상호변화를 늦추어 제품의 품질을 개선한다.

(3) 감자가루

① 향료제, 노화지연제, 이스트의 영양제로 사용된다.

② 엿, 떡 등의 가공식품으로 이용되기도 하고 특히 감자전분으로 많이 이용된다.

③ 제과 · 제빵에서 감자가루를 사용하여 얻어지는 주요한 이점은 최종제품에 부여하는 독특한 맛의 생성, 밀가루의 풍미 증가, 수분보유능력을 통한 식감개선 및 저장성 개선 등이 있다.

④ 감자가루는 단백질, 지방, 무기질 성분을 함유하고 있어 감자전분과 다르며 감자전분은 밀가루와 함께 섞어 체에 치거나 반죽혼합물의 일부분에 분산시켜 혼합 또는 스펀지단계에서 빵 반죽에 첨가할 수 있다.

(4) 옥수수가루

① 과자, 빵, 엿, 묵으로 이용된다.

② 전분, 포도당, 풀, 소주 등으로도 많이 이용한다.

3) 활성 밀 글루텐(Vital Wheat Flour)

(1) 제조

① 밀가루에 물을 넣어 밀가루 반죽을 만든다.

② 반죽 중의 전분과 수용성 물질을 세척하여 젖은 글루텐을 만든다.

③ 글루텐은 다른 단백질과 마찬가지로 수분 존재 시 열에 의하여 쉽게 변성되기 때문에 활성을 보존하기 위해서는 저온에서 진공으로 분무 건조하여 분말로 만들거나, 지나치게 열을 가하지 않고 빠르게 수분을 제거하는 순간건조(flash drying)법을 사용하고 있다.

(2) 이용

① 반죽의 믹싱 내구성을 개선하고, 발효·성형·최종 발효의 안정성을 높인다.

② 사용량에 대하여 1.25~1.75%의 가수량을 증가시킨다.

③ 제품의 부피, 기공, 조직, 저장성을 개선한다.

④ French bread, Vienna bread, Italian bread 등 하스 브레드(Hearth bread) 형태의 빵에 널리 사용된다.

⑤ 일반적으로 밀가루를 기준으로 활성 밀 글루텐을 1% 첨가하면 0.6%의 단백질 증가효과가 있으며 흡수율은 1.5% 정도 증가된다. 사용의 예는 다음과 같다.

- 식빵의 복원성과 탄성의 식감 강화: 0~2%
- 곡물 빵의 체적 개선: 2~5%
- 고식이섬유 빵 또는 저칼로리 빵: 5~12%

4) 당(탄수화물)류

(1) 제빵에서의 기능

① 이스트에 발효성 탄수화물을 공급한다.

② 메일라드(Maillard)반응: 잔당이 아미노산과 환원당으로 반응하여 껍질색을 낸다.

③ 휘발성 산과 알데히드 같은 화합물의 생성으로 향이 나게 한다.

④ 속결·기공을 부드럽게 한다.

⑤ 수분 보유력이 있어 노화를 지연시키고 저장수명을 연장한다.

(2) 제과에서의 기능

① 감미제이다.

② 수분보유제로 노화를 지연하고 신선도를 오래 유지한다.

③ 밀가루 단백질을 부드럽게 하는 연화작용을 한다.

④ 캐러멜화 반응과 갈변반응에 의해 껍질색이 진해진다.

⑤ 감미제의 제품에 따라 독특한 향이 나게 한다.

(3) 설탕(sugar)

① 정제당(그라뉴당)

- 크기는 정백당과 비슷하나 정백당에 비해 순도가 높은 설탕, 맑은 광택이 있고 녹기 쉬운 성질을 갖고 있다.

- 주로 콜라를 비롯한 음료용으로 사용돼 '콜라당'이라고도 불린다. 제과, 제빵 전반에 가장 많이 사용된다.

② 정백당(백설탕)

- 입자가 작고 순도가 높으며 담백한 단맛이 난다.
- 제과제빵, 요리, 디저트, 음료 등 다양한 식품분야에 널리 쓰인다.

③ 세립당

- 일반 백설탕 입자의 1/2 크기로 커피믹스에 주로 사용된다.

④ 미립당

- 가장 작은 입자의 백설탕으로 도넛에 사용된다.

⑤ 쌍백당

- 설탕입자의 결정을 크게 만든 것으로 특수한 용도로 사용되는 설탕이며, 주로 사탕 표면이나 제과용으로 사용한다.

⑥ 정제중백당(갈색설탕)

- 정제당과 당밀의 혼합물로 색상이 진할수록 불순물의 양이 많아 기본적으로 완전히 정제되지 않는 당이다.
- 정제과정에서 1차로 생산되는 백설탕의 원당에 포함되어 있는 탄수화물과 무기질 성분이 남아 있는 설탕이다.
- 백설탕과 흑설탕의 중간 결정으로 갈색빛이 나며 쿠키 종류에 많이 사용된다.

⑦ 정제삼온당(흑설탕)

- 정제과정 가운데 가장 마지막에 생산되는 설탕으로 갈색설탕에 캐러멜을 첨가한 것이다.
- 당도는 백설탕, 갈색설탕에 비해 낮지만 독특한 맛과 향이 있다. 색을 진하게 하는 호두파이 등에 사용된다.

(4) 기타 당류

① 분당(슈가파우더)

- 백설탕을 밀가루처럼 곱게 분쇄한 설탕으로 슈거파우더라고도 한다.
- 분당의 종류에는 원당의 정제 및 결정화 과정에서 직접 체로 쳐서 분말화시킨 100% 성분의 분당, 정백당을 갈아서 전분(3~5%)을 첨가한 고화방지용 분당, 시간이 지나도 녹거나 뿌옇게 변하지 않도록 작은 입자에 유지를 코팅한 데코 스노 등의 종류도 있다.
- 수분함량이 낮아 바삭한 쿠키 종류나, 퐁당, 마지팬, 데커레이션 등에 사용한다.

- 입자의 크기에 따라 2X에서 12X로 분류하고 6X를 표준으로 분류한다. X의 숫자가 클수록 입자가 작은 당이다.

② 올리고당

- 포도당과 갈락토오스, 과당과 같은 단당류가 3~10개 정도 결합한 것으로 설탕과 같은 단맛을 내면서도 칼로리는 설탕의 1/4밖에 안 된다.
- 체내에서 소화되지 않는 저칼로리이다.
- 장내 유익균인 비피더스균을 증식하는 역할을 해 장 건강에 도움을 준다.

③ 요리당

- 물엿과 조청의 장점을 살리고 단점을 보완한 제품으로 원당을 주원료로 포도당, 과당, 설탕, 올리고당 등을 적절히 섞어 만든다.
- 단맛이 강하지만 농도가 묽기 때문에 식었을 때 굳지 않는다.
- 갈색을 띠기 때문에 색이 진한 조림이나 찜 같은 요리에 넣으면 좋다.

④ 물엿

- 전분을 삭히고 끓여 농축한 것으로 조금 더 오래 조리면 조청이 된다.
- 색이 투명해 요리 본래의 색을 해치지 않아 다양한 요리에 널리 사용된다.
- 제과와 각종 볶음이나 구이, 무침을 할 때 마지막에 넣으면 음식에 윤기를 낸다.

⑤ 전화당과 이성화당

- 자당을 용해시킨 액체에 산을 가하여 높은 온도로 가열하거나 인베르타아제(분해효소)로 설탕을 가수분해하여 포도당과 과당의 동량혼합물을 전화당이라 한다.
- 수분 보유력이 뛰어나 제품을 신선하고 촉촉하게 하여 저장성을 높여주므로 반죽형 케이크 또는 크림과 같은 아이싱 제품에 사용하면 촉촉하고 신선한 제품을 만들 수 있다.
- 전화당은 꿀에 다량 함유되어 있으며 흡습성 외에 착색과 제품의 풍미를 개선하는 기능을 가지고 있다.
- 이성화당은 전분을 액화(α-아밀라아제), 당화(글루코아밀라아제)시킨 포도당액을 이성화질효소(glucose isomerase)로 처리하여 이성화된 포도당과 과당이 주성분이 되도록 한 액상당으로 과당의 함량이 55% 이상 함유된 것을 고과당(55%-HFCS)이라 하고 과당이 42% 함유된 이성화당을 일반과당(저과당)이라 한다.
- 이성화당의 특징은 상쾌하고 조화된 깨끗한 감미를 가지며 설탕에 비하여 감미의 느낌 및 소실이 빠르며 이성화당은 설탕보다 삼투압이 높아 미생물의 생육억제 효과가 크고 보습성이 강해 설탕과 혼합 사용할 때 제과제빵 제품의 품질을 향상시켜 준다.

⑥ 당밀
- 당밀은 사탕수수의 농축액에서 설탕을 생산하고 남은 시럽상태의 당이다.
- 설탕, 전화당, 무기질 및 수분으로 구성되어 있다.

5) 물

(1) 물의 역할

① 물은 건조재료를 수화(Hydration)시켜 모든 재료를 적절히 분산시키는 역할을 한다.

② 제빵에서 물을 사용할 때 가장 중요한 것은 식용으로서의 적합성으로 수질기준에 적합해야 하고 수질기준 항목 중 제빵성에 영향을 미치는 것으로는 경도와 pH가 있다.

③ 물의 제빵에서의 역할은 반죽의 되기 조절을 하고 효소를 활성화시키며 각 재료의 분산과 혼합을 시켜주고 전분의 팽윤과 호화(60℃)에 관여하는 것이다.

④ 물의 종류는 ppm이라는 단위로 구분할 수 있는데 ppm은 물속에 녹아 있는 탄산칼슘염에 대한 농도를 나타낸다.

(2) 물의 경도에 따른 이름

① 연수: 0~60ppm - 반죽할 경우 축 처짐

② 아연수: 61~120ppm - 수돗물

③ 아경수: 121~181ppm - 빵 만들기에 적합한 물

④ 경수: 180ppm 이상 - 광천수

6) 달걀

(1) 달걀의 구성

〈달걀의 구성〉

구성비율	껍질: 노른자: 흰자 = 10: 30: 60(%)
수분비율	전란: 노른자: 흰자 = 75: 50: 88(%)
고형분 비율	전란: 노른자: 흰자 = 25: 50: 12(%)

(2) 달걀의 성분

① 단백질
- 오브알부민(ovalbumin)은 흰자의 가장 중요한 단백질로 전체 고형분의 54%를 차지한다.

오브알부민은 쉽게 변성되는 특성을 갖고 있어 조리할 때 음식의 구조를 형성하는 역할을 한다.

- 오보뮤코이드(ovomucoid)는 흰자 고형물의 11%를 차지하고 있으며 열변성에 적합하고 단백질 분해효소인 트립신의 활성을 방해한다.
- 오보뮤신(ovomucin)은 다른 단백질보다 함량이 적지만(3.5%) 거품을 안정시키고 오래된 달걀의 변성과 흰자가 묽어지는 데 관여한다.

② 지방질
- 달걀의 지방질은 글리세라이드(glyceride)와 인, 질소, 당 등이 결합한 복합지질 및 스테롤로 구성된다.
- 인지질은 레시틴(lecithin)과 세팔린(cephalin)으로 구성되고 레시틴(lecithin)은 천연 유화제로써 중요한 역할을 하며 달걀 중의 지방은 대부분 난황에 함유되어 있다. 대부분의 난황 지방은 단백질과 결합하고 있다.

③ 탄수화물
- 달걀에 존재하는 탄수화물은 포도당(glucose), 갈락토오스(galactose) 등의 형태로 적은 양이 들어 있지만 중요한 성분이며 포도당과 갈락토오스는 단백질과 작용하여 메일라드반응을 일으켜 달걀흰자 분말이나 완숙된 달걀흰자를 갈변화시킨다.

(3) 달걀의 기능

① 구조 형성: 제품에서 달걀의 단백질이 밀가루의 단백질을 보완하여 뼈대를 형성한다.
② 결합제 역할: 커스터드크림(Custard Cream)과 같이 달걀의 단백질이 열 변성을 받아 다른 재료와 엉기게 한다.
③ 팽창작용: 스펀지케이크(Sponge Cake)에서와 같이 믹싱 중의 공기 혼입은 굽기 중에 팽창을 일으킨다.
④ 쇼트닝 효과: 달걀 속 노른자의 지방이 제품을 부드럽게 한다.
⑤ 유화제 역할: 노른자의 레시틴(Lecitine)이 유화작용을 한다.
⑥ 색: 달걀노른자의 황색이 제품에 영향을 미친다.
⑦ 영양가: 달걀 속의 많은 영양가는 제품의 영양적 가치에 영향을 미친다.
⑧ 달걀은 신선도에 따라 기포를 생성하는 시간과 기포의 안정성이 달라지는데, 신선한 달걀은 기포 형성시간이 길고 기포가 안정적인 반면 신선도가 떨어지는 달걀은 기포 형성시간은 짧고 기포 형성이 불안정하다.

(4) 달걀을 선택할 때의 유의점

① 생산일자를 확인하고 고른다. 아직은 국내에서 유통기한의 표시에 관하여 제도적 장치가 없다.

② 상온진열이 아닌 냉장 진열된 달걀을 선택한다.

③ 유통과정에서도 냉장 유통된 달걀을 고른다.

④ 달걀 껍질에 오물이 묻어 있지 않고 표면이 매끈하며 윤기가 나고 단단한 것을 선택해야 한다.

⑤ 달걀을 깼을 때 흰자의 높이가 높고 댕그랗게 탄력이 살아 있으며 노른자의 윤기가 살아 있고 봉긋하게 솟아 있으며 알끈이 온전하게 보이는 것을 선택한다.

⑥ 달걀을 삶았을 때 기실이 작고 잘 까지지 않는 달걀이 신선란이다.

⑦ 날달걀을 식염수에 넣었을 때 옆으로 누워 가라앉는 것이 신선란이다.

7) 유지(Fat and Oil)

(1) 유지의 정의

① 유지는 크게 상온에서 액체상태인 기름(oil)과, 상온에서도 고체상태인 지방(fat)으로 나눈다.

② 상온에서 액체상태인 기름은 주로 식물성이고(예외: 팜유), 단일불포화지방산과 다가불포화지방산이 있으며 같은 수의 탄소일 때에는 포화지방산보다 융점이 낮다.

③ 상온에서 고체상태인 지방은 주로 동물성이고(예외: 오리기름, 어유 등), 탄화수소의 사슬이 단일결합으로 되어 있고 구조가 안정적이다. 탄소수가 증가함에 따라 융점과 비점이 높아지며 팔미트산, 스테아르산 등이 있다.

(2) 유지의 특성

① 가소성

- 점토와 같이 모양을 변화시킬 수 있는 성질이다. 고형 유지의 딱딱함이 온도에 따라 자유롭게 변화하는 성질을 말한다.
- 유지의 종류에 따라 강도를 유지하는 온도 범위에 차이가 있고 그 범위를 가연성 범위라 한다.
- 쇼트닝은 가소성 범위가 넓고 온도가 조금 변해도 강도는 변하지 않는다. 이러한 성질은 밀어서 접어 펴는 반죽에 적합하다.

- 코코아버터는 온도 변화에 민감하고 가소성 범위가 좁은 성질을 가지고 있다.
② 쇼트닝성
- 반죽 등에 유지를 섞으면 쇼트닝성이 있는 유지는 반죽 중에 엷은 막상으로 펼쳐져 밀가루의 글루텐이 엉기는 것을 억제해 제품이 바삭하게 부서지기 쉬운 성질을 주는 것이다.
- 파이반죽에서 반죽의 밀가루 층과 유지 층을 차례로 쌓아올린 상태로 하여 얇은 종이를 쌓은 것처럼 만들어 굽는 방법도 유지의 쇼트닝성을 이용하여 바삭하게 만드는 것이다.
③ 크림성
- 버터크림처럼 유지 반죽의 혼합공정에서 유지의 기포를 포집하는 성질을 유지의 크림성이라 한다.
- 유지의 크림성을 이용한 제품은 반죽형 반죽법으로 만드는 거의 대부분의 제품이라 할 수 있다.

(3) 제빵에서 유지의 기능

① 반죽팽창을 위한 윤활작용으로 가장 중요한 기능이다.
② 수분 보유력으로 제품의 노화를 지연시킨다.
③ 페이스트리에서 유지의 수분이 굽기 중 증발되어 부피를 형성한다.
④ 구운 후의 제품에 윤활성을 제공하여 식감을 좋게 한다.
⑤ 내상이 개선되고 광택이 나게 한다.
⑥ 제빵에서 액체유는 전분과 단백질로 이루어진 반죽에서 막을 형성하지 못하고 액체상태로 분산되어 존재하기 때문에 쇼트닝성이 없어 특수한 경우를 제외하고는 거의 사용하지 않는다.

(4) 제과에서 유지의 기능

① 쇼트닝성: 반죽 중에 얇은 막을 형성하여 제품에 무름과 부드러움을 준다.
② 공기혼입 기능: 믹싱 중 유지가 포집하는 공기는 작은 공기세포와 공기방울 형태로 굽기 중 팽창하여 적정한 부피, 기공, 조직을 만든다. 고체인 가소성 유지는 액체유에 비하여 표면적이 크기 때문에 많은 공기를 포집할 수 있어 굽기 중 증기압에 의한 팽창으로 제품의 부피를 크게 한다.
③ 크림화 기능: 믹싱 중 유지가 공기를 포집하여 부드러운 크림이 되게 하는 것이다.
④ 안정화기능: 파운드케이크의 반죽 등에서 수용성 성분과 유지성분 간에 유화 안정성을

주는 기능이다.

(5) 유지의 보관방법

① 유지의 변패를 일으키는 요인으로 열, 빛, 금속(특히 동), 산소가 있다.

② 뚜껑 있는 용기에 담아 건조하고 21℃ 이하에서 빛과 온도를 피한 암냉소에 보관한다.

③ 가수분해를 방지하기 위해 물에 적시지 않고 산, 알칼리를 혼입하지 않는다.

(6) 유지의 종류

① 버터(Butter)

- 우유 중의 지방을 분리하여, 크림을 만들고, 이것을 세게 휘저어 엉기게 한 다음 응고시 켜 만든 유제품이다.

- 버터는 젖산균을 넣어 발효시킨 발효버터(sour butter)와 젖산균을 넣지 않고 숙성시킨 감성버터(sweet butter)가 있다. 미국, 유럽에는 발효버터가 많고 한국, 일본에는 감성버 터가 대부분이다. 또 소금 첨가 여부에 따라 가염버터, 무염버터로 나눈다.

- 버터는 유지에 물이 분산되어 있는 유탁액으로 향미가 우수하다.

- 우유지방: 80~85%, 수분: 14~17%, 소금: 1~3%, 카세인·단백질·유당: 1%

- 비교적 융점이 낮고 가소성(Plasticity) 범위가 좁다.

- 버터는 지방질이 많아 장기간 방치하면 지방이 산화되어 산패를 일으키며, 빛, 공기, 온도, 습도에 민감하기 때문에 냉장온도(0~5%)에 보관하며 장기간 보관할 경우에는 냉 동하는 것이 좋다.

② 마가린(Margarine)

- 버터 대용품으로 동물성이나 식물성 지방으로 만든다.

- 버터와 비슷한 맛을 내기 위해 소금과 색소, 비타민 A와 D를 첨가한다.

- 마가린은 액체인 식물성 기름을 수소화하는 과정에서 트랜스지방이 생성될 수 있다는 단점이 있다.

- 마가린의 유지함량(동·식물성 유지 또는 경화유)은 보통 80% 내외이고 우유 16~18%, 소금 0~3%, 그 외 착색료, 향료, 유화제, 보존료, 산화방지제, 비타민류 등으로 구성되어 있다.

- 마가린은 크림성, 유화성이 좋은 것이 특징이다. 특히 파이 마가린은 융점이 높고 가소 성과 신장성이 좋아 밀어 펴기 쉽고 갈라짐이 적다.

③ 쇼트닝(Shortening)

- 정제한 동, 식물성 유지로 만들며 반고체상태로 유지가 99.5% 이상이다. 수소 첨가에 의해 경화되어 보통 경화유라고도 불린다.
- 제과제빵 등의 식품가공용 원료로 사용되는 반고체상태의 가소성 유지제품이다. 식물성 기름뿐만 아니라 동물성 기름을 포함한 여러 경화유가 사용된다.
- 돼지기름으로 만든 라드의 대용품으로서 20세기 초경에 미국에서 개발되어 발달시킨 것으로 현재는 사용목적에 맞춘 우수한 제품이 만들어지고 있어 제과 원료로써 중요한 역할을 하고 있다.
- 액체 쇼트닝(Fluid Shortening)은 상온에서의 작업 중 또는 저장 중에 고체성분이 석출되지 않고 유동성을 가지며 쇼트닝으로서의 가공 특성도 발휘하는 유분 100%의 식용유지이며 케이크반죽의 유동성, 기공과 조직, 부피, 저장성을 개선한다.
- 분말 쇼트닝은 유지에 단백질 등을 배합하여 분말화한 제품으로 가소성 지방과 비교 시 안정성의 향상, 풍미의 향상, 취급의 간편화, 생산가공의 합리화, 연간 일정한 품질이 얻어지는 등의 특징이 있다.
- 제과 · 제빵에서 사용하는 유지는 버터, 마가린과 쇼트닝 등 용도에 따라 다양하게 사용하고 있으나 일반적으로 가소성을 가진 유지를 쇼트닝이라 총칭한다.

④ 롤인용 유지
- 롤인용 유지는 가소성 범위가 넓고 외부 압력에 견디는 힘이 있어 원래의 형태를 유지할 수 있어야 하며 온도변화에 따른 경도 즉 되기의 변화가 크지 않아야 한다.
- 롤인용 마가린은 오븐 속에서 반죽층 사이에 존재하는 수분이 갑작스럽게 팽창하여 부피가 늘어나기 때문에 반죽을 밀어 펼 때 반죽 속에서 변하지 않고 고르게 밀어 펴질 수 있게 가소성이 높은 제품이어야 한다.

⑤ 튀김기름(Flying Fat)
- 튀김물이 구조를 형성할 수 있게 열전달을 잘 해야 한다.
- 불쾌한 냄새가 없어야 한다.
- 설탕의 탈색, 지방의 침투가 없게 식으면서 충분히 응결되어야 한다.
- 튀김온도: 180~194℃
- 유리지방산이 0.1% 이상이 되면 발연현상이 일어난다.
- 튀김기름의 4대 적: 온도 또는 열, 수분 또는 물, 공기 또는 산소, 이물질

8) 이스트(yeast)

(1) 생이스트(Fresh yeast)

① 압착이스트(compressed yeast): 약 70%의 수분을 함유하고 있어 0.5~7℃ 사이의 온도 변화가 적은 온도에서 저장한다.

② 벌크이스트(bulk yeast) : 압착하는 대신 미립자 상태로 부수어 만든다. 벌크이스트는 압착이스트와 수분함량이 동일하여 같은 조건에서 저장하며 압착이스트와 동일한 중량비율로 상호 교환하여 사용가능하다.

(2) 건조이스트(Dry yeast)

① 활성 건조 이스트(active dry yeast): 반죽 혼합 전 이스트를 4배의 물(35~43℃)에 5~15분 동안 수화하고, 생이스트의 45~50% 수준으로 사용한다.

② 인스턴트 건조 이스트(instant dry yeast): 다른 건조 재료와 혼합하여 첨가한다. 물과 직접적으로 접촉하면 이스트의 성능이 떨어지며, 생이스트의 33~40% 수준으로 사용한다.

9) 팽창제(leavening agent)

(1) 중조(NaHCO, baking soda)

① 탄산수소나트륨이라고도 불리며 가열하여 약 20℃ 이상이 되면 분해되어 이산화탄소가 발생한다.

② 2개의 분자로 이루어진 중조는 열에 의해 분해되어 1개의 분자는 이산화탄소를 발생시켜 날아가고 나머지 1개의 분자는 탄산나트륨으로 반죽에 남아 알칼리성 물질로 색소에 영향을 미친다.

③ 가열 시 반죽의 착색작용을 촉진시켜 제품의 색상을 선명하고 진하게 만든다.

(2) 베이킹파우더(baking powder)

① 베이킹파우더는 식품공전상에 중조와 산제의 혼합물로 중조를 중화시켜 이산화탄소가스의 발생과 속도를 조절하도록 한 팽창제로 유효 이산화탄소를 12% 이상 방출해야 한다.

② 베이킹파우더는 제품적성에 맞도록 사용하는데 지효성, 속효성, 산성 팽창제, 알칼리성 팽창제 등이 있다.

10) 유화제(emulsifier)

① 유화제는 물과 기름처럼 서로 잘 혼합되지 않는 두 물질을 안정시켜 혼합하는 성질을 갖는 물질로 식품용 계면활성제이다.

② 유화제의 종류에 따라 기름이 물속에 분산되는 경우(O/W)와, 물이 기름 속에 분산되는 경우(W/O)가 있다. 대체로 O/W를 만드는 데는 친수성이 강한, 즉 수용성의 유화제가 적합하고, W/O에 대해서는 친유성이 강한, 즉 유용성의 유화제가 적합하다.

③ 「식품위생법」에서 인정되어 있는 식품용 유화제로는 지방산 모노글리세라이드류, 소르비탄지방산에스테르류, 자당의 지방산에스테르 등의 비이온 활성제 및 레시틴, 아라비아고무, 알긴산, 난황, 젤라틴 등의 천연물이 있다.

11) 소금

① 제빵에서 소금은 맛과 풍미를 향상시키고 이스트의 활성을 조절한다.

② 소금을 반죽에 첨가하면 삼투압에 의해 흡수율이 감소하고 반죽의 저항성이 증가되는 특성이 있어 가장 중요한 원재료 중의 하나이다.

③ 소금을 효과적으로 사용하면 반죽에서 발생하기 쉬운 이취(off-flavor)를 제거하고 스펀지법에서는 제조시간을 단축할 수 있다.

④ 소금은 주위의 냄새를 흡수하는 경향이 있기 때문에 적합한 조건에서 저장해야 하고 상대습도의 변화에 매우 민감하며 임계점은 70~75%이다.

⑤ 습도가 높으면 소금은 수분을 흡수하는 반면 습도가 낮으면 수분을 방출한다. 지나칠 정도의 습도 변화는 소금 덩어리를 형성시켜 나중에 분리하기 어렵게 만든다.

12) 이스트푸드와 제빵개량제

(1) 이스트푸드(yeast food)

① 이스트푸드는 빵의 제조공정에서 물속 무기질 특히 칼슘의 양을 조절하여 물을 아경수로 만들어 제빵 물성이 좋게 하는 목적으로 개발되어 사용되었다.

② 제빵에서 이스트푸드는 발효시간을 단축하고 글루텐의 숙성이 촉진되어 반죽을 팽창하는 데 이용되는 유효가스의 포집력을 증가시켜 빵의 품질과 부피에 큰 영향을 주었다.

〈이스트푸드의 성분〉

성분	함량(%)
황산칼슘	25
염화암모늄	10
식염	0.3~0.5
전분	40

(2) 제빵개량제

① 이스트푸드의 한정된 목적 외에 제과제빵에 사용하는 다양한 원료와 대형 생산체제로의 전환 및 프랜차이즈의 발달로 품질의 유동성을 개선하여 일정한 품질의 제품을 생산할 수 있게 여러 가지 복합적인 제제를 첨가하여 사용하게 된 것이 요즈음 사용하는 제빵개량제이다.

② 제빵개량의 성분은 크게 발효조정제와 반죽개량제로 분류한다. 여러 성분이 복합적으로 작용하기 때문에 제빵개량제는 제품의 제조공정에서 반죽의 물리화학적 특성을 가능한 한 표준화시킬 수 있는 화합물로 구성되는데 이러한 여러 가지 화합물은 반죽 속에서 질소공급원, 물경도조절제, 효소제, pH 조절제, 산화제, 환원제, 유화제 등으로 작용하여 반죽이 잘 되도록 반죽을 개량하고 이스트에 영양을 주며 빵의 색을 좋게 하고 빵의 부피를 키우며 전분이 변하는 것을 막는 역할과 함께 발효시간을 보충하기 위한 질소(N), 인(P) 등의 화학성분 및 맛과 향을 보완하기 위한 인공첨가제의 역할도 한다.

③ 제빵개량제에는 스테아릴젖산칼슘(calcium stearyl lactylate), 염화암모늄(ammonium chloride), 황산암모늄(ammonium sulfate), 과산화칼륨(potassium superoxide), 요오드화칼륨(potassium iodide), 아스코르브산(ascorbic acid), 아조디카르본아미드(Azodicarbonamide=ADCA), 인산암모늄(ammonium phosphate), 브롬산칼륨(potassium bromate), 인산칼슘(potassium phosphate), 황산칼슘(calcium sulfate), 과산화칼슘(calcium peroxide), 효소(enzyme)제제 등 많은 성분이 포함되어 있다.

④ 제빵개량제는 위의 성분을 필요에 의하여 선택·조합하여 무기질 제빵개량제, 유기질 제빵개량제, 복합형 제빵개량제로 구분되어 생산되고 있으므로 그 필요에 따라 선택적으로 사용하는 것이 바람직하다.

〈제빵개량제의 성분과 기능〉

기능 분류	성분	설명
반죽물조절제	황산칼슘, 인산칼슘, 과산화칼슘	연수를 제빵 물성이 좋은 아경수로 바꾸어 반죽의 탄력성을 주어 제빵 적성을 좋게 한다.
반죽조절제	칼슘염, 마그네슘염, 칼륨염	반죽은 pH 4~6 정도일 때 가스 발생력과 가스 보유력이 좋으므로 약산성으로 만들어 반죽의 물성을 좋게 한다.
	스테아릴젖산칼슘	반죽의 저항성을 개선하여 발효시간, 온도 등의 오차의 영향을 적게 하여 양질의 빵을 만든다.
효소제	아밀라아제(amylase)	아밀라아제는 맥아당과 전분을 분해하여 포도당을 만들게 하여 이스트의 가스 발생력을 돕는다.
	프로테아제(protease)	프로테아제는 밀가루의 단백질을 분해하여 반죽의 신장성을 좋게 한다.
질소원	염화암모늄, 황산암모늄, 인산암모늄	이스트의 생장에 영향을 주어 발효에 도움을 준다.
산화제	브롬산칼륨	반죽의 글루텐을 강화하여 가스 포집력을 좋게 하여 제품의 부피를 크게 한다.(지효성)
	요오드화칼륨	반죽의 글루텐을 강화하여 가스 포집력을 좋게 하여 제품의 부피를 크게 한다.(속효성)
	과산화칼륨	글루텐을 강하게 하고 반죽을 되게 만든다.
	아조디카르본아미드	밀가루 단백질의 -SH그룹을 산화하여 글루텐을 강화한다.
	아스코르빈산(비타민 C)	무산소에서는 환원제이지만 산소와 만나면 산화제가 된다.

13) 유가공품(milk products)

(1) 우유

① 우유는 수분이 약 88.1%, 단백질 3.4%, 지방질 3.4%, 당질 4.4%, 무기질과 비타민이 약 0.7% 정도로 구성되어 있다.

② 우유의 단백질은 카세인(casein)과 훼이(유청)단백질(whey protein)로 구분되고 있으며, 카세인은 우유단백질의 약 80%를 차지하고 있으며 황(S)과 인(P)을 많이 포함하고 미셀(micelle)형태로 존재한다.

③ 카세인은 등전점인 pH 4.6 부근에서 분자 간의 음이온에 의한 반발력이 없어져 서로 결합하여 침전하게 되며, 레닌에 의해 카세인의 펩타이드 결합이 분해된다.

(2) 농축유(concentrated milk)

① 우유의 보관이 용이하도록 수분을 증발시켜 만든 것이 농축유이다. 대표적인 제품으로는

연유가 있다.

② 가당연유(sweetened condensed milk): 수분을 제거하여 농축시킨 후 원유에 약 16~18%의 설탕을 첨가하여 유고형분 30% 이상, 유지방 8% 이상 되도록 40%의 질량으로 농축한 것으로 최종제품에서 40~50% 정도의 설탕을 함유하여 보존력이 향상된다. 열량은 높지만 단 맛이 강하므로 사용에 유의해야 한다.

③ 증발유 또는 무당연유(evaporated milk): 우유에 설탕을 첨가하지 않고 우유를 데운 후 진공상태에서 수분을 증발·균질화시킨 다음 통에 담고 116℃의 고온에서 15분간 살균하여 40~50%로 농축한 것으로 유고형분은 22% 이상, 유지방 6% 이상의 밀크 크림상태이며, 설탕이 첨가되지 않기 때문에 보존력이 낮아 통조림상태로는 실온에 장기간 보존할 수 있으나 일단 개봉하면 냉장 보관해야 한다.

(3) 분유

① 분유는 롤러법(우유를 가열된 금속 실린더 표면에 뿌리는 방법)과 스프레이법(우유를 가열된 더운 공기 속으로 뿌리는 방법)에 의해 제조되는데 제조법에 따라 제품의 특성이 달라진다.

② 스프레이법에 의해 제조된 분유는 단백질이 가열에 의해 변성되지 않았기 때문에 롤러법에 의한 것보다 물에 더 쉽게 풀리고 비타민의 함량은 적다.

③ 분유는 전지분유(whole milk powder), 탈지분유(nonfat dry milk), 조제분유(modified milk powder) 등으로 나눌 수 있다.

㉮ 전지분유
- 살균 처리한 전지유를 진공하에서 수분의 2/3가량을 증발시킨 후 80~130℃로 가열된 열풍 속에서 안개모양으로 분무시켜 순간적으로 건조시킨 것으로 12%의 수용액을 만들면 우유가 된다.
- 전지분유를 물에 풀어 액체유로 만들었을 경우 비타민 C가 손실된 것 이외에는 생우유보다 영양가의 손실은 거의 없다.
- 분유를 만들기 위해 우유를 건조시키는 과정에서 병균이 모두 살균되지 않으므로 우유를 건조시키기 전에 먼저 저온 살균해야 한다.
- 전지분유는 흡습성이 강하므로 공기 중의 습기를 흡수하여 빨리 부패하기 때문에 뚜껑을 꼭 닫아 공기와 차단해서 보관해야 한다.
- 전지분유가 공기 중에 노출되면 전지분유에 존재하는 지방이 쉽게 산화되어 동물성 지방의 누린내를 낼 뿐만 아니라 물에 풀 때 덩어리가 져서 잘 풀리지 않으며 보존성이

짧다.

㉯ 탈지분유

- 살균 처리한 탈지유를 진공하에서 수분의 2/3를 증발시킨 후 뜨거운 공기 속에서 분무하여 건조시킨 것이다.
- 빵에 분유를 첨가하면 풍미를 향상시키고, 노화를 방지한다. 그러나 빵의 부피는 증가하거나 감소하게 한다.
- 탈지분유는 UHT살균(초고속순간살균)과 감압 농축에 의해 제조되며 비타민의 손실이나 단백질의 열변성이 최소화되도록 제조된다. 그러나 불충분하게 가열되어 단백질의 열변성율이 적으면 빵제품의 부피가 감소하게 된다.
- 탈지분유는 약 8%의 회분과 34%의 단백질을 함유하고 있기 때문에 pH 변화에 대한 완충역할을 한다.

㉰ 조제분유

- 유청 분말(sweet whey powder) : 우유 또는 탈지유에 레넷(rennet)이나 산을 가하여 생기는 커드(curd)를 제거한 후에 배출되는 황록색의 액체부분으로서 대표적인 유가공 부산물이다. 훼이는 부피에 있어서는 우유의 85~90%를 차지하고 우유가 가지는 영양소의 50~70%를 차지하므로 영양적으로 우수하다. 제과제빵에서는 연화제로 작용하며 유당의 함량이 커서 굽는 동안 겉껍질 색상을 빠르게 촉진하므로 주의한다.

(4) 유크림

① 우유의 지방층을 원심분리기로 분리하여 얻은 제품으로 진하고, 된 크림은 지방함량이 36% 이상이며, 조금 덜 진한, 미디엄 크림(medium cream)은 30~36%이고, 묽은 커피크림은 18~30%의 유지방을 함유한다.

② 신맛 크림은 젖산에 의하여 신맛을 내는 것이며 최소 18%의 유지방이 요구된다.

③ Half and Half는 살균된 우유와 10.5~18%의 지방을 함유한 크림의 혼합물이다.

④ 크림은 단독식품으로 이용되기보다는 조리할 때 부재료로 사용되어 다른 음식의 맛과 영양가를 증진시키는 데 이용된다.

⑤ 우유에서 크림을 분리하는 방법으로 정치법과 원심분리법이 있으며 유제품 공장에서는 크림분리기를 이용하여 분리시킨다.

(5) 발효유

① 우유, 양유, 마유 등 여러 가지 유즙을 살균처리하여 여기에 스타터(starter=유산균)를 넣고

발효시킨 것으로 유산(lactic acid)이 약 0.3%가량 함유되도록 조절한 것이다.

② 발효기간 동안 우유성분에 화학적인 변화가 일어난다. 유당은 20~30% 감소하여 락트산으로 되고, 우유 중의 또 다른 당으로부터 아세트산(acetic acid, 초산)과 같은 다른 산들이 적은 양 생성된다. 생성된 락트산은 제품의 보존성을 증진하고 신맛과 청량감을 주며 해로운 미생물을 억제하고, 단백질·지방·무기질의 이용을 증진하며 소화액 분비를 촉진한다.

③ 발효유에는 여러 가지 종류가 있으나, 그 제조과정은 거의 비슷하고 제품들 간의 차이는 우유의 지방함량의 차이, 스타터를 이용한 세균의 종류, 발효온도의 차이 등에서 생긴다.

④ 컬처드 버터밀크(Cultured buttermilk)

- 버터를 제조할 때 부산물로 얻을 수 있는 탈지유를 사용하여 이 발효유를 만든다.
- 컬처드 버터밀크의 제조과정 중에는 스타터를 섞은 다음 보온(20~34℃)하는 것이 중요하다. 즉 향기성분을 형성하는 세균의 최적온도는 20℃이고 유산을 형성하는 세균의 최적온도는 30℃여서, 20℃ 이하에서는 산이 충분히 형성되지 않고, 34℃ 이상에서는 지나치게 많은 산이 형성되어 맛이 나빠진다.

⑤ 요구르트(Yoghurt)

- 오랜 역사를 지닌 발효유의 일종으로 요구르트를 만드는 원료유는 완전 또는 부분적으로 탈지한 탈지유, 또는 전유를 사용한다.
- 이 발효유 제조에 쓰이는 스타터로 일본에서는 락토바실루스 불가리쿠스(Lac. bulgaricus)를 쓰는 경우가 가장 많고, 구미에서는 락토바실루스 불가리쿠스와 스트렙토코카스 터모필러스(Strep. thermophilus)를 병용하는 경우가 많다.
- 식품으로서의 요구르트의 가치는 유산에 의한 장내 이상발효의 억제작용, 정상적인 장내 유산균에 의한 자극작용을 들 수 있다. 또한 영양가가 좋으며 단백질은 유산균이 생산하는 효소에 의해 분해되므로 산화흡수도 좋다.
- 요구르트는 유산으로 약 0.9%의 산도를 가지며 pH는 4.6 정도이다. 따라서 신맛을 가지고 있으며 묽은 커스터드 정도의 부드러운 질감을 가지고 있다.
- 우리나라에서는 스푼으로 떠먹는 형태의 호상 요구르트와 마시는 형태의 농후 드링크 요구르트가 시판되고 있다.

(6) 아이스크림

① 주재료는 우유, 크림, 연유, 분유 등 대개의 유제품이 쓰이나 크림을 사용한 것이 가장 품질이 좋다. 여기에 감미료, 향료, 안정제를 넣어 교반하면서 동결시킨다. 감미료로는

보통 약 15%의 설탕을 사용하나 포도당을 대용하는 경우도 있다. 포도당은 아이스크림의 고형분을 많게 하여 조직을 매끄럽게 하는 목적으로 쓰인다.

② 아이스크림 유화제로는 폴리옥시에틸렌(polyoxyethylene) 유도체와 모노글리세라이드 (monoglycerides)가 있다. 모노글리세라이드는 지방의 분산과 거품이 이는 성질을 개선하며, 아이스크림의 굳기 및 녹는 속도에 주는 영향은 강하지 않다.

③ 지방구를 고정시켜 아이스크림을 단단하게 해주는 안정제로는 젤라틴, 펙틴, CMC, 달걀, 전분풀 등이 있다. 젤라틴은 가장 많이 쓰이는 안정제로 물을 흡수해서 굵은 결정체가 형성되는 것을 막기 때문에 부드러운 질감을 가진 제품이 되게 하며 아이스크림이 녹을 때 형태가 허물어지는 것을 막는 작용도 한다. 보통 사용하는 젤라틴의 양은 0.5%인데 이보다 더 많은 양을 넣으면 끈적거리는 아이스크림이 되고, 아이스크림이 녹은 후에도 젤라틴의 모양이 접시에 남아 있는 경우도 있다.

(7) 치즈(Cheese)

① 치즈는 원재료, 숙성여부, 수분함량, 발효 스타터 등에 의해 구분된다.

② 동물의 유즙을 이용하여 치즈를 만들었느냐에 의하여 분류한다. 구체적인 예로, 프랑스의 로크포르(Roquefort) 치즈는 양의 젖을, 노르웨이의 오제토스트(Ojetost)는 산양의 젖을, 이탈리아의 모차렐라(Mozzarella)는 버펄로의 젖을 이용해서 만든 것이다.

③ 수분함량에 의해 분류하면 반경질 치즈는 34~55%이고, 경질 치즈는 13~34%이다.

④ 자연치즈(natural cheese)

- 레넷(rennet; 송아지 위의 추출물로 레닌이 들어 있는 물질)이나 산에 의하여 우유단백질을 응고시켜 덩어리로 만든 후 그 고형물을 우유에 있던 효소와 미생물에 있는 효소에 의해 숙성시켜 만든다.

- 지방, 유당, 단백질 같은 응고물에 함유되어 있던 성분들이 숙성하는 동안에 치즈의 독특한 냄새, 맛, 색, 질 등이 특성을 이룬다.

- 숙성과정 중 유당이 유산균에 의해 유산으로 변하기 때문에 유당은 치즈에 거의 존재하지 않는다. 숙성 중 단백질의 가수분해는 치즈의 맛과 질에 크게 영향을 주는데, 단백질이 가수분해되면 말랑말랑한 질감을 갖게 된다.

- 우유지방은 숙성 중에 분해되어 향기성분을 생성한다.

⑤ 가공치즈(processed cheese)

- 한 가지 또는 두 가지 이상의 자연치즈에 유화제를 첨가하여 가열한 것으로 더 이상 미생물에 의한 발효가 일어나지 않고 더 가열해도 분리되지 않게 균질화시킨 다음 일정

한 틀에 넣어 식혀서 굳힌 것이다.

- 가공치즈는 자연치즈보다 더 얇게 잘 썰어지고 덩어리지거나 들러붙지 않고 더 잘 녹는다.
- 가공치즈는 치즈의 휘발성 향기성분이 휘발되고 또 어떤 화학변화를 일으키므로 자연 치즈보다 맛이 덜하다.

14) 안정제의 종류

(1) 한천(Agar-Agar)

① 한천은 해초류에서 추출한 천연물질로 우뭇가사리, 꼬시래기, 비단풀 등의 홍조류를 수산 화나트륨용액과 혼합하여 알칼리 처리한 후 황산수용액에 넣어 끓인다. 이것을 여과·응 고·동결시킨 후 수분을 제거하면 한천이 완성된다.

② 한천은 아가로스(Agarose) 및 아가로펙틴(Agaro-Pectin)을 주성분으로 하는 식이성 다당류 로 구성되어 있다. 칼로리가 거의 없기 때문에 다이어트 식품으로 각광받고 있다.

③ 설탕과 혼합하면 투명도가 높아지므로 선명한 색을 낼 필요가 있는 젤리나 화과자의 광택 제로도 많이 활용된다.

④ 무향, 무색의 한천은 젤라틴보다 점도가 8배나 강하고 응고점이 평균 30℃이며 녹는점은 80~85℃로 고온에서 사용할 수 있는 장점이 있다.

⑤ 실한천과 가루한천이 있으며 물에 대해 1~1.5% 사용한다.

(2) 젤라틴(Gelatin)

① 소, 돼지 연골가죽, 생선 부레 등의 콜라겐 단백질에서 얻는다.

② 알레르기는 없으며 섭취 음식의 소화를 돕고 칼로리(338kcal)가 있는 것이 특성이다.

③ 판젤라틴 1장은 2g, 물은 중량의 6~7배, 50~60℃에서 잘 녹으며 보통 1~2% 사용한다.

④ 과일에 사용 시 과일의 단백질 분해효소에 주의한다.

⑤ 산용액에서 가열하면 화학적 분해가 일어나 젤 능력이 줄어들거나 없어진다.

(3) 펙틴(Pectin)

① 과일과 식물의 조직에 있는 일종의 다당류이다.

② 설탕농도: 50% 이상, pH 2.8~3.4에서 젤리를 형성한다.

③ 메톡실(Methoxyl)기=CH_3O^-가 7% 이하에서 당과 산의 영향을 받지 않는다.

(4) 카리기난(Carrageenan)

① 카라기난은 한천과 마찬가지로 홍조류에서 추출한 성분으로 만들어진다. 홍조류를 뜨거운 물이나 알칼리성 수용액으로 추출한 후 정제하여 만들며 분말형태이다.

② 무색, 무미, 무취의 특성을 가지고 있기 때문에 색이나 향을 첨가할 수 있다. 응고온도는 30~45℃이며, 당도가 높을수록 높은 온도에서 굳는다.

③ 한번 겔화된 카라기난은 냉동시킨 후 해동해도 다시 젤리상태로 돌아오며, 여름철에 실온에 방치해도 탄력을 유지할 정도로 강한 성질을 나타내므로 여름 젤리를 만드는 데 유용하다.

④ 카라기난은 물에 굳는 타입과 우유에 굳는 타입으로 나뉜다. 물에 굳는 타입은 젤리에, 우유에 굳는 타입은 밀크 푸딩이나 냉동용 제과, 컵 젤리에 사용한다.

(5) 알긴산(Alginate=Alginic acid)

① 큰 해초로부터 추출된다.

② 온수, 냉수에서 다 용해된다.

③ 1% 사용으로 단단한 교질을 형성한다.

④ 산에서 강하고 칼슘(우유)에서 약하다.

(6) 시엠시(C.M.C)

① 셀룰로오스로부터 만든다.

② 냉수에서 쉽게 팽윤되지만 산에서는 저항성이 약하다.

(7) 로커스트콩검(Locust Bean Gum)

① 로커스트빈 나무의 수지(樹脂)

② 냉수에서 용해되지만 뜨거워야 완전 용해된다.

③ 0.5%에서 진한 용액, 5%에서 진한 페이스트

④ 산에 대한 저항성이 크다.

15) 향료와 향신료(Flavor & Spice)

(1) 향료

① 천연향: 꿀, 당밀, 코코아, 초콜릿, 분말과일, 감귤류, 바닐라 등

② 합성향: 천연향에 들어 있는 향물질을 합성시킨 것

③ 인조향: 화학성분을 조작하여 천연향과 같은 맛이 나게 한 것

(2) 향료의 분류

① 비알코올성 향료: 굽기과정에서 휘발하지 않는 것으로 글리세린, 프로필렌 글리콜, 식물성 유에 향물질을 용해하여 만든다.

② 알코올성 향료: 굽기 중 휘발성이 크므로 아이싱과 충전물 제조에 적당하며 에틸알코올에 녹는 향을 용해시켜 만든다.

③ 유지: 수지액에 향료를 분산시켜 만드는 것으로 반죽에 분산이 잘 되고 굽기 중 휘발이 적다.

④ 분말: 수지액에 유화제와 향물질을 넣고 용해시킨 후 분무 건조하여 만드는 것으로 굽는 제품에 적당하고 취급이 용이하다.

(3) 향신료

① 계피(Cinnamon): 녹나무과에 속하는 상록교목인 생달나무(天竹桂)의 나무껍질로 만든다.

② 너트메그(Nutmeg): 육두구과 열매의 배아를 말린 것이 너트메그(Nutmeg)이고 씨를 둘러싼 빨간 반종피를 건조하여 말린 것이 메이스(Mace)이다. 단맛과 약간의 쓴맛이 난다.

③ 생강(Ginger): 열대성 다년초의 다육질 뿌리로 양념재료로 이용하는 뿌리채소다. 김치를 담글 때 조금 넣어 젓갈의 비린내를 없애는 데 큰 역할을 한다.

④ 정향(Clove): 상록수 꼭대기의 열매, 증류에 의해 정향유를 만든다.

⑤ 올스파이스(Allspice): 복숭아과 식물, 계피, 너트메그의 혼합 향을 낸다.

⑥ 카다멈(Cardamom): 생강과의 다년초 열매깍지 속의 작은 씨를 이용하는 것으로 통째로 혹은 가루로 만들어 사용한다.

⑦ 박하(Peppermint): 꿀풀과에 속하는 다년생 초본식물로 고려 때는 방하, 조선시대에는 영생으로 불렀다.

⑧ 양귀비씨: 양귀비 열매 속에는 3만 2천여 개의 씨앗이 들어 있다고 한다. 모르핀을 함유하고 있는 양귀비는 아편의 원료이다.

⑨ 후추(Black pepper): 후추나무는 후추과에 속하는 상록덩굴식물로 인도 남부가 원산지이다. 일찍부터 향신료로 이용하여 왔는데 성숙하기 전의 열매를 건조시킨 것을 검은 후추라 하고, 성숙한 열매의 껍질을 벗겨서 건조시킨 것을 흰 후추라 한다. 주로 가루내어 이용하며 통으로 이용하기도 한다.

⑩ 나도고수열매(Aniseed): 아니시드라고도 하며 씨는 작고 단단하며 녹갈색의 풍미를 내는

데 이용되며 아니스의 기름은 휘발성이 강하므로 밀봉 저장해야 한다.

⑪ 코리앤더(Coriander): 미나리과의 한해살이풀로 지중해 연안 여러 나라에서 자생하고 있다. 고수풀, 중국 파슬리라고도 하고 코리앤더의 잎과 줄기만을 가리켜 실란트로(Cilantro)라 지칭하기도 한다. 잎과 씨앗이 향신채와 향신료로 두루 쓰인다. 중국, 베트남 특히 태국음식에 많이 사용한다.

⑫ 캐러웨이(Caraway): 캐러웨이씨는 필요할 때마다 빻아서 사용한다. 미리 가루로 만들어 놓으면 향이 날아가서 못 쓰게 되는 특징이 있다.

16) 제과용 리큐어(Liqueur)

(1) 제과에 술을 쓰는 이유

① 원료가 가지고 있는 불쾌한 냄새를 술의 알코올성분이 휘발하면서 같이 날아가 좋은 냄새를 만들기 때문이다.

② 원재료의 향기를 돋보이게 하거나 향을 잘 낼 수 있는 효과도 있다.

③ 알코올성분이 세균의 번식을 막아 제품의 보존성이 높아지며, 지방분을 중화하여 제품의 풍미를 높여준다.

(2) 제과용 술을 사용하는 방법

① 재료가 가지고 있는 향미, 특히 향기를 돋보이게 할 경우는 증류주가 중심이 되게 한다.

② 양과자의 향기를 높이는 데에는 양조주, 혼성주를 쓴다.

(3) 술의 종류

① 럼(Rum)

- 사탕수수로 만드는 당밀을 발효시켜 증류한 증류주이다.
- 향이 높고 열에 강한 성질 때문에 각종 과자를 만들 때 널리 사용된다.
- 제과에서 사바랭, 버터크림, 프루트케이크, 시럽 등에 쓰인다. 쿠바, 자메이카, 서인도제도의 프랑스어권에서 많이 생산된다.

② 브랜디(Brandy)

- 와인을 증류한 술을 말한다.
- 원료이름에 의하여 포도브랜디(Grape Brandy), 사과브랜디(Apple Brandy), 체리브랜디(Cherry Brandy) 등이 있다.

- 제과에서 크레이프소스, 수제트(Suzette), 사바랭, 과일플람베 등에 쓰인다. 유명한 브랜디 상표로 Courvosisier, Martell, Remy Martin 등이 있다.

③ 코냑(Cognac)
- 정식명칭은 오드비 드 뱅 코냑(Eau-de-vie de vin Cognac)이고 프랑스의 코냐크 지방에서 생산되는 증류주이다.
- 코냑의 종류에는 헤네시(Hennessy), 카뮈(Camus), 레미 마르탱(Remy Martin), 마르텔(Martell), 비스퀴(Biscuit) 등이 있다.
- 제과에서 가나슈, 바바루아, 무스 등의 크림류에 향을 낼 때와 과일플람베, 프루트케이크의 시럽에 사용된다.

④ 진(Gin)
- 주니퍼 베리(Juniper berry)로 향을 내는 무색투명한 증류주이다.
- 영국에서 주니퍼는 폴란드산을 말하고, 영국산 진(Gin)을 런던 진이라 부른다.
- 제과용으로는 레몬 시럽(Lemon syrup), 사바랭(Savaring) 등에 쓰인다.

⑤ 위스키(Whisky)
- 영국 스코틀랜드 위스키의 총칭이다.
- 아이리시 위스키(Irish Whisky), 버번 위스키(Bourbon Whisky), 콘위스키(Corn Whisky), 산토리 위스키(Santory Whisky) 등이 있다.
- 과일 푸딩, 초콜릿, 시럽 등에 사용된다.

⑥ 샴페인(Champagne)
- 프랑스 샹파뉴 지방에서 만들어진 천연 발효포도주이다.
- 포도를 발효시키고 당분을 첨가하여 병조림한 후 2~3년 지하창고에 비스듬히 거꾸로 세워 저장한다.
- 셔벗(Sherbet)과 무스케이크에 이용된다.

⑦ 그랑 마르니에(Grand Marnier)
- 최고급 화주에 오렌지향을 넣은 리큐어로서 오렌지 껍질을 코냑(그랑, 샹파뉴)에 담근다는 점이 쿠앵트로와 다르다.
- 새콤달콤한 향이 초콜릿과 잘 어울려 폭넓게 사용된다.
- 가나슈, 사바랭, 시럽의 향과 커스터드크림, 초콜릿을 사용한 케이크, 커스터드푸딩, 냉수플레, 크레이프소스 등에 널리 쓰인다.

⑧ 쿠앵트로(Cointreau)
- 프랑스 쿠앵트로사에서 생산한 오렌지 술로서 화주에 오렌지 잎과 꽃의 엑기스를 배합

하여 만든 술이다.
- 40도의 높은 도수 때문에 톡 쏘는 맛이 강하다.
- 오렌지를 주재료로 하는 생과자나 양과자, 생크림에 이용된다.

⑨ 트리플 섹(Tripe Sec)
- 화이트오렌지와 오렌지 큐라소를 혼합·증류하여 만든 것으로 이름 그대로 '세 번 (Triple) 더 쓰다(Sec)'라는 뜻이다.
- 오렌지 껍질을 사용하여 신맛과 쓴맛이 강한 것이 특징이며 천연오렌지의 감미와 향취가 일품이다.
- 생크림, 무스, 시트반죽에 널리 이용되고 있다.

⑩ 오렌지 큐라소(Orange Curacao)
- 주재료가 오렌지, 레몬으로 알코올도수가 30도로 쿠앵트로 제품보다 조금 낮다.
- 크레이프, 오믈렛, 사바랭, 수플레, 오렌지소스용으로 사용되고 있다.

⑪ 만다린(Mandarine)
- 오렌지 껍질의 엑기스를 화주에 넣어 만든 리큐어로서 알코올성분은 27~37%로 오렌지 큐라소와 비슷하다.
- 버터크림, 시럽, 바바루아, 수플레소스 등을 만들 때 이용된다.

⑫ 키르슈(Kirsch)
- 버찌(체리)의 독일어명으로 잘 익은 체리의 과즙을 발효, 증류시켜 만든 술이다.
- 독일이 원산지인 알코올 42도의 키르슈 바서(Kirsch Wasser)와 이탈리아산인 알코올 32도의 마라스캥(Marasquin)이 있다.
- 제과용도로는 바바루아, 아이스크림케이크, 시럽, 무스케이크, 셔벗 등에 쓰인다.

⑬ 애드보카트(Advocaat)
- 달걀노른자와 양질의 알코올에 네덜란드산 에그브랜디를 섞어 만든 것이다.
- 장기간 저장하면 난유가 분리되어 붉은빛을 띤다.
- 잘 흔들어 사용하고 케이크, 시럽, 생크림과 혼합하여 많이 사용한다.

⑭ 퀴멜(Kummel)
- 주정에 캐러웨이시드를 첨가, 성분을 추출하고 코리앤더, 레몬, 아니시드 등 에센스를 첨가한 무색 투명한 술이다.
- 향, 당분, 주정도에 따라 베를린퀴멜, 러시안퀴멜, 아이스퀴멜 등으로 나눈다.
- 제과용도로는 바바루아 샤를로트, 앙글레이즈소스에 쓰인다.

⑮ 마라스키노(Maraschino)
- 버찌를 주원료로 하여 알코올과 설탕을 섞어 증류해서 만든 술이다.
- 바바루아, 수플레시럽, 무스케이크, 버터크림에 사용된다.

⑯ 크렘 드 민트(Crème de Menthe)
- 백색과 녹색이 있고 페퍼민트향을 넣어 만든 술이다.
- 셔벗, 무스, 소스에 이용된다.

⑰ 스위스 초콜릿 아몬드(Swiss Chocolate Almond)
- 아몬드와 카카오빈이 주원료이며 알코올도수 27도이다.
- 초콜릿무스, 페이스트리에 사용된다.

⑱ 오드비 푸아르 윌리암(Eau de Vie Poires William)
- 포도가 아닌 배를 재료로 하여 통 속에서 숙성시키지 않고 곧바로 출하하는 것이 특징이다.
- 페이스트리, 바바루아를 만들 때 사용된다.

⑲ 리큐어 갈리아노(Liqueur Galliano)
- 노란색의 긴 병에 든 것이 유명하고 알코올도수 35도의 리큐어로 오렌지향과 박하향이 들어 있다.
- 마르퀴즈, 파르페(Parfait) 등에 사용된다.

⑳ 포트와인(Port Wine)
- 백포도나 적포도를 탱크에 넣고 비벼 죽을 만든 후 발효하여 원하는 알코올도수에 도달하면 발효를 중지시킨다.
- 소스, 시럽, 젤리 등에 쓰인다.

2-3 설비구매관리하기

1 설비 생산능력 파악

1) 주방설비계획

(1) 주방설비는 작업의 효율성을 높이고 생산계획과 판매계획에 맞게 해야 한다. 또한 설비 자체의 생산능력과 효율성을 감안해서 설비해야 시설의 낭비를 가져오지 않는다.

(2) 주방의 생산설비는 각각의 기능에 따라 주방 안의 공간과 생산능력, 인력, 자본, 설비 후 서비스능력 등을 고려하여 수급조절이 가능한 공급처에서 공급받아야 한다.

(3) 제과제빵 제조 주방은 위생, 작업능력, 경제성에 바탕을 둔 설비계획을 세워야 한다.

(4) 위생은 식품을 다루는 곳이면 어디나 마찬가지지만 제과 주방 역시 최우선 고려사항이므로 설비의 깨끗한 유지 관리를 할 수 있게 해야 한다.

(5) 오븐 소성 능력에 맞게 발효실의 적정한 발효능력이 있는지를 검토하고 반죽기의 능력과 필요성 등 상호 낭비가 없게 설비계획을 하여야 한다.

(6) 생산계획과 작업성, 작업용도, 필요성을 감안한 작업대를 계획하고 주방 위생안전에 맞게 개수대와 세척시설을 계획해야 한다.

2) 주방설계에 따른 작업 흐름도

(1) 주방의 주목적은 생산성이므로 적은 일손으로 높은 효율성을 가질 수 있는 작업환경이 될 수 있게 작업의 흐름도를 파악하여 계획해야 한다.

(2) 주방의 기본설계에는 생산계획하는 제품의 수와 제품의 구성, 목표고객과 생산량, 주방근무 인원, 주방의 크기 등 기초자료를 파악하고 각각의 작업 동선에 맞게 설비시설을 배치해야 하며 경제적인 낭비요소를 제거하여 계획한 후 설비구매를 계획해야 한다.

(3) 작업의 흐름도와 시설의 레이아웃이 잡히면 전문가와 경영자의 충분한 토의와 검토를 거쳐 설계의 변경이나 설비의 변경이 생기지 않도록 설비의 배치도를 완성한다.

3) 주방설계

(1) 레이아웃(lay-out)

① 주방작업의 흐름도를 한눈에 파악할 수 있게 하는 것이 레이아웃의 목적이다.

② 주방 레이아웃에는 다음과 같은 사항을 고려해야 한다.

- 재료의 반입구와 직원의 출퇴근 동선
- 매장과 주방의 동선관리
- 생산 작업대와 포장공간의 흐름도
- 재료 창고와 쓰레기 처리공간의 배치와 효율적 이용
- 사무실, 화장실, 직원의 휴게 공간

(2) 기계 및 설비

① 주방의 제과제빵 기계는 물론 주방설비 전체를 편리하게 사용할 수 있도록 상호 접속을 명확하게 알 수 있게 해야 한다.

② 제과 주방의 기계와 설비는 크게 다음과 같이 구분된다.

〈기계와 설비의 구분〉

기계	오븐, 발효기, 반죽기, 냉장고, 냉동고, 도우시터, 분할기, 포장기, 성형기 등
설비	공조설비, 배관설비, 전기설비, 작업설비 등

(3) 시방서

① 시방서는 기계와 설비의 자세한 기능, 제원, 부품, 사후 서비스문제, 사용방법과 주의사항, 안전에 관한 레이아웃으로 표현할 수 없는 것을 나타낸다.

② 시방서는 같은 크기나 외형이라도 사용되는 재료와 성능에 따른 차이가 크므로 작업대 간판의 두께라든지 보강재의 사용여부, 오븐의 성능에 따른 차이점, 냉장, 냉동고 단열재 의 두께, 성능에 따른 차이 등을 나타낸다.

〈주방 전기기술시방서 예시〉

전기기술시방서

1. 저압 시공 공사를 시공함에 있어서는 전기설비 기술기준에 관한 규칙에 적합하게 시공해야 한다.
2. 접지공사는 제3종 접지공사를 실시하며 접지 저항값은 100Ω 이하로 실시한다.
3. 접지공사의 접지선은 접지선이 외상을 받을 우려가 있는 경우에는 금속관공사, 또는 합성수지관을 사용 시공해야 한다.
4. 가공선의 장력은 감독관이 요구하는 장력을 유지하여야 하며, 염분의 접착흐름 등을 고려하여 선처리에 유의해야 한다.
5. 본 공사에 사용되는 전선 및 케이블은 색상별 구분이 되는 구조여야 한다.
6. PANEL 외함은 2회 이상 방청 페인트 및 에나멜 페인트 도장 완료 후 조립하여야 하며 조립 후 1회 이상 페인팅 도장해야 한다.
7. 각종 철구류에 설치되는 전기재료는 기존 건물의 철근과 용접하여 견고하게 설치해야 한다.
8. 전선은 600V 전선을 사용해야 한다.
9. 누전 차단기(MCCB)는 통상적으로 사용되는 제품으로 설치하고 고장전류 발생 시 차단될 수 있도록 설치한다.
10. 전동, 전열은 220V 사용 시 누전차단기를 설치한다.
11. 콘센트는 접지 부착용을 설치하여 보안상 안전하게 해야 한다.
12. 동력용 분전반과 전등용 분전반은 별도로 설치한다.

(4) 설치도

① 설치도의 목적은 상호 설비 간의 연관성과 연결성을 나타내는 것이 목적이다.

② 기계와 설비의 에너지 소비량을 파악하여 전기를 사용하는 설치도가 필요하며 수도, 전기 배관의 사용량에 따른 배관설비의 설치도가 필요하다.

③ 배수량과 사용량에 따른 배수관의 설치가 필요하며 필요에 따라서는 확대도, 단면도 등이 설치도에 포함된다.

(5) 입면도

① 입면도는 평면도에서 확인이 불가능한 벽면, 공간 등에 설치하는 것의 도면이다.

② 벽에 설치하는 선반, 재료를 보관할 수 있는 캐비닛, 랙, 배기후드, 서랍장 등을 입면도에서 나타낼 수 있고 필요에 따라서는 입체도가 필요하다.

(6) 견적서

① 견적서는 전체 예산과 해당부문의 예산을 면밀히 검토하고 해당기계나 설비의 성능이 효율적인 것을 구하기 위한 재정적 필요에 목적을 둔다.

② 구역별 예산과 총예산의 범위에서 우선순위를 정하여 조정하고 최종 결정하여 설비의 구매 관리가 결정된다.

4) 설비 품질점검

(1) 기계설비

① 제과제빵 작업의 흐름에 알맞게 배치해야 한다.

② 생산량에 대비하는 충분한 공간과 기계 용량을 확인한다.

③ 수평이 맞고 진동 없이 기초공사는 안전하게 해야 한다.

④ 기계별 에너지 용량에 맞게 전기가 설치되어야 한다.

⑤ 사용 시 안전이 확보되어야 한다.

(2) 전기, 조명시설

① 최소의 전력으로 최대의 효과가 나게 경제성 있는 제품으로 설치한다.

② 불필요한 조명과 전기 시설을 확인한다.

③ 작업자의 불편이 없는 적정 조명과 전기시설이어야 한다.

④ 조명과 전기기구의 장치는 작업안전과 사용에 적합해야 한다.

⑤ 화재와 안전에 유의하여 설치해야 한다.

(3) 배수시설

① 배수는 용이하고 사용량에 맞게 설치해야 한다.

② 냄새의 역유입이 없게 설치해야 한다.

③ 깨끗하고 편리하게 관리할 수 있도록 설치해야 한다.

(4) 배관시설(전기, 수도, 가스)

① 작업에 방해가 되지 않게 설치해야 한다.

② 겨울철 동파 예방이 되게 보온재료를 사용하여 설치해야 한다.

③ 밸브는 작업에 편리하고 안전하게 적당한 곳에 설치해야 한다.

④ 정전, 단수 등에 대책을 마련하고 고장과 안전사용에도 문제가 없게 설치한다.

5) 생산설비 능력파악

(1) 설계생산능력과 유효생산능력

① 설계생산능력은 현재의 인적 자원, 생산설비를 토대로 일정기간 중 최고 성능으로 최대의 생산을 하였을 때를 가정한 산출능력이다.

② 유효생산능력은 주어진 생산 시스템에서 여러 가지 내외 여건(제품 가공, 유지 보수, 식사 시간, 휴식시간, 일정 계획의 어려움, 품질 요소) 아래에서 일정기간 동안 최대의 생산이 가능한 산출량이다.

(2) 실제 산출(생산)량

① 제빵의 전통적인 생산공정은 재료의 계량, 혼합, 성형, 발효, 굽기, 냉각, 포장의 과정이다. 그러나 최근에는 설비 용량과 공간 배치가 축소된 완제품 방식, 노동력 절약과 다품종 소량 생산이 적합한 생지 방식, 기술의 숙련도가 낮은 사람도 생산이 가능한 파베이킹 (Par-baking)과 냉동 완제 방식으로 다양화되어 과거처럼 믹서기 용량과 발효기의 용량, 오븐의 용량, 노동력 투입이 공정에 따라 반드시 비례하지는 않게 되었다.

② 실제 생산량은 현재의 설비나 시스템 능력에서 실제로 달성된 산출량을 말한다.

2 설비구매관리

1) 생산설비 구매계획

(1) 설비구매계획은 유형 고정자산으로서 설비를 활용하여 기업의 생산성과 수익성을 높이는 데 있다.

(2) 사용부서의 책임자가 구매계획(요구)서와 첨부된 증빙 자료(사용계획서, 지출계획서, ABC 분석 견적서, 사유서 등)를 구매부서에 제출한다.

(3) 신기술을 적용받지 못하거나 구성 부품이나 핵심 부품이 원활하게 공급되지 않을 경우 기업의 수익성을 악화시키므로 설비구매 전에 충분한 시장조사를 통해 공급자의 기술능력 과 최신 설비 동향 및 공급자의 기술과 서비스 능력을 검토한다.

2) 입찰 및 계약절차

(1) 입찰

① 생산설비는 제조업체와 국내외 1차 및 2차 판매상 등을 포함한 생산능력, 품질기준사양서, 품질인증서, 대체품 등을 조사하여 최상 품질의 설비를 합리적인 가격으로 구매할 수 있 도록 하는 것이다.

② 입찰 공고를 하여 적합한 업체와의 계약 체결을 통해 유지 보수 관리의 관리비용이 최소 화되도록 한다.

(2) 입찰공고

① 입찰공고 시 설치를 위한 사용면적, 전기용량 및 배선, 배관, 급·배기 등의 기술자료를 함께 공고한다.

② 제조상 결함으로 인한 보상기준에 대하여 하자이행, 증권 및 화재보험 등 증빙자료와 범위에 대해서 명확하게 한다.

(3) 구매계약

① 설비구매계약 시 기능적·공간적 특성도 중요하지만, 유지 보수 관리 비용도 중요하므로 설비 운용관리에 필요한 구성부품 및 핵심 부품과 부품 명세표를 받아 사용연한까지 관리 가 잘 되도록 계약서에 첨부한다.

② 내자 구매 계약은 구매요구서에 따라 견적요청, 입찰공고, 예상가격조사, 계찰, 낙찰, 계약,

입고, 검수과정 등의 적합한 절차에 따라야 한다.

③ 수입 생산설비의 구매계약은 관세 및 부가세 감면, 운송비, 통관료, 창고비 등의 절세효과
를 통해 전체적인 설비의 구매가격을 낮추기 위해 외국환 관리법의 규정에 따라 직접
수입하는 것을 말한다.

(4) 입고/검수

① 베이커리 설비는 7년 이상의 장기간을 사용하는 설비로 입고/검수 시 상담 내용과 견적
내용, 사양서와 일치하는지 자세히 살펴보아야 한다.

② 설비 관리 정/부 담당자를 미리 선임하여 시험운전을 통해 작동방법 및 안전주의 사항
등의 교육을 받고 사용 설명서와 서비스매뉴얼(공급사의 비상 연락망 기재), 기술 자료를
받아 설비에 부착하여 응급 시 활용하도록 한다.

제품개발

제3장

Handmade

3-1 제품기획하기

1 제빵시장의 추세

1) 제과제빵시장의 분류

(1) 양산 빵시장

① 양산 빵시장의 정의
- 양산 빵이란 공장에서 기계작업으로 대량 생산 포장하여 슈퍼마켓, 편의점, 할인점 등에서 판매하는 빵을 말함
- 샤니, 삼립식품, 기린, 서울식품 4개의 메이저 기업이 시장을 형성하고 있음

② 양산 빵시장의 특성
- 원재료비 상승, 인건비 상승 등으로 인한 경영환경의 압박
- 고령화에 따른 인력공급의 어려움
- 시장양극화 현상
- 유통환경의 변화
- 식품안전 트렌드의 확산
- 냉동생지에 대한 관심
- 특판 영업의 쇠퇴
- 신제품 경쟁 출시 현황

(2) 프랜차이즈 베이커리(Franchise Bakery)

① 프랜차이즈 베이커리는 프랜차이즈 공장에서 완제품과 냉동반죽을 만들어 각 프랜차이즈점에 공급하면 반제품이나 냉동반죽을 직접 구워 판매함으로써 재료의 구입부터 모든 생산 과정을 거치는 윈도 베이커리에 비하여 인건비를 줄이고 전체 점포의 제품을 일관성 있고 균일하게 공급하여 브랜드 이미지를 쌓고 마진율을 높일 수 있는 장점이 있다.

② 프랜차이즈 본사는 직영점과 가맹점에 물류 시스템을 통하여 완제품과 반제품을 구분하여 제공하고 있으며 교육훈련을 정기적으로 실시하여 제품의 균일성을 유지하려 노력하고 있다.

(3) 베이크오프 베이커리(Bake-off Bakery)

① 반제품 전문회사나 냉동반죽 전문회사에서 제품을 공급받아 필요에 따라 해동, 발효하여 구워서 사용하거나 제품 그대로 판매하는 일종의 오븐프레시 베이커리이다.

② 호텔, 뷔페 식당, 외식업체, 카페 등의 업체에서 대부분 이 형태로 전환되며 국내의 베이커리 형태도 베이크오프 베이커리 형태로 전환되고 있다.

(4) 윈도 베이커리(Window Bakery)

① 일반적인 과자점을 윈도 베이커리라 할 수 있는데 점포 내의 공장에서 제품 만드는 것을 고객들이 직접 볼 수 있도록 매장과 공장의 경계를 창문으로 구분하였다 해서 붙여진 이름이다.

② 위생적인 면을 고려해 윈도 베이커리식의 과자점으로 시설을 권장하고 있으며 과자점은 판매와 제조를 동일건물 내에서 하도록 규정하고 있다.

(5) 인스토어 베이커리(In-store Bakery)

① 대형 할인매장, 슈퍼마켓 같은 대형 매장 안에 있는 베이커리로 제조공장이 있어 제조와 판매를 동시에 하는 과자점을 말한다.

② 할인매장 전체의 매상을 올리기 위하여 고객을 끌어들이기 위한 방안의 일환으로 생겼으나 지금은 하나의 과자 점포형태로 굳어졌다.

2) 시장조사

(1) 제과제빵시장의 동향

① 제과제빵시장은 소비 증가에 따라 시장 성장세는 빠르나 밀가루, 설탕 등 원재료 수입의존도가 높아 환율이나 원자재가격의 변화에 민감하게 반응하는 특성이 있다.

② 연평균 10% 이상 급성장하고 있으며 제빵시장의 약 80%를 차지하는 빵류의 소비는 제과제빵시장의 성장을 이끌고 있다.

③ 우리밀, 우리쌀 등이 첨가된 제품, 웰빙빵, 다이어트 제품, 샌드위치 제품 등이 인기를 얻고 있다.

④ 우리나라 주요 프랜차이즈 브랜드가 미국, 중국 등에 성공적으로 진출하여 업계의 발전을 리드하고 있다.

⑤ 원재료비 상승으로 인한 원료 수급문제, 임대료 상승으로 인한 이익률 하락, 고령화로 인한 인건비 상승 등은 업계가 풀어야 할 숙제이다.

(2) 원재료 시장의 동향

① 밀 생산지의 여러 가지 악조건이 다년간 이어져 국제 밀 가격이 상승하면서 원료 수급과

업체의 원가 부담이 커지자 원료 수급을 원활히 하기 위하여 장기적 차원에서 기업체와 정부가 협력하여 수급정책을 수립할 필요성이 요구되고 있다.

② 신흥국의 식량 소비량이 늘면서 식용과 사료용 곡물 수요도 크게 늘어났으며, 고유가에 대체 에너지인 바이오 에너지 소비가 늘자 옥수수와 사탕수수 가격도 올랐다.

③ 달걀의 경우 다른 품목에 비해 비교적 낮은 가격 증가율을 보이지만 구제역과 AI로 인해 달걀 값이 급격한 오름새를 보이고 있어 우유와 달걀을 원료로 사용하는 제과제빵 가격이 급등할 것으로 예상된다.

④ 원재료의 상승으로 빵 원가 인상요인이 발생함에도 불구하고 소비자가격 인상에 반영하기 어려운 것이 제과업계의 한결같은 의견이며 식품 표기법이 매년 바뀌고 있는 상황에서 부재료 관리에 어려움이 있다.

(3) 제과제품시장 동향

① 수입밀에 대한 소비자의 불만이 우리밀을 사용한 제품의 개발을 촉진하였고 소비자의 건강에 대한 관심이 우리밀 제품 비중 확대를 가져왔으며 또한 우리밀의 장려정책도 한몫을 하였다.

② 한 끼 식사로 충분하고 빵 속재료에 따라 다양한 맛을 내는 샌드위치 시장은 까다로워진 소비자의 입맛에 맞게 진화하고 있으며 매년 30% 이상 시장의 확대도 이루어지고 있다.

③ 포장재질의 혁신은 양산업체에서 산소포장 방식인 MAP포장으로 용기 안에 공기를 모두 제거한 뒤 산소·이산화탄소·질소를 혼합한 가스를 채워 넣어 미생물의 성장을 억제시키는 방식으로 일반 포장법보다 신선도를 오래 유지시킬 수 있어 다양한 제품의 출시를 가능하게 하고 있다.

④ 웰빙재료를 사용한 제품들의 출시로 고객 선택의 폭을 넓히고 있다.

⑤ 쌀 소비 촉진정책과 웰빙을 추구하는 소비자들의 건강지향적 제품 요구와 맞물려 우리쌀을 이용한 다양한 제과제빵 제품이 출시되어 소비자의 만족을 더하고 있다.

〈제과제빵 제품의 과거와 현재의 고객 니즈(needs) 비교〉

과거	현재
• 당도가 높은 제품 • 버터케이크, 생크림 데커레이션 케이크 선호 • 속결이 희고 부드러운 빵 • 간편한 패스트푸드 • 질보다는 양이 우선인 제품 선호 • 이스트 이용 빵 생산	• 기능성, 건강지향적 제품 • 데커레이션보다는 가벼운 식감의 케이크 선호 • 저칼로리, 저당, 저지방제품, 유기농제품 • 보리, 현미, 호밀 등 거칠고 건강지향적 빵류 소비증가 • 양보다는 질이 우선인 제품 선호 • 천연발효종 이용

⑥ 방송에서 인기를 모은 다양한 캐릭터를 이용한 캐릭터빵은 꾸준한 인기제품이다.

(4) 냉동생지의 급성장

① 냉동생지란 빵의 반죽상태 및 1차 성형 후 급속 동결하여 필요한 때 해동하여 재가공 후 오븐에서 바로 구워먹을 수 있는 제품이다.

② 국내에 냉동생지가 처음 소개된 것은 1980년대 '바로방'이라는 제과점에서 페이스트리와 모카빵 등 일부 제품에 냉동생지를 적용하였고 양산업체 최초로는 기린식품에서 '크리상 트리'라는 브랜드로 6~8가지 냉동생지(페이스트리류)를 생산하였다.

③ 서울식품은 냉동생지사업에 공격적으로 투자하여 업계를 선도하고 있으며 일본, 대만 등 지속적인 수출 및 내수로 매출신장을 하고 있다. 2010년 냉동생지 매출 신장률이 전년 대비 약 33%를 기록하였다.

④ 프랜차이즈 베이커리 제품의 약점인 신선도, 인력수급 등의 문제를 해결할 방법으로 냉동 생지를 자사 프랜차이즈에 공급하면서부터 냉동생지에 대한 고객의 관심과 제빵업계의 냉동생지 기술개발이 활발하게 이루어졌다.

⑤ 국내 프랜차이즈 베이커리업계 및 할인점 인스토어 베이커리에서는 자사별로 차별화된 기술로 냉동생지를 제조하고 있으며 판매 비중은 매년 증가추세에 있고 각 사별 제조기술 이 치열하게 발전하고 있다.

⑥ 냉동생지는 빵 산업에서 해외로 수출되는 품목 중 하나이다.

〈양산 빵시장 동향 요약〉

구분	요약
시장 특성	• 빵류의 소비 증가에 따라 제빵시장 성장세 • 원재료의 수입 의존도가 높아 환율이나 원자재 가격의 변화에 민감하게 반응
시장제품 동향	• 웰빙트렌드에 부합하여 지역 특산물, 우리쌀, 우리밀 제품을 출시하고 있음 • 드라마 '제빵왕 김탁구'의 인기가 김탁구 관련 제품의 인기로 이어졌으며 양산 빵에 대한 이미지 상승
원료 및 유통	• 가루, 설탕 등의 주원재료 가격이 크게 오름 • 주 유통경로였던 대리점의 비중이 점차 줄어들고 있음
해외시장	• 파이와 케이크에 대한 수출은 증가하고 수입은 감소 추세임
마케팅 및 애로사항	• 고객의 기호 변화에 맞춰 다양한 신제품 출시에 집중 • 원재료비 상승으로 인한 원료 수급문제, 대형 유통업체와의 거래관계 유지, 고 령화로 인한 인건비 상승

〈농림수산식품부(2011), 가공식품 세분화시장 현황조사〉

2 국내외 기술동향

1) 국내 기술동향

(1) 우리밀, 우리쌀 제품

① 수입원료에 대한 소비자들의 불신이 늘면서 제빵업계 전반에서 우리밀에 대한 관심이 늘어나는 추세이다.

② 우리밀의 수요는 늘어나고 제빵고객의 우리밀에 대한 관심은 커지고 있으나 우리밀의 수급과 제분문제 등은 개선해야 할 부분이다.

③ 2010년 5월 '(사)국산밀산업협회'가 설립되어 시장에서 요청하는 물량을 안정적으로 생산할 수 있는 기반을 마련하고, 우리밀 수요업체는 고품질 우리밀 제품을 개발해 국민에게 안정적으로 공급함으로써 우리밀 자급률을 10%까지 끌어올리겠다는 정부의 목표에 부합할 수 있을 것으로 기대된다.

④ 정부의 쌀 소비 촉진 정책과 웰빙을 추구하는 제빵 소비자들의 건강지향적 제품 요구가 맞물려 우리쌀을 이용한 다양한 제과제빵 제품의 기술적인 개발이 이루어져야 한다.

(2) 천연 발효빵

① 자연의 재료를 이용하여 장시간 발효하여 만드는 천연 발효빵에 대한 소비자의 인식이 높아져 관련 제품의 개발이 활발히 이루어지고 있다.

② 다양한 천연 효모의 개발과 기술적 측면을 고려한 제품의 개발로 성공하는 점포가 늘어나고 있다.

③ 천연 발효종의 사용 기술을 다양하게 습득하고 이에 따른 제품의 개발이 이루어져 소비자의 니즈를 충족시켜 주고 있다.

(3) 샌드위치 빵의 도약

① 빵 속재료에 따라 다양한 맛을 낸다는 장점으로 경기 불황 속에서도 그 수요가 꾸준히 늘고 있어 고객의 수요를 만족시키는 샌드위치 개발기술이 꾸준히 연구되고 있다.

② 거칠지만 유기농 재료를 사용한 웰빙 트렌드에 맞는 샌드위치 빵이 제과점과 프랜차이즈점에서 다양하게 개발되고 있다.

(4) 웰빙 트렌드 제품

① 웰빙 트렌드에 맞춰 각 업체들마다 소비자들의 요구와 높아진 입맛을 사로잡기 위해 웰빙형 제품들을 많이 출시하고 있다.

② 보리, 옥수수, 호밀, 고구마, 호두 등 몸에 좋은 곡물과 견과류를 활용한 빵뿐만 아니라 유산균, 비타민 등을 첨가한 제품의 기술개발이 이루어지고 있다.

(5) 디저트 제품

① 젊은 여성들 사이에 디저트를 즐기는 문화가 생기면서 디저트와 카페가 결합된 디저트 카페와 디저트와 뷔페를 결합시킨 디저트 뷔페 시장이 급속도로 확산되고 있다.

② 디저트 카페의 열풍은 거리의 풍경까지도 바꾸고 있으며 제빵업계에서도 이에 발맞춰 다양한 디저트 제품을 출시하고 있다.

③ 푸딩, 컵케이크, 마카롱, 소형 케이크, 쇼트케이크, 푸딩 등 다양한 디저트 제품을 트렌드에 맞게 출시하고 이에 따른 기술의 개발이 이루어지고 있다.

2) 외국 기술동향

(1) 해외 기술동향

① 가능하면 해외 식품 관련 박람회에 참석하여 보고 듣는 것이 중요하며 인터넷을 통한 정보를 활용하여 해외기술 동향을 살펴 국내기술에 접목한다.

② 수시로 국내에 초청되는 해외기술자들의 세미나에 참석하여 선진기술의 동향을 지켜보는 것이 중요하다.

(2) 해외시장의 위상과 경쟁력

① 파리바게트 등 프렌차이즈업체와 샤니 등 양산업체는 물론 일반 윈도 베이커리도 현재 다양한 나라에 진출하여 성공을 거두고 있다.

② 우리나라 제과제빵 제품은 동남아시아는 물론 원조인 프랑스 등 유럽시장에서도 경쟁력 있는 제품으로 평가받고 있다.

(3) 세계 3대 식품박람회

① 동경국제식품박람회(FOODEX JAPAN)는 동경에서 열리는 식품박람회로 매년 3월에 개최되며 자세한 내용은 홈페이지(www.jma.or.jp/foodex)를 참고한다.

② 독일식품박람회(ANUGA)는 쾰른식품박람회라고도 하고, 홀수해 10월에 개최되며, 자세한 내용은 홈페이지(www.anuga.com)를 참고한다.

③ 파리식품박람회(SIAL PARIS)는 1964년에 시작되어 격년으로 짝수해 10월 중에 개최되는 박람회로, 자세한 내용은 홈페이지(www.sialparis.fr)를 참고한다.

3 제품 콘셉트

1) 제품 콘셉트 개발

(1) 제과제빵에서 제품 콘셉트란 소비자에게 제품의 질과 맛을 명확하게 부여하기 위하여 계획을 짜는 것이라 할 수 있는데 목표 소비자를 정하여 그들의 문화와 그들에게 필요한 맛과 향 등의 욕구를 조사하여 이 제품만이 가지고 있는 특징을 살려서 고객의 니즈에 다가설 수 있게 하는 것이다.

(2) 제품 콘셉트를 개발하기 전에 시장에서 다양하게 개발된 제품을 조사하고 거기에 사용된 재료와 재료의 조합, 색상, 가격, 재료 수급 등을 조사하면 제품의 트렌드에 대하여 알게 되어 신제품의 콘셉트 개발에 유익하게 활용할 수 있다.

(3) 제품 이름 결정은 제품의 특성을 나타낼 뿐만 아니라 소비자에게 제품을 인식시키는 데 아주 중요한 요소이므로 신중하게 결정해야 하는데 재미나고 쉽게 제품을 두뇌에 각인시킬 수 있는 단어의 선택을 위하여 시장조사를 할 때 유심히 관찰하여 기록하고 참고할 필요가 있다.

2) 시장제품 조사

〈프랜차이즈의 제품〉

업체	제품(신제품 포함)
P사	• 단팥크림 코팡, 밤크림 코팡 • 단호박브레드, 추억의 옥수수 크림치즈빵 • 치즈갈릭브레드, 옛날콩고물빵 • 크로크 부슈, 오리통단팥빵, 우리땅강낭콩빵 • 강원도찰옥수수 소보루 크림빵 • 초코반딸기반 케이크, 카페아다지오 티라미수 • 가을사과요거트, 그릭요거트케이크 등

T사	• 콘샐러드볼, 구운피자만두브레드 • 콘브레드, 빵 속의 순땅콩호박 • 흑보리브레드, 흑보리치아바타 • 뉴애플스트로젤, 순땅콩찹쌀바게트 • 빵속의 리얼초코, 감자가 좋아 치즈스틱 • 땅콩순꿀카스테라, 클래식녹차케이크 • 모카마일드 케이크, 패션마카롱 등
S사	• 쌀눈식이섬유빵, 홈그레인 식빵 • 디너롤, 검은콩 우유식빵 • 신라국화빵, 전두부스낵 • 동글이, 매콤감자링 • 퀘사디아, 베리도넛 등

〈출처: 각사 홈페이지 참고, 2016년〉

〈유명 과자점 제품〉

업체	제품(신제품 포함)
A(서울) 과자점	• 크네커 핫도그, 몽블랑 • 흑임자후루마주, 생크림앙팡 • 달달한 가을밤, 치즈인더케이크 • 런치브레드, 천연효모레즌 • 노아레잔, 루비깜빠뉴 • 마카다미아 치즈케이크, 당근케이크 등
B(서울) 과자점	• 까만식빵, 발아현미식빵 • 쫀득이 호빵, 베리베리프로마쥬 • 쁘띠팡오시리즈, 치즈에삐 • 파베도르, 비엔나 • 에그조티끄라떼, 상파레이유 등
C(부산) 과자점	• 비어스틱, 세사미스틱 • 갈릭러스크, 호박 구레볼 • 브릿지 파운드, 생크림 쌀롤 • 마롱카스테라, 완두앙금브레드
D(부산)과자점	• 검정고무신, 흰고무신 • 명란바게트, 오징어 먹물빵 • 로꼬꼬

〈출처: 각사 홈페이지 참고〉

4 제품 개발기획서

1) 제품 개발기획서 정리

(1) 제품 개발기획서는 제품을 기획하게 된 배경이나 목적, 판매전략, 기존 제품과의 차이점 등을 기록한 것이다.

(2) 제품 개발기획서 작성 시 개발 일정이나 개발 목표, 개선 방향, 제품과 관련된 타당성 조사와 검토를 통해 개발 비용, 시간, 소요설비 등을 함께 검토하여 기재하도록 한다.

(3) 제품에 필요한 원재료의 구매는 용이하게 이루어져야 하므로 구매에 필요한 수급 조건이나 가격 등을 꼼꼼히 살피고 제품에 부합하는 제품콘셉트, 타깃 고객을 설정하여 작성한다.

2) 제품 개발기획서 작성절차(출처: NCS)

(1) 전체 요약을 작성한다

- 기획서의 내용을 한눈에 알아보기 쉽게 요약하여 한 장으로 적는다. 기획 배경, 분석 및 시사점, 개발 제품 전략, 결론을 간략히 적는다.

(2) 제품 기획 배경을 작성한다

- 신상품 개발 목적 또는 기존 제품 품질 향상의 필요성을 적는다.

(3) 시장조사와 분석한 내용을 작성한다

- 환경 분석과 SWOT 분석을 통한 시장 규모 및 성장성, 고객의 니즈, 경쟁사 분석, 표적시장 및 자사 상품의 포지셔닝(Positioning) 등을 적는다.

(4) 타당성 분석 결과 및 시사점을 작성한다

- 생산을 위한 원재료 확보 방안, 원재료 구매 및 원가, 가격 예측, 투자 규모 예측, 개발을 위한 기술부서 및 생산부서와의 합의 등의 내용을 적는다.

(5) 제품의 개요 및 차별화 전략을 작성한다

- 개발하고자 하는 제품의 특징, 차별화 전략 등의 내용을 적는다.

(6) 제품 개발 및 테스트 일정을 작성한다

- 필요 기술, 기술의 확보 방안(기술 확보 여부, 사용허가권, 기술 구매, 기술 인력 스카우트

등)을 적는다.

- 개발일정의 경우 왼쪽에는 개발에 따른 항목을 적고, 오른쪽에는 기간을 적는다. 기간은 업장 상황에 맞도록 일 단위, 주 단위로 조정하면 된다.

(7) 결론을 쓰고 기획서를 완성한다

- 제품 개발의 추진 당위성, 기대 효과와 위험 요인(Risk factor)을 적는다. 회사 내 관련 부서와의 협조사항을 정리한다.

3) 신제품 개발기획서 작성

〈컵케이크 제품 개발기획서 예시〉

기획서 목차	제품 개발기획서
전체 요약	• 스몰 럭셔리 트렌드 • 미국 드라마로 인하여 컵케이크 인지도 및 요구도 상승 • 천연 색소로 만든 한국형 컵케이크 출시로 인하여 매출 이익에 기여
기획 배경 및 목적	• 미국 드라마 방송으로 인한 컵케이크의 관심도 폭증 • 안전에 따른 홀케이크(whole cake)보다 1인 케이크 선호
시장조사와 분석	• 가로수길을 중심으로 소규모 컵케이크 전문점 현장 답사 • 소비자 선호도 조사
타당성 분석	• 제품 추가로 인한 직원 기술 교육이 필요함 • 미국식이 아닌 한국식의 컵케이크 개발로 차별화 가능성
제품의 개요	• 미국식 컵케이크가 아닌 당도를 줄이고 천연 색소로 아이싱을 만든 컵케이크
제품 개발 및 일정	• 7주 후 출시
결론	• 새로운 제품의 추가로 블로그 노출 빈도 상승으로 인한 홍보효과 • 매출 향상에 기여

〈출처: NCS〉

3-2 제품제조하기

1 제품기획서

1) 제품기획서 정리

(1) 새로운 제품 개발이나 기존 제품의 개선에 대한 내용을 기록한 서식으로 이는 제품의 개발 및 판매를 촉진하고 제품 라인을 구성하여 제품 생산의 계획을 세우는 것을 말한다.

(2) 제품기획서에는 제품을 기획하게 된 배경이나 목적, 제품 스펙, 판매전략, 기존 제품과의 차이점, 향후 개선일정이나 개선목표, 개선방향 등도 함께 나타낸다.

(3) 제품 개발기획서란 특정 상품을 개발하는 데 필요한 세부계획을 기재한 문서를 말하며 개발 대상, 개발 동기 등을 비롯하여 개발에 따른 기대효과 등을 세부항목으로 구분하여 각 항목에 구체적인 내용을 나타낸다.

2) 제품기획서 작성방안

(1) 기획자의 이름을 적는다.

(2) 제품명은 그 상품의 얼굴이므로 신중하게 결정하고 가능하면 소비자에게 어필할 수 있고 제품의 특징을 살릴 수 있는 이름을 정한다.

(3) 제품의 구분을 정한다.
  ① 전략상품: 수익상품은 아니나 계절성 및 전략적인 상품을 말한다.
  ② 주력상품: 수익성 상품이면서 가장 메인인 상품을 말한다.
  ③ 보완상품: 수익성도 아니며 전략적 상품도 아닌 보조상품을 말한다.

(4) 제품의 스펙은 재료, 모양, 맛 등에서 다른 상품과 비교 우위의 차이점을 찾아 기록하고 제품에 잘 살려 나타내도록 한다.

(5) 기존제품이나 경쟁제품과의 차이점 중 장점을 기록한다.

(6) 홍보 및 판매 마케팅 전략을 수립한다.

(7) 제품 제조과정이나 제품 자체의 문제점을 찾아낸다.

(8) 향후 개선점을 일정과 함께 기록한다.

〈제과제빵 제품기획서〉

제품기획서			
		기획자	
제품명			
제품구분	□ 전략상품	□ 주력상품	□ 보완상품
제품가격	원가 : 원	판매가 : 원	
배경 및 목적			
제품스펙	재료		
	모양		
	맛		
	기타		
제품장점			
마케팅			
문제점			
향후개선점	개선원인		
	개선목표		
	개선방향		
	개선일정		
사진자료		비고	

2 신제품 개발

1) 원료, 설비 준비

(1) 신제품을 개발하기 위한 원재료의 수급은 제품의 콘셉트와 제품기획서에 따라 최상의 제품을 이끌어낼 수 있는 재료를 준비한다.

(2) 같은 재료라도 원가에 미칠 수 있는 원재료의 가격에 신중을 기하여 제품에 영향을 미칠 수 있는 등급의 재료를 파악하고 결정한다.

(3) 제품 제조에 원활을 기하기 위하여 기계, 기구 등의 설비를 충분히 검토하여 원가에 영향을 미치지 않으면서 최상의 제품을 얻을 수 있는지를 파악하여 준비한다.

2) 신제품 개발작업

(1) 신제품을 제조할 때는 제품기획서에 따라 제조하지만 원재료의 특이성을 살려 제품에 어떻게 나타낼지를 생각하면서 작업한다.

(2) 제품 재료 간의 어울림이 맛에 큰 영향을 미치므로 재료의 양과 손질, 배합 등 각각의 재료를 어떻게 조합하여 어울리는 맛을 구현할지를 생각하고 작업한다.

(3) 원가는 신제품 개발의 중요한 고려사항이므로 아무리 좋은 재료라도 지나친 원가는 소비자의 외면을 받을 것이므로 판매가와 소비자 만족도 간의 균형을 이룰 수 있게 조정하여 작업한다.

(4) 소비자는 눈으로 먼저 먹는 것이므로 제품의 색상, 모양 등 겉으로 보이는 것도 맛에 못지않게 중요한 사항이므로 토핑의 재료선택과 일정하고 보기 좋은 모양의 최상의 제품으로 작업한다.

(5) 신제품은 쉽게 결정할 것이 아니라 몇 번의 시제품을 만들어 고객과 함께 테스트함으로써 최상의 제품이 나올 수 있게 한다.

〈신제품 개발 시 고려해야 할 사항〉

지식	기술	태도
• 원부재료에 대한 지식 • 제조방법에 대한 지식 • 제조원가 분석 지식 • 제품규격, 위생 등 인허가 준수 지식	• 제과 제조기술 • 식품위생법규 적용 능력 • 원재료의 탄력적 사용 능력 • 생산장비에 대한 조작기술 • 제조원가 산출능력 • 배합비 및 제조공정 작성기술	• 고객니즈에 대한 적극적 수용 • 제품 제조 시 재료 사용에 대한 창의적 사고 • 제조기술 개발에 대한 지속적 노력 • 제품규격, 위생 등에 대한 인허가 준수

〈출처: NCS〉

3) 신제품 개발 전후 조사

(1) 최종제품이 나오기 전 시제품을 만들어 시식과 품평회를 통하여 고객의 니즈를 살피고 원가를 산출하여 원가에 맞는 적당한 제품이 될 수 있게 해야 한다.

(2) 고객의 니즈만 생각하다 보면 원가에 소홀할 수 있으므로 주의하며 원가에만 집착하다 보면 고객의 니즈를 충족할 수 없는 제품이 되기 쉬우므로 상호 보완할 수 있는 합의점을 찾는 것이 중요하다.

(3) 원재료의 수급을 원활하게 할 수 있도록 하고 재료의 활용성을 조사하여 재료의 허실이 없게 조치한다.

(4) 최종제품의 결정과 더불어 기술 수준에 맞는 인력을 배치하고 작업 지침서에 따른 설비의 운용을 최상으로 끌어올리며 인력의 낭비 없이 작업이 원활하게 이루어지도록 한다.

(5) 최종제품이 결정되면 작업과정 중 발생할 수 있는 위해요소를 점검하고 사전에 조치를 취한다.

(6) 최종제품의 포장, 진열, 판매 등 전반적인 제품처리 방향을 결정하고 남은 제품의 처리도 원활하게 이루어질 수 있도록 한다.

3 작업지침서

1) 작업자의 기술수준

(1) 작업자의 경력과 기술수준에 따른 작업능력을 분석하여 작업지침서에 세부 작업별 작업자를 지정하여 관리한다.

(2) 작업자의 장비 운용능력을 숙지하여 작업에 차질이 없도록 장비별 작업자의 운영을 작업지침서에 명기한다.

(3) 작업지침서는 기술수준에 따른 작업이 원활하게 이루어질 수 있도록 모든 작업자가 숙지하게 한다.

(4) 다음은 제과제빵에 대한 산업현장에서의 직무능력 수준을 2~7단계로 구분하여 정리한 국가직무능력표준 사이트의 내용으로 노동시장 분석에서 베이커리의 직책들을 직무능력 수준별로 정리한 것이다.

2) 신제품 생산 작업지침서

〈작업지침서 작성 시 고려해야 할 사항〉

부문별	고려사항
작업안전관리	기계 및 기구의 작동방법을 숙지하고 안전하게 사용한다.
	기계 및 기구의 사용을 적소에 하여 작업능률을 향상시킨다.
	작업환경의 위해요소를 제거하여 사고를 예방한다.
위생안전관리	개인위생을 철저히 한다.
	기계 및 기구의 위생을 관리하여 오염요소를 제거한다.
	작업환경에서 위생적인 측면을 고려하여 철저히 관리한다.
제품생산관리	작업의 순서를 정하여 철저히 관리한다.
	재료의 전처리 등 사전작업의 지침서를 마련하고 관리한다.
	작업 중 재료의 낭비가 없게 하며 최대의 효과가 있게 사용한다.
	판매와 생산이 균형을 이루는 적정량을 생산할 수 있게 한다.
	재료 재고량을 적정수준으로 유지하여 수급을 원활하게 한다.
	완제품의 취급에 관한 매뉴얼을 작성하고 관리한다.

3-3 제품평가하기

1 제품평가방법

1) 제품평가의 의의

(1) 완성된 제품은 고객의 입장에서 먼저 평가할 수 있어야 하는데 고객은 가격 대비 품질을 만족하는 정도에 따라 제품을 평가하게 된다.

(2) 생산자는 평가를 통해 제품의 품질은 물론 가격 면에서 무시할 수 없으므로 품질과 가격의 균형점이 맞는 제품을 찾을 수 있는 평가방법을 수립해야 한다.

(3) 제품을 확정하기 전 생산자 평가와 고객평가를 하여 부족한 부분을 수정하여 제품을 결정하고 생산해야 한다.

(4) 제품의 평가방법으로는 먼저 생산자의 미팅을 통하여 제품이 계획한 대로 생산되었는지를 확인하고 대고객 시식과 간단한 설문을 통하여 제품의 만족도를 조사하여 제품에 반영시켜야 한다.

(5) 제품의 특성에 따른 평가방법을 세부 검토한 후 설계 제품별 항목을 만들고 그 항목에 따른 기록을 관리하여 제품의 결정에 도움이 되게 해야 한다.

2) 설계제품과 시제품의 비교

(1) 설계제품의 평가항목을 먼저 정한 후 만들어 나온 시제품과 비교 평가하고 평가된 근거에 의한 설계를 변경하여 시제품을 만들어본다.

(2) 설계제품과 시제품의 차이점을 생산자의 토의를 통하여 밝히고 그 차이를 없애는 제품의 생산방법에 관해 논의한다.

(3) 몇 번의 시제품을 평가한 후 생산자의 만족이 이루어졌으면 비슷한 시장제품을 구하여 시장에서의 비교 평가를 할 필요가 있는데 이는 시장에서의 경쟁력 제고에 꼭 필요한 과정이다.

〈설계제품과 시제품 비교의 예〉

구분		설계제품	시제품
외형	모양	일정, 트렌드	약간 찌그러짐
	껍질색	황금갈색	너무 짙음
	부피	성형품의 2배	지나친 큼
	터짐	적당	많이 터짐
	균형	양호	미흡
내형	기공	조밀함	큰 기공

	내상	부드러움	약간 거칢
	속균형	기공의 균일함	고르지 못함
	색	밝음	약간 어두움
맛	단맛	적당	적당
	짠맛	느끼지 못할 정도	적당
	조화	입안의 부드러움	약간 거칢
가격	고가		제품에 비해 고가인 듯
	적정가	적정가	
	저가		
고객선호도	가격	양호	비싸다
	양	적당	적다
	만족도	최상	불만

2 최종제품 규격서

1) 제품 규격서의 개념

(1) 제품 규격서란(product specifications) 제품을 생산하는 기업에서 다양한 종류의 제품을 규격 사항에 따라 분류하여 기록하는 문서를 말한다.

(2) 제품 규격서는 제품의 품질을 위해 개인의 차를 없애고 동질의 제품을 생산할 수 있도록 관리하는 작업이다.

(3) 최종제품이 결정되면 작업공정을 기록하고 제품에 대한 상세한 규격서를 작성한다.

(4) 최종제품의 규격서에는 제품의 양은 물론 사용재료의 내역과 유통, 보관 및 저장, 가격 등을 나타낼 수 있게 한다.

2) 제품 규격서의 구성

(1) 제품명

① 제품명에는 개발된 제품명을 적는다.

② 제품명은 제품의 판매에 많은 영향을 미치므로 제품 사용재료의 특징을 잘 나타내고 고객의 머리에 잘 각인될 수 있도록 신중하게 결정해야 한다.

(2) 제품코드 작성

① 제품 분류코드를 만들어 찾기 쉽게 제품마다 코드를 부여한다.

② 제품코드는 B-001=브레드, C-001=케이크 등으로 구분하여 번호를 붙인다.

(3) 완제품 중량

① 완제품의 중량은 00g 이상으로 표현한다.

② 표시중량 이하가 되지 않게 한다.

(4) 생지 분할 중량

① 생지 중량은 토핑이나 충전물을 제외하고 생지의 무게를 말하며 g 단위로 기록한다.

② 제품의 원가와 연동하여 생지 분할 중량을 구해야 한다.

(5) 충전물 중량

① 충전물 중량은 1개당 속에 들어가는 충전물의 양을 말하며 g 단위로 기록한다.

② 제품의 균일한 맛과 모양을 위하여 일정하게 넣을 수 있게 한다.

(6) 당도

① 각각의 제품에 들어 있는 설탕의 양을 mg(혹은 g) 단위로 나타낸다.

② 제품의 당도를 Brix(100g당 설탕량 g)로 나타내기도 한다.

(7) 염도

① 제품 속 나트륨 함량을 mg(혹은 g) 단위로 기록한다.

② 제품의 염도는 ppm으로 나타내기도 한다.

(8) 보관 및 유통온도

① 각 제품의 보관온도를 기록한다.

② 유통할 때 지켜야 할 온도를 기록한다.

(9) 포장단위

① 판매 포장단위를 기록한다.

② 개별 포장 개수를 기록한다.

(10) 원가

① 제품의 재료 원가를 기록한다.

② 재료 원가는 재료의 허실을 포함하여 실재 원가를 산정하여 기록한다.

(11) 판매가격

① 판매가를 기록한다.

② 판매가격을 정할 때는 영업 방침과 경쟁제품의 가격, 고객의 입장을 고려해서 결정하고 기록한다.

(12) 유효기간

① 유효기간은 제조일을 기준으로 기록한다.

② 유효기간의 표시방법을 기록한다.

(13) 중요재료

① 제품의 중요 재료와 양을 기록한다.

② 중요 재료 중 특징을 나타내는 재료를 선정하여 기록하고 산지도 함께 기록한다.

(14) 작업공정

① 작업공정 중 특이사항과 지켜야 할 의무사항을 기록한다.

② 안전작업을 할 수 있고 위해요소를 예방할 수 있게 기록한다.

(15) 기타

① 제품별 시제품과 비교, 경쟁상품과의 비교 등 추가사항을 기록한다.

② 기타 제품별로 필요하다고 할 수 있는 사항을 추가하거나 기타에 기록한다.

〈제품 규격서 예시〉

제품명		팥앙금빵	제품코드	B-0000
중량	완제품(g)	65이상		
	생지중량(g)	40		
	속(필링)중량(g)	30		
성분중량	당도(Brix)			
	염도(ppm)	0.2		
보관 및 유통온도		12℃	포장단위	개별포장
원가		312원	판매가격	1,000원
유효기간		제조일로부터 2일		

중요재료	밀가루, 팥앙금, 설탕, 버터, 호두 등
작업공정	◆ 혼합순서-후염법으로 　o 소금, 달걀, 물, 유지와 팥앙금을 제외한 전 재료를 넣고 1단으로 가볍게 섞는다. 　o 달걀, 물을 넣어 수화시키고 2단으로 반죽을 한다. 　o 클린업단계에서 유지를 첨가한다. 　o 유지가 충분히 섞이면 소금을 넣고 최종단계까지 반죽으로 만든다. ◆ 반죽상태 　o 글루텐의 피막이 곱고 매끄러운 상태의 반죽이 되어야 한다. ◆ 반죽온도 　o 반죽온도는 22℃이다.(24℃ 이하) ◆ 1차발효 　o 발효실온도: 27℃, 습도: 75~80%, 발효시간: 30분 정도 　o 일반 단과자 빵에 비해 어린 발효이다. ◆ 분할, 둥글리기, 중간발효, 성형, 패닝 　o 40g씩 40개로 분할한다. 앙금은 30g으로 한다. 　o 표면을 매끄럽게 둥글리기하고 10분 정도 중간발효한다. 　o 성형: 가스빼기와 앙금 싸기를 정확하고 능숙하게 한다. 　o 패닝: 평 철판에 기름칠을 고르게 하고 적절한 간격으로 패닝한다. ◆ 2차발효 　o 발효실온도: 30℃, 습도: 85%, 발효시간 : 40분 정도 　o 가스 포집력은 최대이나 지치면 안 된다. ◆ 굽기 　o 오븐온도: 아랫불 170℃, 윗불 210℃, 굽기 : 11분 　o 구워 나온 빵은 녹인 버터를 발라 마무리한다.
기타	1. 포장 후 유효기간을 붙인다. 2. 앙금은 직접 만들어 사용한다. 3. 통팥과 으깬 팥의 비율은 1:1로 한다.

제4장 품질관리

4-1 품질기획하기

1 품질기획

1) 품질기획의 의의

(1) 품질기획은 제품을 개발하고 제품에 대한 품질을 향상시키기 위해 제품의 생산목적, 재료의 구성, 제조법 등을 이해하고 품질관리를 위해 전체적인 계획을 수립하여 실행하기 위한 방법을 설정하는 것을 말한다.

(2) 품질기획은 경영 목표, 투자 계획, 생산하는 제품, 현장의 설비, 사용하는 원료 등을 바탕으로 수립한다.

(3) 품질기획서에는 품질 향상 방안을 기획하게 된 배경이나 목적, 품질 향상 전략, 기존 제품과의 차이점, 향후 개발 일정, 개발 목표, 개선 방향 등을 함께 기재한다.

(4) 품질기획 시 계획(plan)-실행(do)-확인(check)-조치(action)의 단계별 연계성을 지속적으로 할 수 있는지 고려해야 한다.

2) 품질기획 수립

(1) 경영 목표

① 경영 목표란 회사가 설정한 목표를 달성하기 위해 계획을 세워 실천하는 방향을 제시하는 것이다.

② 경영 목표에 맞게 품질기획을 세워야 효과적으로 수행할 수 있으며 잘 기획된 다른 회사의 품질기획서를 도입하더라도 우리 회사의 목표에 맞추어 품질기획을 세워야 한다.

③ 제과제빵의 경영 목표는 제품의 맛과 모양, 식품 안전과 고객만족, 트렌드 제품 공략, 주위 경쟁제품 우위전략, 불량제품 제로, 저비용 고효율, 저가제품 공략, 고가고급제품 공략 등 다양한 경영 목표를 생각할 수 있다.

(2) 투자 계획

① 회사의 운영계획에 따른 투자 계획을 미리 파악하고 그에 맞는 품질기획을 세워야 한다.

② 품질관리를 위해서 필요한 재정의 지출은 필수적이므로 새로운 사업을 진행하거나 기존의 설비를 향상하기 위한 계획이 발생하면 그에 맞는 품질관리에 대한 투자계획을 세우고 사후관리가 잘 될 수 있도록 한다.

③ 새로운 제품을 개발하거나 기존의 설비를 향상하기 위한 계획이 발생하면 그에 맞는 품질관리에 대한 투자계획을 세워야 한다.

(3) 품질관리기법의 도입

① 국제표준화기구(ISO=international organization for standardization)

- ISO는 민간단체 회원들로 구성된 세계에서 가장 큰 단체로서 품질, 안전, 효율 등을 보장하기 위해 제품, 서비스, 시스템에 대한 세계 최고의 규격을 제공한다.
- 주요 활동 내용은 국가 간의 규격을 조정·통일하고, 경제적 서비스, 국제적 교류 등 다양한 활동분야의 협력을 증진시켜 국제적 교류를 활성화시키는 데 그 목적을 두고 있다.

② 도입의 필요성

- 품질경영시스템(QMS=quality management system)의 세계화 추세에 부응하고 글로벌한 고객의 요구가 그대로 품질로 구현되는 기업 역량의 강화를 위하여 필요하다.
- 국제환경변화에 대한 능동적, 효율적인 대비가 경제협력개발기구(OECD=organization for economic cooperation and development) 가입으로 더욱 가속화되는 무한경쟁에 적극 대응하기 위해 필요하다.
- 기술축적, 품질향상, 품질고급화, 원가절감으로 경쟁력을 제고할 수 있다.
- 판매, 생산 및 기술개발을 중심으로 한 관리효율과 이미지 제고 및 리더십 향상을 위하여 매뉴얼화된 관리가 필요하다.
- 고객의 기대와 요구에 부응할 수 있는 최적의 경영시스템을 구축할 수 있다.
- 모기업체와 협력업체의 품질시스템 일관성으로 제품과 서비스의 질 향상을 기대한다.

(4) 품질관리기법의 종류

① ISO9001(품질경영시스템)

- 국제표준화기구(ISO)에서 제정한 품질경영시스템에 관한 국제표준으로서, 고객에게 제공되는 제품이나 서비스 실현체계가 규정된 요구사항에 만족하고 있음을 제3자 인증기관에서 객관적으로 평가하여 인증해 주는 제도이다.
- 공인된 인증기관의 심사를 통하여 제품 및 서비스에 대한 품질인증이 아닌 생산·공급하는 품질경영시스템을 평가하여 인증하는 것이다.

② ISO22000(식품안전경영시스템)

- 식품안전경영시스템인 ISO22000은 식품산업의 위생관리를 품질경영 시스템(QMS) 차원에서 접근하여 국제표준화한 규격이며, 이는 식품산업의 안전경영 시스템을 국제적으로 인증받는 제도이다.

- 식품산업에 필수적인 해썹(HACCP)과 품질경영 시스템(QMS)이 병합된 시스템이다.
- 식품산업의 해썹인증제도가 각 나라별로 운영방법이 상이하고, 정부주도 방식으로 강제성을 띄고 있는 반면에 ISO22000은 민간주도형으로 자율성 있게 고객만족을 중심으로 식품안전경영 시스템을 수립·운영할 수 있는 인증으로 국제표준화기구에서 정한 식품안전경영 시스템이며, 식품산업에 있어서 고객만족을 위해 국제적으로 필수적인 인증이 요구된다.

③ HACCP(Hazard Analysis and Critical Control Point)

- 해썹은 위해요소중점관리기준이라고 하며 생산-제조-유통의 전 과정에서 식품의 위생에 해로운 영향을 미칠 수 있는 위해요소를 분석하고, 이러한 위해요소를 제거하거나 안전성을 확보할 수 있는 중요 관리점을 설정하여 과학적이고 체계적으로 식품의 안전을 관리하는 제도이다.
- 해썹은 원료와 공정에서 발생 가능한 생물학적, 화학적, 물리적 위해요소를 분석하여 이를 예방, 제거 또는 허용 수준 이하로 감소시킬 수 있는 공정이나 단계를 말한다.
- 기존에는 최종 제품에 대한 무작위 검사로 위생관리가 이루어졌으나, HACCP은 중요관리점의 위해발생 우려를 사전에 제어하여 최종 제품에 잠재적 위해 우려를 제거하는 차이가 있다.

〈HACCP의 12절차 7원칙〉

단계	절차	설명	비고
1	HACCP팀 구성	• 팀 구성과 업무분담 • 조직 및 인력현황, 팀별 구성원 역할, 교대 근무 시 인수인계절차 등이다.	준비 단계
2	제품 설명서 작성	• 생산하는 제품에 대해 설명서를 작성한다. • 제품명, 제품 유형 및 성상, 품목제조보고 연월일, 제조(포장) 단위, 완제품 규격, 보관 및 유통 방법, 포장 방법과 포장 재질, 유통기한, 표시사항 등이 해당된다.	
3	용도 확인	• 예측 가능한 사용방법과 범위 그리고 제품에 포함될 잠재성을 가진 위해물질에 민감한 대상 소비자를 파악하는 단계이다. • 가열 및 섭취방법, 소비대상 등이 해당된다.	
4	공정 흐름도 작성	• 원료 입고에서부터 완제품의 출하까지 모든 공정단계를 파악하여 흐름을 도식화한다. • 제조 가공 조리 공정도, 공정별 가공방법, 작업자 평면도, 환기 공조시설 계통도, 급수 및 배수처리 계통도 등이 해당된다.	
5	공정 흐름도 현장 확인	• 작성된 공정 흐름도가 현장과 일치하는지를 검증하는 단계이다.	

6	위해요소 분석 (hazard analysis)	• 원료, 제조공정 등에 대해 생물학적, 화학적, 물리적인 위해를 분석하는 단계이다. • 원부자재별, 공정별 위해요소에 대한 심각성과 위해발생 가능성 평가 • 위해요소 분석결과 및 예방조치, 관리방법	원칙 1
7	중요관리점(critical control point) 결정	• HACCP을 적용하여 식품의 위해를 예방, 제어하거나 안전성을 확보할 수 있는 단계, 과정 또는 공정을 결정하는 단계이다.	원칙 2
8	한계 기준 설정 (critical limit)	• 결정된 중요 관리점에서 위해를 방지하기 위해 한계 기준을 설정하는 단계로, 육안관찰이나 측정으로 현장에서 쉽게 확인할 수 있는 수치 또는 특정 지표로 나타내야 한다. • 온도, 시간, 습도 등을 설정하는 단계이다.	원칙 3
9	모니터링(monitoring) 체계 확립	• 중요 관리점에서 해당되는 공정이 한계 기준을 벗어나지 않고 안정적으로 운영되도록 관리하기 위해 종업원 또는 기계적인 방법으로 수행하는 일련의 관찰 또는 측정할 수 있는 모니터링 방법을 설정한다.	원칙 4
10	개선조치(corrective action) 및 방법수립	• 모니터링에서 한계기준을 벗어날 경우 취해야 할 개선조치를 사전에 설정하여 신속하게 대응할 수 있도록 방안을 수립한다.	원칙 5
11	검증절차(verification) 및 방법 수립	• 현재의 HACCP 시스템이 설정한 안전성 목표를 달성하는 데 효과적인지, 관리계획대로 실행되는지, 관리계획의 변경 필요성이 있는지를 검증한다. • 유효성 검증방법과 실행성 검증방법이 있는데 서류조사, 현장조사, 시험검사 등으로 이루어진다.	원칙 6
12	문서화 및 기록유지 (record keeping & documentation)	• HACCP 체계를 문서화하는 효율적인 기록 유지 및 문서관리 방법을 설정하는 것으로 이전에 유지 관리하고 있는 기록을 우선 검토하여 현재의 작업 내용을 쉽게 통합한 가장 단순한 것으로 한다. • 기록보관의무 2년	원칙 7

〈출처: 해썹 인용〉

2 품질관리

1) 품질관리의 방향

(1) 품질관리란 소비자에게 제공하는 제품이나 서비스의 질을 높이기 위해 제품의 품질을 관리할 수 있도록 기준을 마련하여 지속적으로 점검하는 모든 활동을 말한다.

(2) 경영목표와 재정을 감안한 투자계획을 파악하고 품질관리방안을 설정하여 수준에 맞는 품질관리가 이루어질 수 있게 해야 한다.

(3) 소비자가 기대하는 품질수준에 맞게 생산하기 위한 품질계획을 작성하고 그 계획을 달성하기 위한 관리방향을 제시해야 한다.

(4) 품질관리를 효과적으로 운영하기 위해서는 관리와 생산의 업무를 전문적인 능력을 갖춘 인력으로 나누어 조직의 장점을 최대한 살릴 수 있게 해야 한다.

(5) 품질관리 계획을 수립할 때에는 경쟁업체나 프렌차이즈 등에서 개발한 비슷한 제품에 대한 선진사례 분석을 통해 필요하면 우수한 품질수준을 수용하고 개선할 수 있어야 한다.

(6) 제품에 대한 효율적인 품질분석 능력을 배양하여 품질기획 시 반영해야 한다.

(7) 품질관리 시 소비자의 소득수준의 향상, 기호변화, 제과제빵제품의 내구성 향상으로 인한 유지비용, 제품의 신뢰성 등을 고려해야 한다.

2) 품질관리의 단계

(1) 원료 관리

① 재과제빵 원료 관리
- 제품의 특성에 맞는 적당한 원료이며 영양적 가치가 있는지 확인한다.
- 신선하고 안전하며 유통기한은 충분한지 확인한다.
- 꼭 필요하고 자주 사용하는 원료인지 확인한다.
- 알레르기(allergy)성분이 함유된 원료인지 확인하고 안전하게 사용할 수 있게 한다.

〈제과원료의 분류〉

분류	종류
곡류	밀가루, 호밀가루, 보리가루, 쌀가루, 옥수수가루, 전분 등
두류	팥, 대두 등
과일류	딸기, 사과, 복숭아, 배, 블루베리, 라즈베리 등
유가공품	우유, 치즈, 버터, 생크림 등
유지	마가린, 쇼트닝, 올리브유 등
당류	설탕(흑설탕), 분당, 과당, 꿀, 조청 등
견과류	호두, 피칸, 아몬드, 땅콩 등
기타	소금, 베이킹파우더, 이스트, 소다, 물, 제빵 개량제 등
알레르기 물질 함유 재료	난류, 우유, 땅콩, 대두, 메밀, 복숭아, 토마토 등

② 원료 선별 입고 및 보관
- 선별을 위한 적합한 환경이 설정된 공간과 도구, 선별 방법 및 측정된 결과 값에 대한 기준을 설정하여 정밀한 선별이 될 수 있도록 한다.
- 개별 제품의 특성에 맞지 않은 원료나 불량한 원료가 입고되지 않도록 한다.
- 원료를 보관 창고에 입고하기 전에 온도, 습도, 광선 등 보관 유형에 맞는 기준을 바탕으로 선별하여 보관한다.
- 선입선출이 가능하게 입고하고 관리에 용이하게 진열 · 보관한다.

〈원료 보관기준에 따른 온도규정〉

구분	온도(℃)
미온	30~40
상온	15~25
실온	1~35
냉암소	0~15
냉장	0~10
냉동	-18 이하

(2) 공정관리

① 제품 작업 공정마다 체계적인 관리 포인트를 설정해야 하여 생산에 필요한 원료의 선택으로부터 완제품을 생산하는 모든 공정을 이해하는 것이 공정 품질관리이다.

② 품질관리가 필요한 공정을 파악하지 못하고 제품을 생산하면 문제가 발생하여 원하는 제품을 생산할 수 없게 된다.

③ 공정관리를 파악하고 생산하게 되면 예측 불가의 문제를 미연에 방지할 수 있고, 만약에 발생했더라도 이를 신속하게 대처하여 안정된 제품 생산을 가능하게 한다.

④ 공정관리에 차질이 없이 설비를 활용할 수 있어야 계획된 생산을 할 수 있으므로 설비의 관리에 만전을 기해야 한다.

⑤ 생산하는 제품의 종류와 유형에 따라 제품 생산 흐름을 보여주는 다양한 제조공정도를 작성하여 관리해야 한다.

⑥ 제조공정도에 의해 제품을 만드는 설명서가 제조공정서인데 사용하는 원료 배합 비율, 반죽하는 방법, 분할과 정형 방법 등 자세하게 생산 방법을 기술하여 작업자가 활용할 수 있도록 한다.

⑦ 제조공정서는 제과제빵 레시피의 작성과 같은 것으로 제조원료, 반죽온도, 반죽 방법, 발효, 굽기, 포장 방법 등을 기록하는 것이다.

(3) 상품관리

① 어떤 상품이 팔리고 있는가를 통계적으로 파악해 이것을 기본으로 계획적인 생산을 하고 상품의 회전율을 높이는 동시에 불량재고를 두지 않도록 하는 것이다.

② 상품의 판매·재고량을 효율적으로 관리하는 것이다.

③ 상품관리는 상품의 품절을 방지하고 불량재고를 피해 전체적으로는 상품회전율을 높이고 자 하는 데 그 목적이 있다.

④ 상품 관리의 방법으로는 여러 가지가 있는데 일반적으로 금액관리와 수량관리로 나누어 지며 금액관리는 다시 매출가격관리와 원가관리로 구분된다.

4-2 품질검사하기

1 품질검사

1) 품질검사규격

(1) 품질검사란 제품 요구조건을 확인하기 위하여 직접 제품을 측정하거나 관측하는 활동이며 검사과정에 따라 원자재 검사, 부자재 검사, 공정 검사, 완성품 검사 및 납품 검사 등으로 구분할 수 있다

(2) 품질검사하기 전에 제품에 관한 품질 규격이 필요하므로 제품의 중량, 맛, 모양, 크기, 색깔, 포장 등의 제품 기준을 결정하여 품질검사규격을 마련해야 한다.

(3) 품질검사규격이 정해지면 검사에 필요한 장비와 제품 및 원재료의 품질특성에 관한 전문지식을 갖춘 인력, 품질검사방법을 정해야 한다.

2) 품질검사수행

(1) 품질검사규격과 품질검사조건이 모두 갖추어지면 계획에 따라 검사를 실시하는데 검사규격과 실행조건에 따른 꼼꼼한 관리를 한다.

(2) 규격에 어긋나거나 조그마한 이상이라도 발견되면 즉각적인 조치를 위하여 출고되지 않게 한다.

(3) 전체적인 품목검사 시 장단점을 파악하는 능력과 발취검사의 장단점을 파악하는 능력이 있는 인력의 양성이 필요하다.

(4) 품질관리 지침서에 따라 수행하는 능력이 있어야 하며 품질 이상 시 문제해결 능력도 매뉴얼에 의해 처리할 수 있게 해야 한다.

(5) 제품의 최종 사용자는 소비자이므로 고객의 취향을 고려하고 고객가치에 부합할 수 있게 객관적인 절차에 의해 품질검사가 이루어져야 한다.

3) 품질검사조건

(1) 외부 특성

① 크기: 제조공정 중 성형, 팽창 및 굽기가 일정해야 부피도 일정한 제품이 된다.

② 외부색택: 제품의 품질 특성에 따라 전체적으로 색상이 일정한 제품이 있는가 하면 부위별로 색상이 달라야 되는 제품이 있으므로 제품에 따른 색택을 관리지침서에 포함해야 한다.

③ 균형: 대칭성이나 겉껍질의 브레이크와 슈레드 등이 일정해야 한다.

(2) 내부 특성

① 기공: 내부 기공의 생성과 분포에 영향을 주는 공정은 제빵에서는 발효공정이고 제과에서는 기포의 형성이므로 공정상의 발효과정과 달걀, 유지 등의 기포 작업과정을 지켜 제품의 특성에 따른 기공의 일정함을 유지한다.

② 내부색택: 제품 재료에 따른 고유의 색상을 유지하는 것이 가장 이상적이며 적당하지 않은 색은 품질을 떨어뜨린다.

③ 조직감: 제품에 따라 내부 조직감이 다를 수 있는데 제품특성에 맞는 조직감을 유지해야 한다.

(3) 식감

① 빵과 과자의 향과 맛은 원·부재료에서 기인한 휘발성 성분과 신맛, 단맛, 짠맛, 쓴맛, 감칠맛 등을 나타내는 정미성분에서 유래된 물질들이며 발효와 굽기 공정 중 많은 성분이 발생된다.

② 빵과 과자의 맛과 입안의 촉감에 대한 특성은 물리적으로 표현이 불가능하여 주로 관능검사에 의해 관리되고 있다.

③ 제과제빵의 식감은 제품의 수분 함유량에 따라 달라질 수 있으므로 식감의 유지를 위한 굽기, 냉각 등의 과정에도 유의해야 한다.

(4) 기계적 특성

① 제과 및 제빵 경도의 물성학적 특성을 측정하는 방법으로 빵의 경도 측정기(Baker's hardness meter)가 이용되어 왔으나, 최근 소프트웨어가 결합된 조직검사기(texture meter)가 널리 이용되고 있다.

② 이 밖에 레오미터(rheometer), 패리노그래프(farinograph), 아밀로그래프(amylograph), x-선 회절분석기, 열변화기(differential scanning calorimeter) 등이 직간접적으로 빵과 과자, 밀가루의 품질관리에 이용되고 있다.

(5) 생물학적 특성

① 빵과 과자의 품질관리에 관련된 가장 두드러진 항목은 미생물 관련 사항이다.

② 식품의 미생물 기준 및 규격

• 빵류는 미생물 검사가 없으나 크림이 들어간 빵에 대하여 황색포도상구균과 살모넬라

균이 음성이어야 한다.

- 건과류, 캔디류, 초콜릿류, 껌류, 잼류는 미생물검사가 없다.
- 설탕, 포도당, 과당, 엿류, 당시럽류, 덱스트린, 올리고당 등의 당류는 미생물검사가 없다.
- 떡류의 대장균은 음성이어야 한다.

〈식품의 미생물 기준 및 규격〉

식품명	대장균(1㎖당)	세균수(1㎖당)	유산균수(1㎖당)
아이스크림	10 이하	100,000 이하	표시량 이상
아이스크림 분말	음성	50,000 이하	3,000,000 이상
셔벗, 아이스밀크	10 이하	50,000 이하	표시량 이상
빙과류	10 이하	3,000 이하	표시량 이상
우유류	2 이하	20,000 이하	1000000
연유	음성	20,000 이하	
유크림	2 이하	20,000 이하	
버터류	음성		
치즈	음성		
분유	음성	20,000 이하	

2 원·부재료 품질검사

1) 원료상태 검사

(1) **육안검사:** 원료에 변질, 이물질의 혼입 등을 육안으로 확인하여 제품 생산에 적합한 원료 여부를 판별하는 법이다.
  ① 포장상태 검사
- 비닐로 포장된 것은 밀봉이 잘 되었는지 확인하고 종이나 기타 용기로 포장된 것은 젖은 흔적이 있거나 찌그러진 부분이 있는지 확인한다.
- 캔 제품 등은 찌그러지고 부풀거나 녹슬지 않았는지를 확인한다.
  ② 색상 검사
- 빛이나 주변의 색에 따라 주관적으로 판단할 수 있으므로 일정한 장소에서 변색을 주지 않는 조명 아래에서 검사를 한다.
- 원료 고유의 색을 간직하고 있는지를 확인해야 한다.

③ 외형 검사
- 분말, 액상 등의 원료는 포장지 불량으로 딱딱하게 굳었거나 액체가 고체가 되었거나 형태가 파손되어 있는지 등을 확인한다.
- 신선재료가 상했는지 모양이 파손되었는지를 확인한다.

④ 이물질, 변질, 변색 검사
- 무작위 표본을 대상으로 포장을 개봉하여 냄새를 맡아 이취가 있는지 확인한다.
- 이물질과 변질, 변색 부분이 있는지를 확인한다.

(2) 이화학 검사

① 육안검사를 통해 선별하여 불량 원료를 걸러낸 후 이화학 검사 및 검사 성적서를 바탕으로 부적합 유무를 판단한다.

② 이화학 검사는 기계에 의한 정밀검사이므로 시스템이 갖추어지지 않은 규모가 작은 제과업체에서는 실행하기 어려운 일이다.

2) 원료 품질검사

(1) 밀가루와 반죽의 품질검사

① 아밀로그래프(amylograph)
- 아밀라아제의 활성: 녹말의 물에 의한 팽윤과 가열에 의한 호화, 파괴되는 상태, 점도의 차이 및 노화 등의 밀가루의 특성 변화를 아밀로그래프라는 장치로 측정하여 아밀라아제의 활성을 알 수 있다.
- 반죽의 점도 변화: 밀가루 반죽이 호화온도에 도달하게 되면 그 온도를 일정 시간 유지한 다음 노화가 일어나는 과정에서 발생하는 반죽의 점도 변화를 측정한다. 점도는 1000B.U.(Brabender Unit)가 넘지 않는 범위가 원칙이다.
- 맥아지수(malt index)라고도 불리는 아밀로그래프값(amylograph value; A.V.)은 아밀라아제의 활성에 반비례한다.

② 패리노그래프(farinograph)
- 밀가루의 흡수율, 반죽형성 시간, 반죽의 내구성 등과 같은 가공특성을 물리적으로 측정할 수 있다.
- 밀가루를 일정한 온도에서 일정한 굳기로 반죽하고 그 반죽의 변화를 그래프로 기록하여 반죽의 특성을 나타낸다.

③ 익스텐시그래프(extensigraph)
- 익스텐시그래프는 밀가루 반죽을 잡아당겨 반죽이 끊어질 때까지의 신장력과 저항력, 끈기, 점도 등을 측정하는 기기이다. 밀가루의 질과 밀가루 개량제와 같은 첨가물에 대한 효과 등을 측정할 수 있다.
- 반죽이 지니는 에너지의 크기와 시간적 변화를 측정하여 2차 가공 시 발효조작의 기준을 판정하는 데 활용되며 일반적으로 단백질 함량이 많은 강력분일수록 신장 저항력이 크다.

④ 초핀 익스텐시미터(chopin extensimeter)
- 반죽 피막의 팽창에 대한 신장성과 저항을 측정되도록 고안된 기구이다.
- 반죽의 피막에 공기를 천천히 불어넣어 그 피막이 찢어질 때의 공기압력을 측정한다.
- 밀가루의 제빵강도를 측정하는 좋은 방법이다.

⑤ 신속호화점도측정계(Rapid Visco Analyzer; RVA)
- 전분을 일정 농도로 물에 풀어서 가열시킬 경우 풀이 되면서 나타나는 점도와 이를 다시 냉각시키면서 나타나는 점도를 측정한다.
- 최대점도, 최소점도, 최종점도, 한계점도 등을 나타낸다.

⑥ 레오그래프(Rhe-o-graph)
- 반죽이 기계적 발달을 할 때 일어나는 변화를 그래프로 나타내는 기록형 믹서이다.
- 보통 700g의 밀가루를 사용하여 반죽을 하고 반죽이 약화되는 시점까지 혼합한다.
- 반죽시간은 밀가루의 특성을 알려주며 단백질 함량, 글루텐 강도, 제분강도, 반죽에 들어간 재료 등에 영향을 받는다.

⑦ 폴링넘버 측정기(Falling Number)
- 수확 직전 작물이 추위와 습한 날씨 때문에 알파-아밀라아제의 효소 활성도가 증대되어 발아되는 경우가 있으며, 이러한 현상은 밀과 같은 곡물의 이용 시 품질 저해요소가 된다.
- 폴링넘버는 이와 관련된 알파-아밀라아제 효소 활성도를 측정하기 위해 개발된 분석장치로써 국제상공회의소(ICC), 국제표준화기구(ISO) 및 전 세계규격사전(ASBC)과 같은 관련된 국제기구에 의해 표준화된 공인방법이다.
- 알파-아밀라아제 활동도가 적당한 FN 250의 경우에 부드러우며 형태유지가 좋아진다. 활동도가 너무 낮거나(FN 400) 높으면(FN 62) 빵이 끈끈해지거나 부피가 작아진다.

⑧ 믹서트론(mixotron)
- 밀가루의 정확한 흡수와 혼합시간을 신속하게 측정하는 기구이다.
- 밀가루의 반죽강도, 흡수의 사전조건, 혼합 요구시간 등을 측정한다.

⑨ 입도측정(particle size analyzer)
- 레이저 빔이 분산된 밀가루 미립자 시료를 관통하면서 산란되는 빛의 강도에 따른 각도 변화를 측정함으로써 입도 분포를 측정한다.
- 큰 입자는 레이저 빔에 대하여 빛을 작은 각으로 산란시키고, 작은 입자는 큰 각으로 빛을 산란시킨다.

(2) 소금의 품질검사

① 염화나트륨이 주성분인 식염은 해수나 암염, 호수염 등으로부터 정제하여 결정화한 것을 말한다.
② 식용인 천일염과 기타 소금은 생산 국가에서 식염으로 분류·인증된 것으로서 각 식염 유형의 정의에 적합하게 위생적으로 생산된 것이어야 한다.
③ 천일염은 식품첨가물 등 다른 물질을 함유하지 않은 것이어야 한다.

(3) 유지의 품질검사

① 산가를 측정한다.
② 과산화물가를 측정한다.

(4) 이스트의 품질검사

① 수분함유를 측정한다.
② 탄산가스 발생량에 따른 측정방법이 있다.
③ 반죽 팽창력을 측정한다.
④ 내구력 측정, 그래픽 측정 등이 있지만 직접 빵을 만들어 용적과 품질을 보고 완전한 이스트의 실험을 하여야 한다.

3 공정 품질검사

1) 배합량과 반죽의 품질검사

(1) 원료 투입량 확인

- 투입된 원료들이 배합비에 맞게 들어갔는지 전자저울을 이용하여 확인한다.
- 급수의 온도를 확인하여 반죽온도가 기준에 부합할 수 있는지 점검한다.

(2) 믹싱 및 반죽온도 확인

- 배합하는 정도가 공정서와 동일하게 이루어지는지를 확인하고 반죽온도가 설정된 수치와 부합하는지도 확인한다.
- 반죽의 상태가 제품에 따른 특성에 맞게 반죽되었는지를 확인한다.

2) 정형상태 품질검사

(1) 1차 발효실 및 발효 완료점 확인

- 제빵에서 1차발효의 발효조건이 기준에 충족되었는지 확인한다.
- 온도와 습도는 설정값과 현재 발효실의 온·습도 값이 동일한지 온·습도계를 이용하여 주기적으로 점검한다.

(2) 분할 중량 및 정형상태 확인

- 분할된 반죽의 중량을 무작위로 측정하여 편차를 확인한다.
- 제품의 특성에 맞게 정형을 하는지 2차발효 전의 규격이나 형태를 자를 이용하여 측정한다.

3) 발효 품질검사

(1) 1, 2차 발효실

- 발효실의 실제 온·습도를 측정하여 기본 설정값과 같은지 확인한다.
- 발효실의 관리상태를 확인한다.

(2) 발효상태

- 2차 발효에서 나온 제품을 육안으로 확인한다. 사이즈와 모양을 확인하고, 토핑이 있다면 흐트러지지 않았는지 점검한다.

4) 굽기 품질검사

(1) 오븐 설정

- 제품별로 설정된 오븐의 온도조건과 굽는 시간을 준수하는지 확인한다.

(2) 제품상태

- 구워진 후 규격 및 토핑상태 등 제품의 상태를 점검한다.
- 제품별로 설정된 색의 농도를 기준으로 현재 제품의 품질을 확인한다.

5) 냉각 및 포장 품질검사

(1) 냉각실

- 냉각실 온도, 제품을 냉각시키는 시간을 준수하고 있는지 확인한다.

(2) 제품 품온

- 냉각하고 난 후 제품의 품온을 무작위로 선별하여 온도계로 측정한다.

(3) 포장상태

- 밀봉 포장의 경우 실링이 잘되었는지 눌러서 바람이 빠지는지 등 규격에 맞게 포장이 잘 되었는지 상태를 확인한다.
- 유통기한이나 표기사항이 포장지에 기입되어 있으면 지워지거나 법적 규격에 맞게 표시되어 있는지 확인한다.

4 관능검사

1) 관능검사의 의의와 목적

(1) 관능검사는 식품의 맛, 냄새, 색깔 등의 관능적 품질 특성을 사람의 감각을 이용해서 평가·판정하는 것을 말한다.

(2) 식품의 관능검사는 품질특성에 영향을 미치는 색(color), 향(flavor), 맛(taste), 질감(softness), 외관(appearance), 전반적인 기호도(overall acceptability) 등을 매우 좋다: 5점, 매우 나쁘다: 1점으로 하는 5단계 리커트 척도법(Rensis Likert, 1932)에 의해 많이 이용되고 있다.

(3) 관능검사는 신제품의 개발, 제품 배합비 결정, 최적화 작업, 품질관리 규격 제정, 공정개선 및 원가절감, 품질수명의 측정, 경쟁사 제품의 평가, 품질 평가방법 개발, 관능검사 기호연구, 소비자 관리 등 다양한 목적으로 이용되고 있다.

2) 관능검사의 종류

(1) 차이 식별 시험

- 제시된 샘플을 표준 샘플과 비교하여 통계학적으로 유의성에 차이가 있는지를 판단하는 시험이다.
- 단일 샘플 시험법, 2점 대비 시험법, 1·2점 시험법, 3점 시험법 등이 이용되고 있다.

(2) 질과 양의 시험

- 제시된 샘플에 대해서 질적, 양적으로 시험·평가하는 방법으로 잘 훈련된 검사원이 시험해야 재현성 있는 평가를 할 수 있다.
- 순위법, 기호 척도법, 채점법, 묘사법, 정량적 묘사법 등이 있다.

(3) 기호 및 선택 시험

- 어떤 제품에 대하여 소비자의 반응을 알아보기 위한 방법으로 비슷한 제품 중에서 기호도가 높은 것을 선정할 때 사용한다.

(4) 감도 시험

- 어떤 물질에 대한 최소 감도량을 측정하고자 할 때나, 관능검사를 위한 검사원의 선발 시에 기본 맛 등에 대한 예민도 또는 정상상태를 시험하는 데 이용된다.

4-3 품질개선하기

1 품질개선 문제 파악

1) 품질개선의 의의

(1) 작업현장에서 발생하는 품질문제를 확인하고 원인을 분석한 후 해결책을 찾고 추후에 발생하지 않도록 방안을 마련하는 것을 품질개선이라 한다.

(2) 품질개선을 위해서는 제품 생산에 대한 기본 지식과 작업공정, 원료, 설비 등에 대한 전반적인 지식이 필요하다.

2) 품질개선 문제 파악

(1) 품질검사를 통해 문제점을 발견하였으면 생산팀, 판매팀, 경영자가 개선방안을 토의하여 최선의 방향을 찾아야 한다.

(2) 품질개선 문제는 소비자의 측면에서 더욱 주의 깊게 살펴야 한다.

(3) 품질평가에 관한 객관적인 지식을 바탕으로 품질분석을 하여 품질개선방법을 찾아야 한다.

3) 품질개선방안

(1) 품질개선을 위한 원인분석 및 해결능력을 키우고 적극적인 품질문제 개선방안을 수립해야 한다.

(2) 개선방안이 마련되었으면 현장에서 적용할 수 있는 조건을 제시하고 적극적인 의지로 현장 사항에 적용시켜야 한다.

(3) 개선작업은 현장에서 바로 처리할 수 있는 단순 개선도 있지만, 공정이나 배합을 바꾸거나 작업자들에게 전파 교육하는 등의 절차를 통해 해결하기 위한 시스템을 개선해야 한다.

① 단순개선
- 식자재의 보관이 적절치 못했을 때의 개선조치
- 선입선출 등 특정 식자재 사용에 대한 이해 부족에 대한 개선조치
- 작업자들의 옷에 붙은 실, 머리카락 등 이물질 제거하기
- 개수대에서 틀이나 철판 등에 묻은 이물질 주의하기
- 청소도구를 위치에 맞게 정리 정돈하기
- 바닥의 물기를 제거하기
- 단순 기계 등 설비 고장을 자체 수리하기

② 시스템 개선

- 개선했던 문제가 반복적으로 발생하면 새로운 규정을 만들고 정기적인 교육을 실시하는 등 관리 시스템을 개선하여 같은 문제가 발생하지 않도록 해야 한다.
- 작업 습관이나 위생에 대한 인식부족으로 반복적으로 같은 문제가 발생하므로 청결한 위생과 안전을 실천할 수 있도록 시스템이 개선·관리되어야 한다.

4) 품질개선 원인분석

(1) 원료 문제

① 부적합한 원료를 선별하지 못하고 입고되거나 재료의 보관이 잘못되어 변질된 것을 사용했을 때 문제가 발생된다.

② 제조할 때 제품의 특성에 맞지 않는 부적합한 재료의 사용은 제품 전체에 영향을 미친다.

③ 완제품의 보관이나 유통이 잘못되어 변질이 빨리 되거나 취식할 때 이물질이 들어가 소비자들로부터 발견되는 경우도 있다.

(2) 배합비 문제

① 제품의 특성과 제조공정에 맞지 않는 배합비로 제조하거나 실수로 원료를 다르게 투입하여 제조하였을 경우에 발생한다.

② 배합용 급수를 적거나 많게 넣어 작업성이 떨어져 정형에 문제가 발생할 수 있다.

③ 이스트의 양과 제품의 특성에 맞는 발효시간을 맞추지 못하거나 글루텐의 강약 조절을 위해 강력분이나 박력분 등의 양이 적합하지 못해 반죽형성이 안 되는 경우에도 문제가 발생된다.

④ 배합비의 문제는 생산과정에서 파악이 가능하고 큰 손실을 유발할 수 있으므로 주의하여 관리한다.

(3) 공정상 문제

① 제조 공정서상의 작업공정을 이행하지 않고 임의로 작업하게 되어 발생하는 문제로 생산자의 작업능력과 공정 이해가 필요하다.

② 믹싱시간, 반죽온도, 휴지시간, 발효 온·습도 조절, 발효시간 등과 같은 조건을 제대로 수행하지 않았을 때 발생한다.

③ 공정상의 문제는 작업공정 중 바로 발생될 수도 있지만 발효나 굽기 공정까지 가야 문제를 파악할 수 있는 것도 있으므로 주의한다.

(4) 설비의 문제

① 제조설비 관리를 평소에 소홀히 하여 제품에 이물질의 혼입이나 설비의 파손이나 기계의 오작동으로 제품 생산에 문제가 발생했을 때를 말한다.

② 반죽기의 볼과 비터, 훅, 휘퍼 등의 이격으로 반죽 시 지나친 반죽시간의 문제가 발생할 수 있다.

③ 분할기의 이형유 분사기의 관리를 소홀히 하여 일정한 무게로 분할이 안 되는 문제가 발생할 수 있다.

④ 발효기의 습도 조절과 시간 조절 장치의 오작동이나 제품에 따른 적절한 작동을 하지 못해 발생하는 문제이다.

⑤ 오븐의 작동과 온도 조절은 잘 되는지 스팀의 작동은 양호한지를 확인하고 문의 틈은 지나치게 벌어지지 않았는지를 확인한다.

(5) 작업자 문제

① 아무리 좋은 원료를 구입하고 제대로 된 공정을 갖추고 있더라도 생산자나 판매자의 부족한 숙련도나 부주의는 큰 문제를 야기한다.

② 제품의 품질에 문제가 발생하였으나 설비나 원료, 작업공정 부분에 아무런 문제가 없다면 작업자들의 생산방법이나 근무태도를 확인해야 한다.

③ 작업자들이 자기가 맡은 위치에서 제 역할을 충실히 수행하지 못한다면 제품 생산은 불가능하므로 이를 꾸준히 관리하기 위해서는 정기적인 교육과 평가를 실시한다.

2 품질개선하기

1) 현장 조사하기

(1) 발생일과 장소

① 품질검사 결과에서 발견된 문제 발생일을 정확하게 정리한다.

② 문제가 발생한 장소를 정확하게 기입한다.

③ 발생한 장소가 문제되지 않는다면 연관된 장소에 대한 설명과 작업하는 사람들의 의견을 수집한다.

(2) 문제점

① 정확하게 어떤 문제가 발생하였는지 상세하게 기록한다.

② 제품에 문제가 발생하였는지 작업하는 주변환경이 문제인지 혹은 작업자의 실수로 발생한 문제인지 등을 명확하게 구분한다.

③ 판단 자료로 활용할 수 있도록 불분명한 생각이나 추측성 설명은 최대한 자제한다.

④ 문제점의 출처를 분명히 명시하여 문제파악을 위한 참고자료로 활용할 수 있도록 한다.

2) 원인파악 및 문제해결

(1) 현장조사를 통해 수집한 자료를 바탕으로 원인을 파악한다.

(2) 수집한 자료를 바탕으로 작업자의 의견이나 발생한 문제의 정황 확인만으로도 원인이 분석되면 그에 맞는 해결방안을 찾아 보고서를 작성하여 개선작업을 한다.

(3) 정보만으로 파악이 어려운 복잡한 문제라면 생산과 관련된 여러 부서와 회의를 통하여 문제점을 분석하고 원인을 파악한다.

(4) 해결방안에 대한 결과를 도출할 수 있도록 협의를 통해 문제를 해결하고 보고서를 작성한다. 이때 재발 방지를 위한 방안도 함께 작성한다.

3) 개선결과 보고서 작성

(1) 문제가 해결되면 결과 보고서를 작성한다.

(2) 문제를 우선 유형별로 구분하고 수집한 자료 중에서 객관적인 정보만을 활용하도록 한다.

(3) 예상 및 추측성 내용은 참고할 수 있도록 표시하여 기록한다.

(4) 해결방법에는 관련된 부서와 취한 행동을 기술하고 추가로 들어간 비용이나 인력에 대해서는 정확하게 기술한다.

(5) 조치사항은 이후에 발생되지 않도록 처리한 방법과 필요한 방법들에 대해 서술한다.

4) 문제 사례 정리

(1) 문제를 처리하고 최종 결과 보고서를 작성한 후에도 관계자들의 교육용으로 참고할 수 있는 매뉴얼 및 자료로 활용할 수 있도록 정리한다.

(2) 다양한 종류의 문제를 유형별로 정리하면 직무에 관련된 부분을 위주로 참고할 수 있어 보는 사람들이 쉽게 활용할 수 있다.

5) 시스템 개선

(1) 개선

① 문제 해결을 하여도 같은 문제가 계속 반복되면 기존의 시스템을 개선하여 현재 발생하는 문제를 차단하고 보다 향상된 관리를 할 수 있게 한다.

② 현재 시스템으로는 관리하는 데 한계가 있을 때 새로운 시스템을 개발하여 관리를 한다.

(2) 교육

① 다양한 교육을 통해서 작업자들에게 의식을 전환시킨다.

② 개개인이 가지고 있는 위생 지식과 잘못된 습관으로 행해지는 문제점을 교육을 통해 바로 잡고 스스로 판단하게 하여 문제가 발생하지 않도록 한다.

③ 교육의 종류는 발생하는 문제와 현재 개선이 필요한 주제를 바탕으로 실시한다.

(3) 사례집 배포

① 위에서 제시한 모든 문제 사례를 유형별로 정리하여 교육용 자료로 제작한다.

② 작성된 사례집은 자유롭게 언제든지 열람할 수 있도록 보관장소를 지정하고, 사례집을 바탕으로 해당하는 작업자들을 대상으로 정기교육을 실시한다.

(4) 예보시스템 작성

① 문제 사례 중 계절이나 날씨 혹은 이벤트성으로 생산하는 제품에 사용하는 특정 원료에 따라 발생빈도가 높은 내용을 찾아 달력을 만들어 작업현장에 예보시스템을 구축한다.

② 예보시스템에 따라 작업자들 스스로 행동할 수 있게 경각심을 불러일으켜 문제가 발생하지 않도록 한다.

제5장

매장관리

5-1 인력관리하기

1 인적자원관리

1) 인적자원관리 정리

(1) 제과점에서 필요로 하는 인력의 조달과 유지, 활용, 개발에 관한 계획적이고 조직적인 관리 활동이다.

(2) 인적자원의 관리란 조직체 내 인적자원과 관련한 주요 활동이나 기능을 체계화하는 계획 (planning), 조직(organizing), 지휘(leading), 통제(controlling)의 관리체계를 의미한다.

(3) 인적자원의 모집과 선발 활동을 주축으로 하는 확보기능을 체계적으로 수행하기 위해서는 모집과 선발에 대한 계획, 조직, 통제 등의 관리체계 정립과 적용이 필요하다.

2) 인적자원관리 목표

(1) 베이커리 인적자원관리의 목표를 조직목표, 구성원목표, 사회목표가 일치되는 방향으로 설정하기 위해서는 다음을 고려해야 한다.

　① 인당 생산성을 높일 수 있는 생산성 목표와 인간관계, 직무만족을 유지시키는 유지목표를 동시에 추구해야 한다.

　② 장시간 복무자를 우대하는 연공주의와 능력있는 사람을 우대하는 능력주의가 조화를 이루는 방향이어야 한다.

　③ 현대 조직생활에서 가장 큰 이슈로 대두되고 있는 근로생활의 질 향상을 추구하는 것으로 근로자의 작업환경, 직무내용, 최저 소득수준 증가 및 개인과 사회복지에 기여하는 방향이어야 한다.

　④ 경영전략과 적합관계가 유지되도록 인적자원전략의 목표를 설정해야 한다.

(2) 베이커리 기업의 목표와 베이커리 기업 조직의 유지를 목표로 조직의 인력을 관리한다.

(3) 베이커리 기업의 경영활동에 필요한 유능한 인재를 확보하고 육성하여 이들에 대한 공정한 보상과 장기간 유지활동할 수 있도록 인력자원관리를 해야 한다.

(4) 종업원은 근로를 통해 생계유지와 사회참여, 성취감을 가질 수 있으며 베이커리 인적자원관리는 근로생활의 질을 충족시켜야 한다.

3) 인적자원관리 기능

(1) **확보관리**: 채용, 모집, 선발, 배치

(2) 개발관리: 교육훈련, 능력개발, 승진, 징계

(3) 보상관리: 임금관리, 복지 후생관리

(4) 유지관리: 안전보건관리, 이직관리, 노사관계관리

4) 인적자원관리의 종류

(1) 과정적 인사관리

① 인사계획: 기본정책과 방침 결정, 계획 수립

- 인사관리의 기본정책 및 방침을 결정하고 인력의 수급계획 등을 입안하는 것이 인사계획이다.
- 인사관리의 기본 방침인 인사 정책으로 고용관리, 개발관리, 보상관리, 유지관리의 합리적인 수행을 위한 직무계획 및 인력계획을 한다.

② 인사조직: 기능 분담·조직화, 인사기능 조직화

- 인사관리의 구체적 여러 활동을 분담하고 조직화하는 것이 인사조직이다.
- 인사정책 및 기본방침을 구체적으로 실행하기 위한 인사관리 활동의 체계화 과정으로 실제의 인적자원관리 업무를 담당하고 수행하는 최고 경영자와 라인관계자 간의 인사 시스템 기능이 포함된다.

③ 인사평가: 비교평가, 인사 감사

- 인사관리의 실시결과를 종합평가하고 개선하는 것이 인사평가이다.
- 인사 계획에 기초한 모든 인적자원관리 활동의 실시 결과를 종합적으로 평가하고 정리하며, 개선을 이룩해 가는 인적자원관리 과정을 말한다.

(2) 기능적 인사관리

① 노동력 관리

- 고용관리: 종업원의 채용, 배치, 이동, 승진, 이직, 퇴직 등의 기능을 효과적으로 수행하기 위한 고용관리가 있다.
- 개발관리: 교육훈련, 능력개발관리 등 종업원의 개발관리의 영역을 포괄하는 관리체계를 노동력 관리라 한다.

② 근로조건관리: 임금, 복리후생, 근로시간, 산업안전, 보건위생관리

- 근로자의 안정적 확보 및 유지발전과 노동력의 효율적 활용을 위한 선행적 관리체계로서 노동력에 대한 정당한 대가를 지급하기 위한 임금관리와 복지후생제도의 정비 및

시설 확보 등의 복지 후생관리와 보상관리가 있다.
- 근로시간, 산업안전, 보건위생 등 작업환경의 쾌적화와 노동의 인간화를 추구하는 근로
  조건의 유지개선관리가 있다.

③ 인간관계관리: 동기부여, 근로생활 질 향상, 제안제도, 고충처리제도 도입·활성화
- 근로자의 인간적 측면의 중요성에 대한 인식증대와 근로생활의 질 향상, 동기부여, 제안
  제도 및 소집단 상호작용 등을 통한 인간관계의 개선이 이루어져야 한다.

④ 노사관계관리: 올바른 노·사관 확립, 민주적 관리
- 노사관계관리는 노동자와 경영자 간에 형성되는 관계인 노사 공동체 간의 갈등과 분쟁
  을 해소하고 협력함으로써 베이커리 기업의 목표 달성은 물론 노사 간 평화를 유지발전
  시킬 수 있다.

5) 인적자원관리의 특성과 중요성

(1) 인적자원관리의 특성

① 인격체관리: 인적자원은 통합적인 인격체로서 주체적인 능동성, 인간적인 존엄성, 잠재적
인 능력의 개발성, 전략적 성과요인으로서의 속성을 지니고 있으므로 인적자원관리의 효
과성 제고를 위해서는 이러한 속성을 잘 이해해야 한다.

② 인간상호관계성: 인적자원관리는 관리의 주체와 객체가 인간인 관계로 상호관계는 인간적,
사회적 관계를 형성하게 된다. 따라서 인적자원관리의 관리체계 정립과 제도의 실행은 사회
문화적 전통과 관행, 그리고 환경적 요인의 영향을 가장 많이 받게 되는 관리영역이다.

③ 노동력관리: 인적자원관리는 노동이 지닌 속성과 노동력의 매개가 이루어지는 노동시장
의 특성을 잘 이해하고 관리해야 한다.

(2) 인적자원관리의 중요성

① 인적자원을 어떻게 이해하느냐에 따라 조직의 가치창출 정도가 달라질 수 있다. 인적자원
을 자산이나 인적자본으로 이해하면 우수 인재의 확보를 비롯한 인사활동을 잘 하려고
노력하게 될 것이다. 또한 인적자원관리에 소요되는 지출은 비용이 아닌 투자가 된다.

② 인적자원관리를 어떻게 제도화해서 좋은 성과를 내는가는 구성원 모두에게 중요한 것이
다. 왜냐하면 인적자원관리의 목표는 개인의 욕구와 조직의 욕구를 동시에 충족시키는
목표일치성에 있기 때문이다.

③ 인적자원을 경쟁우위의 원천으로 보는 시각의 변화는 전체 경영활동에서 그 위상을 짐작

케 한다. 최근에는 인적자원을 경쟁우위의 원천으로 생각하여 환경적 변화에 전략적으로 대응하는 전략적 인적자원관리로 부르기도 한다.

2 베이커리 인력관리

1) 베이커리 인력계획의 과정

(1) 인력수요예측

① 베이커리의 인력수요를 예측하기 위해 연별, 분기별, 계절별 매출을 분석하여 인력의 기본 수요기준을 정한다.
② 크리스마스, 특별 기획 이벤트 등의 특수 행사에 대응하여 생산목표 또는 사업목표에 따라 인력수요예측을 한다.
③ 토, 일요일 등 주일별, 특별행사별 매출추이를 분석하여 단기 인력수요를 예측한다.

(2) 인력공급방안 수립

① 인력의 총수요에 대응할 장기근무 인력공급방안을 결정한다.
② 안정적인 인력의 공급이 이루어질 수 있도록 단기근무 인력공급방안을 마련한다.

(3) 인력공급방안 시행

① 생산과 인력수요에 따라 계획된 인력공급방안에 따라 적재적소에 인력을 공급한다.
② 인력공급이 효율적으로 시행될 수 있도록 인력공급관리를 한다.

(4) 인력계획 평가

① 인력수요 예측과 인력공급 계획에 의해 집행된 결과를 분석하여 문제점과 개선방안을 찾아 인력계획 과정의 적절한 단계에 활용한다.
② 부족하거나 남는 인력이 없는지를 확인하고 다음 인력계획에 반영한다.

2) 채용관리

(1) 베이커리 채용관리

① 베이커리에서 인력을 충원하는 활동을 의미하며 생산직원, 판매직원, 관리직원으로 구분

하여 채용한다.

② 채용은 베이커리의 영업목표 달성에 기여하기 위해 어떤 사람이 필요한지를 먼저 규명하고 조직의 가치와 비전을 가진 인력을 개발하고 선발한다.

③ 채용은 노동에 대한 보상체계, 복지 후생 등의 체계를 갖춰 기업의 목표를 달성하여 기업이미지를 제고시키고 내부 만족도를 높이기 위해 우수한 인력을 선발 및 배치해야 한다.

(2) 제과 · 제빵사 채용과정

① 예비면접
- 예비면접은 선발시험 전에 지원자의 결격사유나 장단점을 조기에 파악하여 시간과 비용을 줄일 수 있다.
- 작은 규모의 사업장에서 적은 인원을 채용할 때는 미리 소개를 받거나 찾아오는 경우가 많은데 그때 잘 적응할지의 여부나 채용구분에 맞는지를 파악하여 채용을 결정한다.

② 서류전형
- 지원서의 내용을 평가하는 과정으로 조직의 가치와 비전을 함유하고 있는지, 조직목표의 달성에 필요한 인재인지를 확인한다.
- 전공자격사항이라든지 직무에 필요한 어학 등의 자격증을 확인하여 선발한다.

③ 선발시험
- 필기시험, 실기시험, 심리검사 등을 통해 지원자의 능력 및 개인적 특성을 측정한다.

④ 선발면접

㉮ 면접의 형태
- 구조화 면접: 상세하고 자세한 질문을 통해 지원자의 학력이나 자격증만으로 알기 어려운 지원자의 인성과 잠재된 역량, 돌발행동 등 방대한 부분을 파악하는 데 매우 용이하다. 다른 면접관이 들어가더라도 같은 질문을 하고 동일한 기준에 따라 평가가 이루어져 면접관의 주관을 배제한 표준화된 방식으로 평가받고 있다.
- 비구조화 면접: 일정한 지침이 없이 자유로운 질문으로 노련한 면접자를 면접하는 데 용이하다.
- 준구조화 면접: 더 얻고자 하는 정보는 추가적인 질문으로 면접한다.

㉯ 면접의 방법
- 집단면접: 시간절약이 되고 면접자의 비교가 용이하지만 면접자의 특수재능을 파악하기는 힘들다.
- 위원회 면접: 다수면접자가 한 명의 피면접자를 면접하므로 많은 시간이 필요하다.

- 스트레스 면접: 영업직에게 주로 적용되는 면접으로 능숙 면접자를 대상으로 한다.
- 개별면접: 한 명씩 다수면접관이나 한 명의 면접관이 면접하는 방법으로 상세한 면접을 할 수 있다.
- 패널면접: 한 명의 피면접자를 다수의 면접자가 평가. 면접이 끝나면 의견을 교환하여 평가를 한다.

⑤ 경력조회
- 지원자의 과거의 경력에 대한 확인과정이며 고용 후 인사배치에 사용된다. 특히 경력사원을 채용하는 경우 전 직장에서의 근무태도, 퇴직사유 등에 대한 정보는 유용한 자료가 된다.
- 경력조회는 면접자가 전 직장으로 유선을 통해 확인하기도 한다.

⑥ 신체검사
- 지원자가 미래의 직무를 수행하는 데 적합한 신체적 조건을 갖추었는지 확인하여 적합하지 못한 지원자를 제외시킨다.
- 채용사항에 맞는 신체검사 조건을 미리 통보한다.

⑦ 채용의 결정과 통보
- 채용이 결정되면 언제부터 근무가 가능한지 등을 유선이나 서류로 통보한다.
- 불합격자에게 사실을 알릴 때는 상대방의 이미지나 베이커리 기업의 이미지가 손상되지 않도록 배려한다.

3) 고용과 배치 관리

(1) 고용

① 채용이 결정되면 지원자에게 고용 통보를 하고 근무시작 날짜, 오리엔테이션 및 훈련 스케줄, 임금과 혜택, 업무 내용, 근무 스케줄 등의 안내를 제공한다.
② 근무 여부를 최종 확인한 후 노사 간에 근로계약서를 작성한다.

(2) 배치

① 고용이 결정되면 종업원을 적성, 희망, 능력 등에 따라 적절한 직무에 배속시키는 것을 배치라고 한다.
② 현재의 직무에서 다른 직무로 전환시키는 것을 재배치 혹은 이동이라 한다.
③ 베이커리의 환경 변화에 따른 능력주의가 요구되면서 직무요건, 직무의 강요사항, 직무가

제공하는 것을 파악하여 종업원 개개인의 능력에 적합한 배치가 필요하다.

(3) 배치의 원칙

① 적재적소 배치주의
- 직원의 능력과 성격 등을 고려하여 최적의 직무에 배치해야 하는데 능력에 따라 적재적소배치는 가장 중요한 배치의 요소이다.
- 기술상의 훈련이 용이하고 숙련에 필요한 시간이 짧아 신규사원도 직무에 빠르게 적응할 수 있고 직무수행의 양과 질이 향상된다.
- 개인의 능력 및 자질을 향상시켜 능률을 충분히 발휘할 수 있는 기회를 부여할 수 있다.

② 능력주의
- 발휘된 능력을 공정하게 평가하고, 평가된 능력과 업적에 대해서 적절한 보상을 하는 원칙을 말한다.
- 뛰어난 능력이 있는 인재가 능력에 맞지 않는 곳에 배치되면 능력을 충분히 활용할 수 없다.
- 능력은 현재적 능력뿐만 아니라 잠재적 능력까지도 포함하는 개념이며, 또한 배치·이동에 있어서 능력을 개발하고 양성하는 측면도 함께 고려해야 한다.

③ 인재육성주의
- 인재육성주의는 현재의 인적자원이 가지는 육체적 힘, 지적 능력, 기술, 경험을 소모적으로 활용하는 것이 아니라 장기적인 측면에서 성장을 동반시키면서 활용하는 것을 말한다.
- 직원의 자주성과 자율성을 존중하여 개인의 창조적 능력을 인정하는 인력관리이다.

④ 균형주의
- 조직이 인재육성주의를 선택하게 되면 개인도 자신의 자기개발 및 육성에 관심을 가지게 되므로 조직과 개인이 균형을 이루게 되어 유능한 인재를 확보하고 상품이나 서비스의 경쟁력을 강화할 수 있다.
- 조직의 모든 구성원은 평등하게 배치받을 수 있어야 한다.

(4) 배치·이동 실무

① 직무분석과 평가
- 부서 간의 직무분장이 잘 되어 있어야 능력을 최대한으로 올릴 수 있으므로 직무분석과 평가를 철저히 하여 업무분장을 하고 그 업무에 맞는 배치·이동이 이루어져야 한다.

- 적재적소 배치와 능력주의의 실현을 위해서는 합리적인 직무분석과 평가가 필요하다.
② 공정한 인사고과
  - 능력주의를 실행하여 종업원의 불평·불만을 줄이고 긍정적인 조직분위기를 마련하기 위해서는 공정한 인사고과가 필연적이다.
③ 실시 주체의 확립
  - 배치·이동의 실시 주체를 마련함으로써 조직의 체계를 확립하고 직장질서의 유지를 위하여 실시기관의 확립이 필수적이다.
  - 배치와 이동의 실시 주체는 보통 인사교육부서에서 담당하며 제과업의 규모가 작은 업체에서는 전적으로 경영자의 몫이다.
④ 종업원의 욕구조사
  - 종업원의 욕구조사를 통해 요구사항에 맞는 배치·이동을 하여 인간존중의 인력관리를 한다.
  - 종업원과 경영 주체의 의견 조율은 쉽지 않은 것이 사실이지만 근로 분쟁의 예방을 위해서도 반드시 필요하다.
⑤ 직무교육 사전실시
  - 배치·이동될 직무와 직무가 필요로 하는 능력에 대하여 사전에 교육을 실시하여 적재적소에 배치해야 한다.
  - 제과제빵 실무의 사전 교육에 의한 배치·이동은 단기간 교육으로 이루어지기 쉽지 않으므로 기술적인 측면에서 계획적인 사전 교육이 필요하다.

4) 제과제빵인력의 자격기준

(1) 자격증

① 제과제빵에 종사하기 위해서는 자격증이 필요한데 그 자격증은 제과제빵에 종사하기 위한 준비가 되었다는 의미도 있으므로 반드시 필요하다.
② 제과·제빵기능사는 제과제빵에 대한 전문적인 지식과 기술의 기초가 되었다는 자격증이라 할 수 있으며 이 자격증 과정의 학습을 통해 빵과 과자에 대한 기초적인 기술을 습득할수 있다.
③ 제과·제빵기능사는 「근로기준법」, 「노동법」에 대한 기본적인 지식을 갖추어야 하며 개인위생, 주방위생, 매장위생 등 음식을 다루는 사람으로서의 위생에 대한 기본적이 지식을 갖추어야 한다.

(2) 개인능력과 소양

① 업무에 종사할 수 있는 체력적인 면이 뒷받침되어야 하며 제과제빵 업무에 특징적인 인력 채용조건에 합당해야 한다.

② 채용된 인력은 개인의 능력에 따라 개별업무에 적합한 곳에 배치해야 하며 업무에 맞는 전문교육이 선행되어야 한다.

③ 주방인력과 매장인력의 채용기준은 제조업무와 고객관리측면을 고려해서 채용이 이루어 질 수 있도록 인력계획수립과 기준을 마련해야 한다.

④ 매장관리에는 인력관리, 판매관리, 고객관리의 유기적이고 통합적이며 상호 보완적인 관리가 필요하다.

⑤ 합리적이고 객관적인 인력채용과 함께 인사관리기준 또한 엄격한 기준에 의하여 효율적인 인력관리방안이 이루어져야 한다.

⑥ 정해진 인사관리기준에 따라 평가하고 보상할 수 있는 시스템을 만들어 관리해야 한다.

⑦ 임금에 관해서는 적정한 임금 테이블과 후생복지를 위한 매뉴얼을 작성하여 종사자의 안정되고 희망적인 업무가 이루어질 수 있게 해야 한다.

3 베이커리 직무교육

1) 직무분석

(1) 직무분석의 정의

① 직무와 관련된 정보를 체계적으로 수집, 분석, 정리하는 과정으로 직무의 성격과 관련된 모든 중요한 정보를 수집하고 관리목적에 적합하게 정리하는 체계적 과정으로 조직이 요구하는 일의 내용 등을 정리 분석하는 과정이다.

② 직무 과정이나 전반적으로 주어지는 일의 과정을 분석하는 기법으로 이를 통하여 조직에 유용한 정보가 식별되고 보고되어야 한다는 점이 특징이다.

③ 직무분석의 통합적 정의를 내려보면 분석적 방법에 의해 직무내용에 대한 정보를 조직적으로 수집하고 기록하는 활동으로 그 결과를 토대로 직무기술서와 직무명세서를 작성하는 일련의 작업을 의미한다.

(2) 직무분석의 목적과 활용

① 직무조직 합리화의 기초작업: 분장된 업무에 따라 조직의 일을 통일적 · 합리적으로 관리할 수 있도록 하며 직무의 특성에 맞는 채용, 배치, 이동, 승진 등의 기초작업에 활용한다.

② 업무 프로세스 파악 기초작업: 직무분석을 통해 모든 직무를 합리적으로 파악하여 업무개선의 기초로 활용한다.

③ 인사고과의 기초작업: 직무분석을 통해 해당 직무의 이해와 가치 · 중요도 등에 따라 인사고가의 기초로 활용한다.

④ 직무분석결과: 종업원의 업무 지식 및 숙련과 부족을 판단하여 훈련 및 개발의 기준으로 활용한다.

⑤ 직무급여 등의 설정 기초: 능력급, 연봉제의 기초가 되며 인사상담, 안전관리, 정원 산정, 작업환경개선의 기초자료로 활용한다.

2) 교육훈련의 방법

(1) 직장 내 훈련

① 단순하고 비용이 적게 들며 필요시 쉽게 실시할 수 있기 때문에 많이 이용되는 방법으로 종업원을 근무현장에 투입시켜 실제로 작업하면서 배우는 생산적 훈련효과를 기대하는 장점이 있다.

② 단점으로는 종업원의 훈련기간 동안에는 생산성이 낮고 훈련과정에서 과오나 실수로 손실을 증대시킬 가능성이 있다는 것이다.

③ 도제훈련제도
- 장인으로부터 특정 기술을 익히기 위해 일정기간 훈련과정을 거쳐 장인이 되는 훈련방법이다.
- 도제제도의 대표적인 예로 독일의 마이스터 제도를 들 수 있다.
- 우리나라에서도 직장과 학교에서 교육의 일환으로 도제제도를 도입하여 실시하고 있다.

④ 직무교육 훈련
- 직무교육 훈련은 직무 수행의 효율성과 능률성을 증대시켜 생산적 효과를 증대시키기 위해 직장 내에서 단기적으로 실시하는 훈련방법이다.

(2) 직장 외 훈련

① 직장 외 훈련은 직장이나 산업현장을 떠나 산업체 이외의 전문 교육 장소나 교육 훈련시설에서 훈련이 실시되는 방법을 말한다.

② 현장훈련의 반대되는 개념이며 일반적으로 훈련초기의 기초교육은 보통 직장 외의 장소에서 학교식 훈련방식으로 교육이 이뤄지며 실무교육은 산업체 내의 현장훈련을 통해 실시된다.

③ 직장 외 교육에는 강의식 훈련뿐만 아니라 사례연구, 시뮬레이션(모방훈련), 역할연기 등 다양한 유형과 기법이 있다.

(3) 교육훈련의 방법

① 학습자의 능력과 지식, 흥미에 적합한 방법을 선택해야 한다.

② 의도하고 있는 교육형태에 지식, 기술, 가치 등을 갖추어야 한다.

③ 시간과 장소에 적합한 교육을 하여야 한다.

④ 학습자의 수준에 맞게 교재 또는 교안을 준비해야 한다.

〈교육훈련의 유형과 방법〉

훈련의 유형	방법
강의법	• 정해진 강사와 교재중심으로 훈련내용을 전달 주입시키는 방법이다. • 전문가, 관리자 등 분야의 전문가가 피교육자를 집합시켜 일방적으로 강의하는 방법이다.
토의법	• 학습내용이나 주제에 대하여 학습자와 토의하여 문제를 해결하는 방법이다. • 자신의 의견을 자유로이 발표하고 타인의 의사를 경청하여 건설적인 과정을 통해 조직 상호 간의 협동심을 기를 수 있다. • 세미나, 심포지엄, 배심토의, 원탁토의, 공개식 토의 등이 이에 해당한다.
분단학습법	• 학습내용이나 목적에 따라 소그룹으로 나누어서 분단별로 학습하는 방법이다. • 학습자 전원에게 공동학습을 할 수 있는 기회가 부여되며 문제 해결의 주도적인 역할을 할 수 있어 학습자에게 학습동기가 부여된다.
프로그램학습	• 훈련자료를 개인차, 능력차에 따라 체계적으로 준비한 프로그램에 의해 지도하는 방식이다. • 훈련프로그램 개발 비용과 훈련자의 소외감 및 저항이 단점이다.
시청각 학습법	• 훈련자에게 쌍방향 커뮤니케이션으로 시간절약, 훈련효과의 증대를 거둘 수 있으나 비용이 증가된다. • 학습자의 흥미를 유발할 수 있고 활동적인 학습활동으로 기억에 오래 남는다. • 원거리학습, 화상회의 등을 들 수 있다.

하이테크훈련법 (컴퓨터와 멀티미디어)	• 컴퓨터를 이용하여 프로그램화된 훈련의 이점을 활용해 저비용의 훈련을 할 수 있다.
브레인 스토밍	• 잠재되어 있는 아이디어를 개발하여 문제를 해결하는 데 사용되는 방법으로 학습자의 창조력을 촉진시키고 참여도를 높이는 데 효과적이다. • 학습자의 토론 주제에 대한 세밀한 사전계획이 필수적이며 진지하고 적극적인 참여의식이 필요하다.
시뮬레이션 (모방훈련)	• 모의훈련으로 시각적, 청각적, 물리적 작업환경을 모방해서 효과를 극대화한다.
견학	• 학습자가 산업현장이나 특정 학습장소를 직접 방문하여 관찰하고 설명을 들으면서 필요한 자료를 획득하는 방법이다.
사례 연구법	• 실제적인 사례를 들어 이를 분석, 검토하여 효율적인 해결책을 모색하는 훈련방법이다. • 성공적인 사례를 보고하여 그 행위의 유효성에 관한 피드백을 반복시켜 훈련효과를 높이는 방법이다.
역할연기법	• 범죄심리학에서 유래된 방법으로 모의 역할을 통해 문제를 해결하는 기법이다. • 학습자가 특정 문제나 교육내용에 관해 직접 역할을 수행해 봄으로써 문제해결 및 학습효과를 높이는 방법이다. • 발생되는 문제를 역할을 통해 미리 예측할 수 있고 대처할 수 있으며 인간관계에 대한 이해를 높일 수 있는 방법이다.
현장실무교육	• 학습자가 직무를 수행하는 과정에서 전공자를 통한 지식, 기술, 태도 등을 학습하도록 하는 방법이다. • 상하 간의 인간관계가 좋아지고 경비 및 시간을 절약할 수 있다.
통신교육법	• 학습자들이 개인적인 사정으로 일정한 장소에서 교육받기 어려울 때 사용하는 방법이다. • 사전에 교육자료가 지급되어야 하고 교육받은 사실의 확인을 위한 과정이 필요하다.

3) 교육훈련프로그램 개발

(1) 교육훈련프로그램은 교육훈련 대상자의 지식, 기술, 능력, 태도, 가치관, 대인관계 등을 교육을 통해서 계발하기 위한 것이다.

(2) 효과적인 교육훈련프로그램을 개발하기 위해서는 프로그램의 목표를 명확히 하여 프로그램의 내용을 결정하며 어떤 방식의 교육훈련을 할 것인가를 결정해야 한다.

(3) 교육훈련프로그램은 교육훈련을 통해 달성해야 할 구체적인 강의 목표에 따라 지식수준, 기술수준, 태도수준, 행동수준, 조직성수준 등의 목표에 맞게 설정한다.

(4) 교육훈련 중에 가르칠 교과목의 종류와 강의내용은 문제해결 중심으로 구성한다.

(5) 교육훈련 대상의 규모, 기간, 장소, 교수 요원, 합숙 및 체육시설 등 모든 관리 차원의 문제를
효율적으로 운영한다.

4) 베이커리 직무분장

(1) 주방조직과 직무분장 개요

① 주방조직
- 제품생산, 식자재의 구매, 인력관리, 메뉴 개발 등 제품과 주방 운영에 관계되는 전반적
인 업무를 효율적으로 수행하기 위한 일체의 인적 구성을 의미한다.
- 업체의 규모와 형태, 제품의 종류에 따라 약간의 차이가 있으나 기본적인 구성은 동일
하다.
- 역할에 따라 라인(line)과 스태프(staff)로 구분할 수 있으며 라인은 수직적인 지휘계통을
의미하고 스태프는 수평적인 보좌역할을 의미한다.

② 직무분장
- 직급에 따라 직무분석에 의해 직무가 주어지는데 이것을 직무분장이라 한다.
- 직무는 직급별 자기 고유의 직무 이외에 보통 두 가지 이상의 일들을 겸하고 있으며
영업장의 상황에 따라 매우 가변적이다.
- 제품을 완성하기 위해서는 상호 간의 연결 및 조화가 무리 없이 이루어져야 하며 각자
의 책무를 성실히 수행함과 동시에 조직의 공동목표를 위하여 서로 협력해야 한다.

(2) 호텔 주방의 직급체계와 직무분장

〈호텔 주방의 직급체계와 직무분장〉

직위	직급	직무
총주방장: Executive chef	1급갑	• 조리팀 전체의 영업활동에 대한 권한과 책임이 있다. • 전 영업장의 메뉴를 개발·감독한다. • 메뉴별 레시피를 관리·감독한다. • 식음자재의 구입 불출 통제, 적정재고유지 등을 총괄한다. • 원가조정, 식자재대체, 레시피 조정 등 원가를 관리·감독한다. • 전환배치교육, 적재적소배치 등 인력의 관리를 총괄한다. • 주방 내 기기관리에 대한 모든 업무를 총괄한다.
부총주방장: Assistant executive chef	1급을	• 총주방장을 보조하며 총주방장 부재 시 업무를 대행한다. • 조리메뉴개발 및 정보수집, 직원의 조리교육, 주방 운영에 관한 실질적인 책임을 진다.

주방과장: Sous chef	2급갑	• 단위 주방을 분담·관리하는 업무와 각 파트의 모든 업무를 관리·감독한다. • 메뉴개발 및 관리, 고객선호도 분석, 정보수집, 특별행사 등에서 총주방장을 보조한다. • 레시피의 이상 유무, 레시피의 작성을 관리한다. • 정확한 레시피에 의한 생산, 적정 재고유지 등을 관리한다. • 식자재 구입, 불출, 원가관리를 주관한다. • 인력기술교육, 적재적소배치 등 인력관리를 한다.
부주방과장: Assistant sous chef	2급을	• 주방과장을 보조하고 주방과장 부재 시 업무를 대행한다.
주방장: Head chef	3급갑	• 단위 주방의 책임자로서 업장의 신 메뉴 개발, 고객관리, 인력관리, 원가관리, 위생안전관리, 조리기술지도 등 단위주방에서 일어나는 모든 업무를 총괄 관리한다.
부주방장: Assistant head chef	3급을	• 주방장 부재 시 그 업무를 대행하며 단위 주방장을 보조하여 실무적 일을 수행하며 주방업무 전체에 관하여 함께 의논하며 직원을 관리·감독한다.
선임주임: Supervisor	4급갑	• 부주방장 수련과정으로 부주방장의 업무를 익히고 보좌한다.
주임: Section chef	4급을	• 각 주방의 일의 성격에 따라 분류된 파트의 업무를 책임지고 주방장의 지시에 따라 각 파트의 생산관리, 직원관리, 교육을 보좌한다.
조리사: Cook	5급갑	• 주임의 업무를 보좌하며 조리업무를 수행하고 냉장고 정리, 주방 내 위생과 안전에 대한 업무를 수행한다.
보조조리사: Cook helper	5급을	• 조리사를 보좌하여 조리업무를 수행하며 주방장의 지시에 따라 재료를 수령하고 빈카드(bin card)를 정리하고 주방 내 위생에 관한 업무를 수행한다.
견습조리사: Trainee	5급병	• 주방업무에 관한 기본적인 사항을 신속히 습득하려는 노력이 필요하며 기초적인 식재료의 취급에 관한 정확한 기본기를 익힌다. • 칼 사용법, 기구 보관법, 정리정돈, 방화안전 등 주방에서의 위생과 안전에 대한 교육을 철저히 받는다.

5) 교육훈련의 평가

(1) 교육훈련 평가의 의의

① 교육목표의 달성 정도나 교육과정의 효율성을 판단하기 위해 필요하다.

② 평가과정을 거침으로써 훈련과정에 집중도를 높일 수 있고 다음 교육과정의 프로그램에 문제를 반영할 수 있다.

③ 교육훈련의 평가는 교육훈련 후 학습자의 반응과 훈련에서 기인하는 성과 변화에 관한

정보를 제공한다.

(2) 교육훈련의 평가기준

① 교육훈련의 필요성을 교육자나 학습자가 알고 있는가?

② 교육훈련의 내용이 학습자에게 충분히 전달되었는가?

③ 학습자는 교육훈련을 통해 필요한 내용을 충분히 습득하였는가?

④ 직무수행 과정의 내용에 교육훈련의 내용이 충분히 반영되었는가?

⑤ 교육훈련의 결과가 학습자의 업적으로 연결 가능한가?

(3) 교육훈련의 평가방법

① 전후비교법

- 교육훈련 전과 후 학습자의 행동변화 또는 성과변화를 측정하는 방법이다.
- 교육훈련 전의 학습자의 상태와 교육훈련 후의 학습자의 상태를 비교함으로써 판단한다.

② 테스트법

- 교육훈련의 목적이 특정한 기술이나 지식의 습득인 경우에 적용되는 방법이다.
- 교육훈련 초기와 후의 특정 검정단계를 거침으로써 교육훈련의 성과를 측정한다.

③ 평균비교법

- 동일 과정의 교육훈련을 반복 실시하여 그 평균값으로 측정하는 방법이다.

(4) 교육훈련의 사후관리

① 인사관리제도를 활용하여 인사고과, 승급, 승진에 활용한다.

② 교육훈련을 받은 후 새로운 개발목표를 제시하여 기업차원의 목표를 달성하는 데 활용한다.

③ 교육훈련에 대한 가치를 분석하여 기업이 필요로 하는 성과와 제품 등의 질 향상을 최소한의 비용으로 달성하는 데 활용한다.

4 평가와 보상

1) 인사 고과관리

(1) 인사 고과의 의의

① 베이커리 인사 고과의 개념
- 인사 고과는 직무를 수행하는 직원의 현재 또는 미래의 능력과 업적을 상대적 가치로 평가한다.
- 베이커리 조직구성원의 근무성적, 능력, 태도, 성과 등의 상대적 가치를 사실에 입각하여 체계적·객관적으로 평가하는 방법을 제도화한 것으로 조직구성원이 보유한 잠재적 가치를 체계적으로 평가하는 것을 말한다.
- 베이커리 인사 고과제도가 성공적으로 운영되기 위해서는 신뢰성과 공정성이 담보되어야 하며 직무분석과 직무평가를 한 후 인사 고과를 진행한다.

② 인사 고과의 목적
- 종업원의 성과를 측정하여 그에 따른 공정한 대우를 하는 데 있다.
- 업무 분장에 따라 종업원에 맞는 직무를 배정하는 데 있다.
- 종업원의 능력을 파악하여 직무와 연관된 능력을 개발하고 관리하는 데 있다.
- 종업원 인사이동의 정보를 제공하는 데 있다.
- 종업원의 성과를 피드백하여 조직의 목표를 달성하는 데 있다.
- 종업원의 직무에 대한 이해로 성취동기를 부여하는 데 있다.

③ 성과 평가의 과정
- 조직의 목적에 부합하는 성과나 기준을 정하여 이를 기초로 조직의 전략적 지침을 결정한다.
- 성과나 기준은 상호 이해 가능하고 측정이 가능하도록 객관적으로 명확해야 한다.
- 성과 측정에 필요한 실질적인 정보입수와 측정요소를 정해야 한다. 개인적인 관찰, 적절한 기준의 보고서를 정리하고 측정방법과 측정대상을 결정하여 측정하고 평가한다.
- 성과와 기준을 비교하여 그 차이를 규명하고 불합리한 요인을 없애기 위해 성과 평가의 기준을 수정하거나 삭제한다.
- 성과 평가에 대해 전반적인 논의과정을 거쳐 평가의 객관성을 입증하고 불합리한 요인에 대해 형평성과 공정성을 입증할 수 있도록 상호 간 의사소통이 이루어져야 한다.

• 문제 발견 시 재평가를 실시하고 성과 극대화를 위한 조치로 문제의 근본적인 원인을 조사한다.

④ 평가의 종류와 평가요소

㉮ 성과 평가(업적고과)

• 양적 평가는 업무달성량, 원가절감률 등 정량적 평가지표를 기준으로 평가한다.

• 질적 평가는 업무달성도, 공헌도 등 정성적 평가를 한다.

• 개인 업적평가는 개인의 발휘능력, 업적 기여도, 수행실적으로 평가한다.

• 부서 업적평가는 부서에 대한 기여도, 수행실적을 평가한다.

㉯ 능력 평가(능력고과)

• 인사 고과에서의 직무를 통해 발휘된 능력인 능력수행도 측면과, 사람이 가지고 있는 보유능력과 잠재능력의 능력학습도 측면이 있다.

• 능력 평가는 직무에서 요구되는 지식, 기능, 경험, 책임의 정도에 따라 달라지는데 일반적으로 인사 고과에 포함되는 능력으로는 대내외 업무 능력, 업무 성취도, 책임감, 성실성 등이 있다.

㉰ 태도·행동 평가(태도고과)

• 종업원의 직무에 대한 태도와 행동은 기업의 목표를 달성하는 데 중요한 요소가 된다.

〈인사고과의 종류와 평가내용〉

	인사고과의 종류		평가내용
인사고과	능력고과		개인의 보유능력
	태도고과		개인의 자질, 근무태도
	업적고과	개인업적평가	개인의 발휘능력, 기여도, 수행실적
		부서업적평가	부서의 기여도, 수행실적

〈출처: 박준성, 인터랙티브 인사평가시스템〉

⑤ 인사 고과 기법

㉮ 평정척도법

• 평가요소를 선정하여 개인의 능력과 행동의 보유 및 발휘 정도를 판단하여 계량화된 평정 요소의 척도를 나타내어 평가하는 방법이다.

• 평정척도는 개인의 직무와 관련 있는 신뢰성, 적극성, 창의성, 사교성, 잠재력 등 특성적인 자질을 평정척도 요소로 선택한다.

- 간편하고 이해하기 쉬워 점수화하기 좋지만 평가요소의 선정 및 요소별 가중치를 결정하는 데 어려움이 있다.

㉯ 강제할당법

- 사전에 정해진 비율에 따라 종업원들의 평가 성적을 강제로 할당하는 상대평가 방법이다.
- 평정척도법은 관대화나 중심화경향을 보이므로 이를 보완하기 위한 평가방법이다.

㉰ 서열법

- 서열법은 성적 순위법이라고도 하는데 업적이나 능력을 개별 순위로 비교하여 평가하는 방법이다.
- 대상인원이 지나치게 많거나 적어도 평가하기 쉽지 않고 평가기준이 분명하지 않아 개인 간의 업무에 대한 사기나 능률저하를 초래할 수 있다.

㉱ 쌍대 비교법

- 종업원을 한 쌍씩 비교하여 그 결과를 종합하여 순위와 득점을 평가하는 방법이다.
- 쌍대 비교법은 분석적 요소마다 비교하는 방법과 능력 및 업적을 전반적으로 비교하는 방법이 있다.

㉲ 체크리스트법

- 미리 정한 고과 평가내용에 따라 평가자가 종업원을 체크하여 평가하는 방법이다.
- 직무 수행에서 발생하는 구체적인 사실만을 평가하기 때문에 평가결과가 객관성이 있고 신뢰성이 높은 장점이 있다.
- 평가 표준 행동의 결정이 어렵고 고과항목의 가중치를 점수화하기 쉽지 않다는 단점이 있다.

(2) 인사 고과의 오류

① 상동적 태도 오류

- 개인을 유형화하여 특정 이미지를 토대로 실제와는 다른데 마치 그러한 것으로 평가하여 속단하는 오류를 말한다.
- 고정관념에 의한 기준으로 평가하기 때문에 객관성이 결여되고 주관적 가치기준에 지배되기 쉽다.
- 상동적 태도 오류를 극복하기 위해서는 인사 고과 시 종업원에 대하여 성, 연령, 학력, 종교, 지역, 인종 등의 기준에 따라 판단하지 않도록 한다.

② 현혹 오류
- 평가자의 심리적 요인으로 종업원에 대해 사실과 다르게 평가하는 오류이다.
- 종업원의 긍정적이거나 부정적인 특성을 보고 논리적 관계가 전혀 없는 다른 부분들까지 긍정적 또는 부정적으로 일반화시키는 경향을 말한다.

③ 항상 오류(과대, 과소)
- 관대화 경향은 직무성과나 실재능력을 실적보다 높게 평가하려는 경향이다.
- 엄격화 경향은 실제 능력보다 낮게 평가하는 경향을 말한다.

④ 논리적 오류
- 평가자의 심리적 특성에 의해 인사 고과 요소 간의 논리적 상관관계가 있는 경우 옳지 않은 추리를 통해 비교적 높게 평가된 요소가 있으면 다른 요소도 높이 평가하는 오류이다.
- 예를 들어 창의력이 뛰어나면 기획력도 우수하다는 평가를 하는 오류이다.

⑤ 대비 오류
- 대비 오류는 평가자가 자신의 직무요건에 기준하여 종업원을 평가함으로써 나타나는 오류이다.
- 평가자는 자신의 기준이 인사 고과의 기준이 될 수 없다는 것을 자각해야 한다.

⑥ 근접 오류
- 서로 다른 성격의 평가가 시간적이나 공간적으로 접근하여 평가 요소가 다름에도 불구하고 평가결과가 비슷하게 나오는 오류를 말한다.
- 실제 행위와 고과가 이루어지는 시기 사이에 간격을 두어 기억되는 행위가 다른 평가에 영향을 미치지 않아야 한다.

⑦ 연공 오류
- 연공 오류란 종업원의 학력, 근속연수, 연령 등의 요소에 의해 연공이 높은 사람에게 높은 평가를 주는 오류를 말한다.
- 연공 오류는 종업원의 능력이나 직무 전문성은 물론 직무에 대한 의욕을 떨어뜨린다.

2) 임금 관리

(1) 임금 관리의 의의

① 임금 관리는 임금에 관한 합리적이고 효율적인 결정을 내리기 위한 기술이라고 정의할 수 있다.

② 기업과 종업원 간의 직무적인 관계를 합리적으로 해결하고 상호 신뢰할 수 있는 환경조성을 위한 합리적인 임금 관리가 필요하다.

③ 임금 관리는 노사가 상반되는 이해로 대립하는 경우가 많아 이를 합리적으로 관리하는 것은 노사관계의 핵심적 과제가 되며 기업의 성패를 좌우한다.

(2) 임금 관리의 제도적 측면

① 임금체계와 형태의 개념
- 임금체계란 임금 구성의 항목을 선정하고 그 구성 비율을 어떻게 할 것인가와 공정성의 원칙을 지키고 근로의욕을 제고시키고 노사대립의 완화를 위해서 어떤 기준에 의해 임금을 배분하는가의 문제이다.
- 임금체계는 인적 요소 중심의 연공급, 직무요소 중심의 직무급, 두 급여체계를 결합한 임금체계가 직능급이다.
- 고정급이란 성과에 관계없이 노동시간을 기준으로 임금을 지불하는 방식이다.
- 성과급은 작업성과나 능률에 대한 평가 결과에 따라 지급되는 급여로 기업의 노동성과를 자극하여 생산성을 높이는 데 그 목적이 있다.

② 연공급체계

㉮ 연공급체계의 정리
- 연공급은 근속, 연령, 학력, 성별 등의 개인적 요소에 기초하여 임금을 결정하는 임금체계이다.
- 정기승급제도에 의해서 근속연수나 연령에 따라 정기적·일률적으로 행해진다.

㉯ 연공급체계의 장점
- 과다경쟁을 방지하여 팀워크를 유지할 수 있다.
- 라이프 사이클에 따른 임금의 상승으로 생계비를 보장하여 생활에 안정을 준다.
- 기업 내의 배치전환이나 이동 등에 탄력적이다.
- 정기승급에 의해 임금이 증가하므로 고용의 안정을 이루어 인력관리가 용이하다.

㉰ 연공급체계의 단점
- 동기부여 효과가 미약하여 소극적 근무태도로 생산성 향상을 저해한다.
- 비합리적인 인건비가 지출될 수 있다.

③ 직무급체계
- 직무급은 직무평가에 의해 설정된 각 직무의 상대적 가치에 따라 동일 노동, 동일 임금의 이상을 실현할 수 있는 이론적으로 합리적인 임금체계이다.

- 직무급만으로 기본급을 구성하는 단일형 직무급과 연공요소에 의한 승급을 결합한 혼합형 직무급이 있다.

④ 직능급체계

- 직능급은 직무 수행능력에 따라 개별임금을 결정하는 임금체계로서 종업원의 능력을 평가하여 임금을 결정한다.
- 연공금의 단점을 보완하기 위한 임금체계로서 동일직종 내의 숙련의 정도와 직무급에서의 직능자격등급에 따라 임금을 결정한다.

(3) 임금의 지급방법

① 월급제

- 임금은 통화로 근로자에게 직접 그 전액을 지불하여야 한다.
- 현금으로 본인에게 직접 매월 일정한 날에 전액을 지급하는 방법으로 대부분의 근로자의 임금 수급방법이다.

② 시간급제

- 근로자의 능력이나 작업의 질과 양에 구분되지 않고 근로시간에 기준하여 지급되는 임금형태이다.
- 보통은 장시간 필요한 인력이 아닌 경우에 많이 적용되고 있으며 근로자의 작업동기부여와 사기진작이 미흡하여 생산성이 떨어질 수 있다.

③ 연봉제

- 계약에 의해 연간보상액을 업무수행능력에 따라 정하고 매월 분할 지급하는 임금제도이다.
- 조직 구성원의 성취 욕구를 자극하여 능력을 극대화할 수 있다는 장점이 있는 반면 근로자의 업무수행능력을 공정하고 실질적으로 파악하여 임금지급에 구성원 모두가 만족할 수 있어야 한다는 어려움이 있다.
- 고비율 저효율의 단점을 획기적으로 개선할 수 있는 임금지급법으로 임금지급관리가 용이하다.

④ 성과급제

- 근로자의 노력과 능률의 정도를 파악하여 성과를 올린 만큼 높은 임금을 지불하는 방법이다.
- 지나치게 생산성 향상에 치중하여 단체 일에 비협조적이거나 개인주의화하기 쉽다.

⑤ 추가급제
- 시간급제와 성과급제의 절충형이다.
- 표준 이상의 성과를 올릴 경우 추가 임금을 지급하는 형태이다.

⑥ 특수급제
- 집단임금제는 조직구성원 전체의 수행과업에 따라 집단별로 임금을 지급하는 방법이다.
- 순응임금제는 물가 등과 연동하여 자동으로 임금이 조절 지급되는 형태이다.
- 이윤분배제는 기업의 발생이윤을 조직 구성원에게 분할 지급하는 임금을 지급함으로써 근로자의 충성심과 생산성 향상, 협력적 노사관계, 근로자의 생활안정 등에 유익하게 적용될 수 있다.

(4) 임금의 구성요소

① 외적 요소
- 공통된 직업에서 근로자 간에는 동일한 수준의 비율로 임금이 지급되어야 한다.
- 동종 업계와의 임금수준 격차는 양질의 노동력을 확보하는 데 장애요인으로 작용한다.
- 소비자 물가지수의 변화(인플레이션)를 고려하여 정기적으로 보상비율이 상향조정되고 있다.
- 정부에 의해 임금인상과 인상률을 통제할 경우에 종업원의 생계비 적응과 노동 효과에 영향을 미친다.
- 노동조합의 현재 임금에 대한 단체교섭에 있어서 노조의 목표는 조합원의 구매력과 생활수준을 증진시키는 실질임금의 인상이므로 단체교섭은 임금인상의 요소가 된다.

② 내적 요소
- 직무평가시스템을 활용하여 직무의 가치를 평가하며 그 기준에 따라 조직의 보상비율을 결정함으로써 운영효율을 증대시킬 수 있다.
- 종업원 성과의 차이는 그것에 상응하는 비율의 보상을 받아야 하는데 승진과 다양한 인센티브에 의해 보상될 수 있다.
- 임금지불능력은 종업원이 생산하는 재화나 서비스로부터 파생되는 이익에 따라 결정된다.

3) 복지 후생

(1) 복지 후생의 의의

① 복지 후생이란 복지 향상을 위하여 기업이 종업원에게 제공하는 임금 이외의 모든 혜택을 말한다.

② 복지 후생은 기업이 종업원의 생활 안정은 물론 근로에 대한 동기부여, 생활의 질 향상 등을 위한 혜택을 주고 협력적인 노사관계를 이루어 생산성을 향상하고 이익을 극대화하는 데 있다.

③ 근로자는 고용안정과 수입의 증대, 소속감과 자부심 증대 등으로 불만의 원인이 감소되고 기업은 생산성 향상과 원가절감, 원활한 노사관계로 기업의 목표를 이룰 수 있는 효과가 있다.

(2) 복지 후생의 성격

① 노동의 질이나 성과에 관계없이 집단적으로 지급되는 특징이 있다.

② 복지 후생비는 현금, 상품권, 현물, 시설물 이용, 서비스 제공 등 다양한 형태로 지급된다.

③ 사회보장 차원에서 조직이 제공하는 법정 복지 후생에는 의료보험, 연금보험, 재해보험, 실업보험 등이 있으며 제도적으로 의무화되어 있다.

④ 법적 외 복지 후생은 간접적인 보상과 기업의 자발적 노력으로 종업원에게 주어지는 혜택이다.

(3) 복지 후생의 유형

① 주체에 의한 분류
- 국민의료보험에 의한 건강진단과 건강 상담, 국민연금, 노령연금, 실업보험, 상해보험, 공중위생, 장애자의 공적 부조 등 국가나 공공단체 등에서 제공하는 복지 후생이다.
- 개인의 생활안정과 여가의 활용을 위해 제공되는 오락·스포츠시설, 교양강좌시설, 문화활동의 기회제공 등이 기업에서 제공하는 복지 후생이다.
- 조합원에 대한 공제, 대부, 여가 활용의 시설 등 노동조합의 차원에서 제공되는 복지 후생이다.

② 임의성에 의한 분류
- 법정 복지 후생에는 건강보험, 연금보험, 산재보험, 고용보험 등이 있다.

- 법정 외 복지 후생에는 사택제공, 급식제공, 휴가철 휴양시설 제공, 자녀 교육비 지원, 생일 등 특정일 축하 선물, 근속연수에 따른 인센티브 제공 등이 있다.

③ 성격에 따른 분류

- 안전 및 재해방지시설, 가정 및 생활시설주거시설, 구내매점 등 일용품공급시설, 출퇴근 차량 운행을 위한 통근시설, 연예오락시설, 종업원 가족을 위한 보육시설, 기숙사 등 경영관계시설에 따른 분류이다.
- 노사관계, 재무관계, 보장관계, 인간관계, 사회정책관계 등 경영관계제도에 따른 분류이다.

(4) 복지 후생 관리의 원칙

① 종업원에게 절실히 필요하고 경영 부담에 적절하며 동종 산업뿐만 아니라 타 산업과의 비교에서도 큰 차이가 없는 적정성의 원칙으로 관리가 필요하다.

② 사회보장제도와 중복되지 않도록 하고 기업과 종업원이 필요한 보장을 하여 합리적인 관리가 필요하다.

③ 기업은 복지 후생제도의 유지와 향상을 위해 노력하고 종업원은 시설이나 제도를 발전시키기 위해 협력성의 원칙으로 관리가 필요하다.

(5) 복지 후생 프로그램의 설계와 운영

① 일시적이고 단기적이 아닌 집행 가능한 범위에서 종합적인 설계를 한다.

② 조직의 성과분석을 통해 기업의 재정적인 측면을 고려하여 설계한다.

③ 조직 구성원의 욕구를 충족시킬 수 있게 설계한다.

④ 근로자가 원하는 우선순위, 필요성, 동종업계의 수준에 따라 운영한다.

⑤ 근로자에게 프로그램의 홍보를 충분히 하여 기업의 목표달성에 공헌할 수 있게 운영한다.

(6) 복지 후생의 효과

① 근로조건, 근로환경, 근로시간 등의 기본적인 근로조건을 개선시킨다.

② 주택지원, 의료시설 및 생활편의 시설 등의 근로조건개선을 통하여 생활안정을 기할 수 있다.

③ 종업원의 근로의욕을 증진시키고 협조적인 노사관계를 유지할 수 있을 뿐만 아니라 생산성 향상을 가져온다.

④ 인력충원, 인력유지, 고용관계 등 종업원과 조직의 다양한 인사기능을 효과적으로 수행할 수 있다.

⑤ 동종 산업과 임금 및 복지 후생을 개선시킬 수 있어 종업원의 근로 만족도가 높아지고 유능한 종업원이 유입되고 이직률이 낮아진다.

⑥ 근로자는 기업을 사회적 공동체로 인식하고 자아실현의 장소로 여겨 개인의 성취 욕구를 실현하기 위해 근로의식이 높아지고 기업의 목표 달성을 위해 노력한다.

⑦ 조직은 이직률 감소로 생산성 증대의 효과와 원만한 고용관계의 유지로 노사관계의 갈등을 예방할 수 있다.

4) 대인관계와 노사관계

(1) 대인관계

① 대인관계의 시작은 첫인상인데 첫인상이 좋으면 다음 단계로 발전하지만 그렇지 못하면 관계의 단절을 가져온다.

② 인간은 자기와 비슷한 태도와 사고를 가진 사람을 선호하는 경향이 있어서 그런 사람을 첫인상이 좋은 사람으로 생각하면 관계가 발전할 수 있다.

③ 대인관계에서 상호 공감대가 형성되어야 자기의 심리적 기대감을 가질 수 있으므로 먼저 자기 개방을 해야 상대방의 자아개방을 유도할 수 있다.

④ 신입사원은 상급자가 공정하고 친절하게 자기를 대하길 바라며 상급자는 신입사원이 업무에 능력 있고 조직에 충성하며 맡은바 책임을 다하길 기대하는데 상호기대감이 형성될 때 대인관계의 심리적 발전단계로 나갈 수 있다.

⑤ 성공적인 인간관계를 형성시키기 위해서는 서로의 기대가 무엇인지를 파악하여 그 기대를 충족시키기 위한 서로의 행위가 정직하고 진실해야 한다.

⑥ 대인관계는 서로의 신뢰성이 쌓일 때 발전하는 관계가 된다.

(2) 노사관계

① 노사관계는 근로자와 사업자와의 관계를 말하며 노사협조와 산업평화를 목적으로 한다.

② 노사관계는 「근로기준법」에 의한 법적인 관계에 의해 형성되는 법률적인 관계와 근로자와 사업자 간에 각자의 이윤극대화를 위한 경제적인 차원의 관계가 있다.

③ 기업이 기능적으로 세분화되고 계층적으로 분리되어 매우 복잡한 유기체로서의 성격을 가짐으로써 조직 운영에 있어서 협력과 통합을 위해 조직구성원 간의 인간관계가 중시되어야 하는 것이 노사관계의 중요한 원칙이다.

④ 노사관계는 임금 및 근로조건의 유지 및 개선과 노사갈등과 분쟁의 조정을 위해 서로를 대표하는 기구의 필요성에서 출발한다.

⑤ 노사관계는 종속관계, 갈등 및 대립적 관계가 되어서는 안 되며 경영자의 경영방침과 근로자의 올바른 직업관에 의해 협력관계 및 평화적 관계가 되어야 한다.

5-2 판매관리하기

1 판매 마케팅 전략

1) 마케팅의 개념
(1) 기업 마케팅은 자사의 제품이나 서비스가 소비자에게 경쟁사보다 우선적으로 선택되기 위하여 행하는 아이디어, 재화, 서비스, 가격, 판매촉진, 유통 등의 제반 활동을 의미한다.
(2) 마케팅의 수단으로는 4P(상품-Product, 가격-Price, 입지-Place, 촉진-Promotion)라는 마케팅 믹스가 적용되는데 제품의 성격, 고객정보, 판매목표, 경쟁사와의 입지 등을 고려하여 적용해야 한다.

2) 제과제빵 판매 마케팅
(1) 제과제빵 영업은 제품과 서비스가 결합되어 동시에 생산·판매되는 산업이라 할 수 있는데 오는 손님만을 대상으로 판매하던 것에서 벗어나 적극적으로 고객을 찾아다니는 판매기법을 도입하는 것이 바람직하다.
(2) 제품의 홍보와 판촉 전략은 무엇보다 중요하므로 제품의 특성과 재료의 영양, 계절별 특수 상품의 종류, 판매 예측 등 고객의 니즈를 정확히 파악하여 전략을 수립함으로써 고객에게 적극 알릴 수 있는 방법을 모색해야 한다.
(3) 제품의 재료 특성과 모양, 색상 등에 따라 주요 인적 소비층을 여성, 남성, 어린이, 장년층 등으로 설정하여 소비층에 따라 홍보 전략을 달리하여 세워야 한다.
(4) 점포 경영을 계절특수와 점포 인테리어의 포인트, 인접 경쟁업체의 수준을 파악하여 나만의 독특한 경영 전략을 세워야 한다.
(5) 제품에 따라 매장 내에서의 판매 전략과 외부 판촉 전략을 세우고 사업장 주변의 해당 사업체 및 관공서, 교회, 학교, 기타 판매할 수 있는 곳을 찾아 전략을 세우고 적극적인 판촉을 할 수 있어야 한다.

3) 제과제빵 마케팅의 특성
(1) 무형성
① 무형의 가치인 서비스 의존도가 높은 제과제빵산업은 차별적인 서비스 경쟁력으로 승부를 걸어야 하는데 무형의 서비스를 유형화하기 위한 전략을 세워야 한다.

② 제품제조공정을 사진으로 제품에 같이 넣어 진열하거나, 차별화된 유기농 재료를 예쁜 용기에 담아 전시한다든지, 건강 식품재료의 사용을 소비자가 공감할 수 있게 적어 고객이 볼 수 있게 광고한다든지, 매장의 분위기를 고급화하고 깨끗하게 보일 수 있는 진열과 판매 종사원의 이미지가 있는 복장 등으로 서비스의 질을 높여 제품에 신뢰도를 가질 수 있게 하는 것이 무형의 가치이다.

(2) 이질성

① 빵·과자 제품의 품질은 생산자와 판매 서비스를 제공하는 사람, 장소, 시점, 방법에 따라 달라진다. 생산과 서비스가 동시에 이뤄지므로 질적 수준을 동일하게 유지하기가 어렵고 수요가 일정하지 못할 때 서비스의 품질을 관리하는 데 한계가 있다.

② 매뉴얼을 토대로 지속적인 교육과 관리로 인간적인 요소를 극복하고 서비스가 일관되게 유지되도록 한다. 또한 판매 서비스 직원을 생산주방에서 일하게 하고 생산자를 판매서비스에 투입하여 교차 교육의 기회를 부여함으로써 이질적인 서비스가 되지 않게 하는 것이 중요하다.

(3) 비분리성

① 제과·제빵업에서 생산된 재화나 서비스는 제조업의 제품과 달리 제품의 생산과 소비가 동시에 발생하는 특성이 있다.

② 서비스를 제공하는 종사원의 선발과 서비스 마인드 함양을 위한 교육이 중요하다. 서비스 종사원에게 제품에 대한 정보를 완전히 이해시키고 고객에게 충분한 설명의 기회가 제공될 수 있게 해야 한다.

(4) 소멸성

① 판매되지 않은 일반 제품은 추후 판매가 가능하지만 서비스는 시간이 지나면 소멸되어 판매가 불가능해진다.

② 제품은 계획 생산하여 비용을 줄이기 위한 수요 예측이 필요하며 서비스는 저장이 되지 않으므로 개별 고객 각자에게 신경을 써서 제품을 사서 매장을 나갈 때까지 서비스에 소홀하면 안 된다.

(5) 일시성

① 외식업뿐만 아니라 제과·제빵산업도 계절과 시간의 영향을 많이 받는다. 시간과 계절에 따라 제과·제빵의 수요가 달라진다.

② 크리스마스나 발렌타인데이 등은 제과·제빵 특수기라 할 수 있으며 수요가 감소되는

시기에는 가격정책이나 홍보전략 등의 마케팅을 통해 매출 향상을 기해야 하고 재료의 수급이나 생산량의 조절을 시기와 특수기에 따라 충실히 관리해야 한다.

4) 제과제빵 마케팅

(1) 제과제빵 마케팅을 위한 환경분석

① 제과 영업은 대부분의 소비자가 근거리에서 활동하고 있으므로 우리 점포에 대한 내·외부 환경은 물론 영업 주위환경, 경쟁점포의 제품과 홍보, 판촉에 관한 내용, 고객에 관한 내용, 우리 제품에 관한 내용 등 영업과 판매에 관한 모든 것에 대해 강점, 약점, 기회, 위협요인을 찾아서 SWOT 분석한다.

② 제과제빵 내부 환경의 강점과 약점 요소 파악
  - 경영, 마케팅, 회계, 생산 운영, 연구 개발 등의 내부적 경영관리 요소에 대한 파악을 한다.
  - 제품, 고객서비스, 종업원에 대한 주위 경쟁업체와의 비교 우위에 있는지를 파악한다.

③ 제과제빵 외부 환경의 기회 및 위협 요소 파악
  - 거시적 요인, 미시적 요인 등 제과제빵 트렌드에 적합한지의 여부를 파악한다.
  - 경쟁업체의 제품, 서비스, 홍보전략 등 인접 경쟁업체의 수준을 파악하고 자사 영업에 대한 총체적인 요소와 비교하여 경영전략을 세운다.

④ 제과제빵 SWOT 분석요소를 합한 전략 수립하기

〈SWOT 분석 예시〉

강점(S=strengths)	약점(W=weaknesses)
• 성공적인 광고와 브랜드명 • 식재료 공급업체와 제휴 • 깨끗한 매장과 휴게시설 • 종업원의 전문적인 제품지식 • 경쟁력 있는 가격 • 웰빙 식재료의 사용	• 제품 개발력 미흡 • 프랜차이즈와 거리가 가까움 • 인력 수급이 어려움 • 제품의 다각화 부족 • 부정적인 평판
기회(O=opportunities)	위협(T=threats)
• 식사 환경의 변화 • 증가하는 외식시장 • 건강메뉴에 대한 소비자의 인식 • 제과제빵 시장의 소비 증가추세 • 생산재료 가격의 하락	• 건강에 민감한 소비자의 증가 • 대형 프랜차이즈의 위협 • 경쟁 브랜드의 상호 경쟁가격 • 세계적인 경제 불황 • 포화된 사업체의 수적 증가

㉮ S/O(강점-기회)전략
- 식재료 공급업체와의 제휴를 통하여 건강과 웰빙 식재료의 공급을 원활히 하고 가격에서 우위를 점한다.
- 광고와 홍보를 통하여 브랜드 네임의 우위를 적극 알린다.
- 판매 종업원의 재료와 제품에 대한 교육을 꾸준히 하여 소비자의 만족도를 더욱 높인다.
- 식재료의 대량 집중 매입으로 가격 단가를 낮추어 경쟁업체와의 가격경쟁 우위를 점한다.
- 증가하는 외식시장의 소비자를 끌어들일 수 있는 식사대용 빵, 과자 제품을 적극 개발한다.
- 깨끗하고 정리 정돈된 매장을 홍보에 활용할 수 있는 다양한 방안을 시도한다.

㉯ S/T(강점-위협)전략
- 건강에 민감한 소비자의 요구를 만족시키기 위하여 웰빙 식재료를 제품 개발에 응용하고 생산직원의 전문성을 개발에 적극 활용할 수 있도록 업무 분장과 인사시스템을 개선한다.
- 가까이 있어 부담스러운 경쟁업체의 제품을 수시로 파악하고 문제점을 도출하여 브랜드 네임과 종업원의 전문적인 제품지식 등을 이용하여 우리 제품의 개선점을 적극 반영하여 홍보한다.
- 제품의 다각화를 추진하지 못하는 이유를 경쟁 브랜드와의 가격 경쟁만 생각지 말고 인력과 기술이라고 생각할 때 개선점이 어디에 있는지 분석하고 개선한다.
- 사회적 경제 불황을 극복하기 위하여 우리만의 강점은 없는지를 확인하고 영업에 적극 반영한다.

㉰ W/O(약점-기회)전략
- 주위의 부정적인 평판을 개선하여 강점을 만들어 홍보에 적극 활용한다.
- 제품에 대한 개발력, 다각화 부족 등은 건강 제품을 찾는 소비자의 인식을 생각하여 제품 재료에 대한 이해력을 높이고 소비자에게 알릴 수 있는 방법을 적극 개발한다.

㉱ W/T(약점-위협)전략
- 건강에 민감한 소비자를 위하여 이스트, 제빵개량제 등을 대처하여 제조할 수 있는 제품을 개발하고 수를 늘린다.
- 경제 환경의 불황은 소비자의 소비심리를 위축시키므로 가격대책과 함께 홍보와 판촉을 늘린다.
- 포화되고 있는 동종 업계의 수적 증가에 대처할 수 있는 방안을 마련하고 경쟁에서 이길 수 있는 방안을 꾸준히 마련한다.

(2) 제과제빵 마케팅 전략 세우기

① STP=segmentation(세분화), targeting(타깃 선정), positioning(위치) 마케팅 전략 세우기

㉮ segmentation(세분화): 시장의 확대와 세분화

- 제과제빵 시장은 집단 주거단지가 늘어남에 따른 확장 수요와 경쟁적인 여러 업체의 무분별한 개입으로 성장이라기보다는 어떤 의미에서 포화상태인데 이러한 시장도 살펴보면 지역 시장에 어울리는 제품이 존재할 수 있으므로 시장을 세분화하여 전략을 세워야 한다.

㉯ targeting(타깃 선정): 표적시장 선정하기

- 시장이 세분화되면 주 타깃 소비자를 선정해야 하는데 사무실이 밀집한 시장에서는 식사 대용식인 샌드위치 종류를 다양하게 개발한다든지 주거지역에서는 소비자의 연령층을 조사하여 선호하는 제품을 주로 생산한다든지 학교나 학원 등이 밀집한 지역이면 간식류의 달콤한 제품을 주로 생산해야 하므로 소비자의 타깃을 선정하여 시장을 우선 점해야 한다.

㉰ 포지셔닝(차별적 우위 선정)전략 수립하기

- 포지셔닝은 소비자의 마음 또는 인식에서 경쟁 브랜드에 비해 특정 브랜드가 차지하고 있는 위치를 강화하거나 변화시키는 전략이다.
- 적절한 제품을 만들고 이를 광고를 통해 소비자를 설득하면 이익을 거둘 수 있다고 생각하지만 포지셔닝은 이러한 관점의 전환을 요구한다. 즉 기업이 아무리 자신의 제품이나 브랜드를 이러이러하다고 강조해도 소비자가 그것을 다르게 인식한다면 아무 소용이 없는 것이다.
- 우리 제품이 최고라고 광고에서 이야기해도 소비자가 '싸구려'라 인식해 버리면 그것은 저가 브랜드가 되는 것이다. 따라서 기업은 제품이나 브랜드 자체를 자신의 의도대로 기획, 생산하는 것으로 끝나서는 안 되며, 그것이 소비자의 마음이나 인식에 어떻게 자리 잡아야 하는가를 계획해야 한다.

② 제과제빵 마케팅 믹스 전술 수립하기

㉮ 4P 전술 이해하고 제과제빵 직종에 적용하고 토론하기

- 제품(Product), 가격(Price), 유통(Place), 촉진(Promotion)에 대해 상호 경쟁 우위를 파악하여 경영전략을 세운다.
- 주위 경쟁업체의 4P전술을 주기적으로 파악하고 기록하여 우리의 개선점을 찾아 경영에 반영한다.

㉔ 7P(3P) 전술 이해하고 제과제빵 직종에 적용하고 토론하기

- 상품(Product), 가격(Price), 입지(Place), 촉진(Promotion), 과정(Process), 물리적 근거(Physical Evidence), 사람(People) 등 7가지 요소로 4P에 3P를 추가하여 마케팅 믹스에 활용된다.
- 과정, 물리적 근거, 사람에 대해 분석하여 경영전략을 세우는데 특히 제과제빵 제품과 나이, 성별, 계층 등 사람과 관계가 깊으므로 주 소비고객을 면밀히 분석하여 경영전략을 세워야 한다.

㉕ 4C 전술 이해하고 제과제빵 직종에 적용하고 토론하기

- 고객가치(Customer value), 고객비용(Cost to consumer), 편리성(Convenience), 커뮤니케이션(Communication)에 대해 토론하여 경영전략을 세운다.

〈마케팅 전략 수립 방법론〉

구분	항목	방법론
경영환경 분석	• 내적 환경요인: 사업영역, 경영목표, 기업문화, 조직형태, 마케팅 전략 • 외적 환경요인: 소비자, 경쟁사, 공급업자, 기술적 환경, 경제적 환경, 매체환경, 사회문화적 환경, 법적·정치적 환경	• PEST 분석: Political, Economic, Social, Technological • 3C 분석: Company, Customer, Competitor • SWOT 분석: Strength, Weakness, Opportunity, Threat
전략적 시장계획	• 전사적 수준의 사업계획 작성 • 사업포트폴리오 구성과 결정 • 전략사업단위(SBU)의 평가 및 사업전략수립	• BCG Matrix • GE Matrix • 5Forces Model • Market-Product Grid Model • Generic competitive strategy
STP 마케팅 전략 수립	• 시장세분화 • 표적시장 선정 • 포지셔닝	• STP전략 컨설팅 프로세스
4P Mix: 제품 전략	• 제품요소관리 • 제품믹스관리 • 상표관리	• 제품 구성요소의 분석 • 제품 구매목적에 따른 분류 • 제품믹스 확장전략 • 제품퇴진전략 • 상표전략 & 상표명전략 • 제품수명주기(PLC) 분석
4P Mix: 유통 전략	• 유통경로 구축 • 물적 유통 시스템	• 공급체인관리 • VMS, MMS, HMS 전략 • 경로갈등관리 • 물류(재고)관리시스템 도입
4P Mix: 가격 전략	• 가격 구성 및 결정 • 가격관리	• 가격결정방법 • 가격전략
4P Mix: 촉진 전략	• 촉진믹스관리 • 광고 전략 • 판매촉진 전략 • 인적 판매 전략 • PR & 홍보 전략	• IMC 마케팅 전략 • Push or Pull 전략 • 광고개발 및 관리 • PR 관리 • 판촉 프로그램 개발 • 인적 판매 프로세스 개발

〈출처: (주)석세스위드〉

2 경영전략

1) 가격결정과 적정이윤 추구

(1) 제품의 가격은 재료원가, 비용, 인건비, 이익 등 여러 조건으로 결정되는데 제품의 특성과 소비층은 물론 주위 유사 판매 제품에 대한 비교 분석을 통해 적정이윤을 포함한 가격결정이 이루어져야 한다.

(2) 고객 접점에서 고객만족에 대한 제품가격, 품질, 서비스 등에 대한 세밀한 조사를 하여 만족도를 높일 수 있는 방안을 강구하고 제품과 서비스에 그 결과를 수시로 반영해야 한다.

(3) 판매 수익성 제고, 매장운영의 합리적인 방안, 인력구조의 효율성, 관리자의 업무와 매장근무 직원업무의 수행분담, 판매자의 고객 서비스 규정 등 영업 정책을 매뉴얼화해서 관리해야 한다.

2) 제과제빵 경영전략

(1) 제품의 계절 특수, 점포 인테리어의 포인트, 인접 경쟁업체의 수준을 파악하여 경영전략을 세우고 점검하고 수시로 적용해야 한다.

(2) 인접 경쟁업체, 비교우위 유사 업체의 인테리어, 청결도, 안전도 등을 비교 분석하여 평가하고 경영전략에 반영해야 한다.

(3) 판매관리 시 판매자의 제품에 대한 인식, 제품에 대한 전문적 지식, 품질 우위, 가격 경쟁력을 바탕으로 경영차별성을 부각시켜야 한다.

(4) 매장 공간, 상품별 집중관리, 진열 규모의 적정성 등 부가적 매출향상을 위한 다양한 활동을 고려하여 경영전략에 포함해야 한다.

(5) 철저한 상품관리로 제품별 주요 컴플레인 사항을 점검하여 경영전략에 반영한다.

(6) 구매관리, 재고관리, 판매관리, 인사관리, 영업 이익관리, 로스 및 폐기관리, 지속적 손익 타당성 검증 등을 기간별로 점검하여 경영전략에 반영해야 한다.

3) 경영의 차별화

(1) 입지와 인테리어 차별화

① 목표고객이 선정되면 목표고객의 성별, 나이, 직업군 등을 고려하여 고객의 기호에 맞는 입지와 인테리어의 콘셉트를 결정해야 한다.

② 젊은 고객층의 경우 모던하고 심플한 인테리어 콘셉트를 선호하고 구매결정 시 다른 요인

보다 인테리어에 많은 비중을 두고 있다. 따라서 목표고객의 성향을 분석하여 입지와 인테리어를 차별화한다.

③ 목표고객 분석

   ㉮ 이동 장소: 오피스, 대형서점, 극장, 대학교, 학원가 등

   ㉯ 동선: 역세권(전철역, 버스터미널), 퇴근 후의 이동 동선, 출퇴근시간대 등

   ㉰ 주거 밀집지역: 아파트, 오피스텔, 빌라, 다세대주택, 주택면적 등

   ㉱ 수입: 소비성향, 차량의 종류 등

(2) 제품 선정 및 가격 차별화

① 제품을 선정할 때 고객이 선호하는 여러 조건을 조사하여 경쟁 업체보다 한 발 빠르게 제품을 개발하여 대응하는 것이 중요하며 가격도 미리 결정할 수 있는 차별화된 경영전략을 세워야 한다.

② 지역의 상권 내 점포를 방문하여 제품의 구성을 조사하고 자기 점포와의 차별화 전략을 수립하고 타 지역에서의 인기상품과 예측되는 상품을 개발하여 고객에게 가치를 제공하는 차별화 전략을 한다.

③ 제품 가격은 고객의 구매선택 시 중요한 결정요인이므로 고객층에 적합한 가격정책을 추구해야 한다.

(3) 서비스 차별화

① 제과점은 빵, 과자 등의 제품뿐만 아니라 서비스를 제공하는 점포로서 서비스 차별화가 중시된다.

② 생산과 동시에 소비자에 의해 직접 소비되므로 고객접점에서 소비자의 의견을 바로 반영하여 서비스하는 차별화가 필요하다.

3 점포관리

1) 점포설계

(1) 입지조사 원칙

① 매상예측의 원칙: 매상예측의 원칙은 매출액을 추정해 보는 것인데 주위 경쟁 상권의 매출액을 여러 차례 방문하여 고객 수, 1인 구매액, 판매단가 등을 추정하여 우리 점포의

매출액을 예측하는 방법이다.

② 5감(感)예측 원칙: 통계 데이터만으로는 입지에 따른 수요를 예측하는 데 한계가 있다. 현지에서 직접 실사하여 시각, 청각, 취각, 미각, 촉각의 5감을 동원하여 관찰한다.

③ 수치화 원칙: 오감으로 확인된 정보를 현장 사정에 맞는 기준으로 수치화하여 객관적인 자료로 활용하는 원칙이다.

④ 비교의 원칙: 주변 점포 유동인구와 매출액 등을 조사·비교하여 대상입지의 매출액을 예측하는 방법이다.

⑤ 가설검증의 원칙: 입지에서 매출을 일으키는 요인을 찾아서 가설을 세우고 하나씩 검증하여 해당입지의 매상을 예측방법이다.

(2) 입지조사의 주요 항목

① 점포가 위치한 곳의 지형, 교통환경(버스나 지하철 정류장, 주차장 등), 유동인구(도보 및 차량 통행인, 승하차 승객, 시간대별 고객흐름 등), 주위환경(단독 주택, 상업시설, 사무실 집중지역, 아파트단지, 상주인구, 소득층 등) 등을 조사한다.

② 지역의 문화수준, 식음료 소비성향, 자가용 보급률, 가계소비지출, 소비구매력, 외식률, 빵, 과자 소비성향 등을 조사한다.

③ 경쟁점의 매장 면적, 좌석 수, 고객 수, 객단가, 근무인원, 점포 형태 및 입지, 서비스 수준, 청결상태, 주차공간, 영업시간, 피크타임, 주요 메뉴와 가격대, 계산방법, 주요 소비층, 매상고 흡입요인분석, 경쟁 정도, 경영상황, 접객태도, 중요 판촉이벤트 등을 조사한다.

④ 지역개발 계획을 조사하여 장래성을 예측한다. 도로, 철도, 지하철, 고속도로 등의 신설, 대규모 시설계획, 인구의 이동변화, 도시계획, 도시구획 및 정리, 대형기관의 이동, 주택건설 계획, 대단위 단지조성 계획 등을 조사한다.

⑤ 지가, 건물임대 보증금, 월 임대료, 건축공사현황, 지역의 제과점 인건비 수준, 지역 타 산업의 인건비 수준, 건축비, 인테리어 평당 단가, 원자재 구입방법 및 원자재비용 등 경제성 항목을 조사한다.

(3) 제과점 입지의 특성

① 번화가 및 상가: 번화가에서의 제과점은 점포 임대료가 높아 실패하는 경우가 있으므로 카페와 함께한다든지 특정품목을 집중 선택하여 인건비를 줄이고 공간을 효율적으로 사용해야 하며 규모가 있는 상가에서의 제과점 경영은 가격경쟁에서 이길 수 있는 제품을 선택하고 주변 상가의 판매품목을 잘 파악하여 입지를 선정해야 한다.

② 사무실 빌딩가: 사무실이 많은 환경은 대부분 점심시간을 이용하여 구매가 일어나므로 그 시간대를 집중 공략할 수 있는 제품을 선택하여 제과점 경영을 해야 한다.

③ 주택가: 주택가의 제과점 영업은 생각처럼 쉽지 않으므로 상권 주변 주부를 상대할 수 있는 제품의 개발에 주력해야 하고 주부들은 제품의 질과 맛에 민감하고 입소문에 의한 제품과 서비스에 관한 전파도 빠르므로 어느 것 하나 소홀히 하면 영업에 상당한 영향을 미치게 된다.

④ 아파트 단지: 아파트 단지는 단지마다 상가가 있어 제과점 영업을 쉽게 할 수 있을 것 같지만 이 또한 주택가나 마찬가지다. 아울러 상가의 활성화에 따라 제과점 영업이 좌우될 수 있으므로 상가의 활성화를 눈여겨보고 제과점 영업을 시작해야 한다.

⑤ 역세권: 역세권이라 해도 교통 인구의 흐름을 잘 파악하여 점포의 입지를 선정해야 하며 주요 공략품목도 유동인구의 외식 선호도에 의해 결정해야 한다.

⑥ 도로변: 도로변의 제과점은 주차환경이나 도로의 교통 흐름, 커브나 경사 등 도로의 사정에 민감하게 작용될 수 있는 것이다.

⑦ 시장: 시장의 유동인구를 파악하고 시장의 규모나 시장고객의 구매능력을 면밀히 검토하여 어떤 품목으로 공략할 것인지를 정확하게 설정해서 입지를 선정해야 한다.

2) 상가 임대차계약 시 주의사항

(1) 대상건물 확인

① 건축물 대장: 무허가, 위법건물 및 용도 확인(인허가 관련 사업목적)
② 등기사항증명서: 소유권, 압류, 근저당 등 확인
③ 구조, 형태: 누수, 벽면균열 등 하자 여부 확인

(2) 소유자 확인

① 등기사항증명서
- 등기부상의 소유자와 실소유자(소유권)가 다를 수 있음
- 등기부상의 소유자와 계약을 해야 함
② 선순위 권리자 파악
- 압류, 근저당, 선순위 세입자 등을 종합해서 파악
- 경매 시 임대차 보증금 회수가 보장될 수 있는지의 여부를 파악해야 함

(3) 계약

① 계약기간

- 상가 계약기간은 통상 1년이다.
- 만료 후 차임(월세) 증액(연 9%) 요구 가능성을 감안하여 계약기간을 임대인과 협의하여 조정이 가능하다.
- 공사 계약기간을 충분히 확보한다.

② 계약갱신

- 전체기간 5년 이내 계약갱신의 요구가 가능하다.
- 「상가 임대차 보호법」 적용 여부를 확인한다.

③ 계약 후 조치

- 계약 후 확정일자는 반드시 받아둔다.
- 확정일자는 점유 후 효력이 발생한다.
- 임대차 보증금이 거액일 경우는 전세권을 설정하든지 전세금 보증보험에 가입한다.

(4) 임차인 입장에서 요구사항(특약)

① 인·허가 시 임대인 협조

- 인·허가 시 임대인의 승인이 필요할 경우 협조한다.
- 인·허가 시 제 증명이 필요할 경우 협조한다.
- 기타 인허가에 필요한 사항을 임대인은 임차인에게 협조한다.

② 권리관계 현 상태 유지

- 임대인은 계약 후 잔금 시까지 현 상태로 권리관계를 유지한다.
- 임대인으로부터 권리금 계약 시 임대차 계약 미체결 시에는 원금 회수 조항을 첨부한다.
- 원상회복 등 부당한 조항여부를 확인한다.
- 기존 영업허가증 폐업 및 양도 여부를 확인한다.

(5) 인허가

① 영업신고 및 허가사항

- 일반음식점, 휴게음식점, 제과점은 위생교육 필증과 임대차 계약서, 건강진단결과서(보건증)와 영업장 시설 및 면적에 따른 추가서류를 준비하여 해당관청(시청이나 구청, 군청)에 제출하여 신고한다.
- 영업장 면적에 따른 추가서류는 소방안전시설 등 완비 증명서를 관할 소방서에서 발급

받아 제출한다.

② 사업자 등록증 허가

- 사업자 등록증은 특별한 사유가 없는 한 법규에 따라 교부받을 수 있는데 점포 관할지역의 세무서에 신청 및 허가를 요청한다.
- 서류는 사업자 등록증 허가 신청서, 영업 신고증 사본, 주민등록등본 1부(법인의 경우 법인 등기부등본), 주민등록증 사본, 임대차 계약서 사본이 필요하다.

3) 제빵 주방 및 매장 인테리어

① 주방설계의 기본방향

- 주방을 설계하기 전 주력 제품의 생산계획을 먼저 결정한다.
- 경영목표와 생산량을 고려하고 주방의 면적에 따라 제과제빵 기계 및 기물의 크기를 결정한다.
- 오븐, 발효기, 믹서, 냉장고, 냉동고, 작업대, 개수대, 창고 등의 배치 공간을 결정한다.
- 경영목표에 따라 주방 근무인원을 결정하고 인원에 따른 작업 동선을 결정한다.
- 주방기기별 생산능력을 체크하여 경영목표에 따른 생산능력이 가능한지를 확인한다.
- 주방의 크기와 생산량에 따라 작업동선이 최대가 나올 수 있게 한다.

② 기계 및 기물의 배치(레이아웃 = layout)

- 주방은 점포의 형태, 면적, 조건에 따라 합리적으로 설정되어야 한다.
- 주방바닥과 주방벽체의 마감재는 샘플을 보고 결정해야 한다.
- 배수시설, 냉·온수 공급라인을 확보한다.
- 전기(전압 및 전력)의 용량을 충분히 확보한다.
- 도시가스 설치지역 여부를 체크한다.
- 닥터 및 후드의 설비도면을 확인한다.
- 주방기기의 Layout이 합리적인지 체크한다.
- 주방기기의 종류, 규격을 기록한 목록을 첨부한다.

③ 제과제빵 주방기기의 선정

- 견적가격만 체크하지 말고 주방기기에 따라 어떤 재질과 두께, 성능, 주방조건 등에 맞는지를 체크한다.
- 기기 메이커의 설명과 사용자의 요구사항을 충분히 검토하여 선정한다.
- 견적가격은 메이커의 가격과 함께 여러 시장 공급처의 어떤 유통단계에서 작성되었는

지를 파악하고 저렴한 제품의 구입보다는 구입 후 A/S가 잘 이루어지는지를 확인하여 구입 시에는 A/S기간을 반드시 설정한다.

- 소모율이 높은 부품은 최소한 6개월분은 확보해 둔다.
- 가격이 약간 고가라도 우수메이커의 제품을 사용하는 것이 좋으며 선정 시에는 전문가의 자문을 받는 것이 좋다.

④ 영업점포 인테리어 공사

- 인테리어 공사를 하기 전에 여러 업체의 견적서를 검토하여 업체를 선정하고 인테리어 계약을 한다.
- 견적서에는 철거공사, 칸막이공사, 조적공사, 전기공사, 설비공사, 배기·닥터공사, 내장공사, 가구공사 등과 점포의 외부형태, 천장 및 벽체의 형태, 냉난방기의 위치, 파티션의 모양, 간판의 형태 및 구조, 조명기구의 종류 등으로 항목을 구분하여 작성토록 한 뒤 각 공사항목별로 제시된 금액을 비교해 본다.
- 전체 금액이 낮은 것을 선택하기보다는 항목별 금액에 문제가 없는지 견적을 비교하여 최선의 선택을 한다.
- 공사업체가 선정되면 업체가 주관하여 전기, 설비, 가스 등의 업체와 협의하여 인테리어 도면을 작성하여 기본설계가 완성되면 도면에 빠진 내용이 없는지 세밀하게 확인하고 보완한다.
- 기본설계도면에 의해 수정과 보완작업을 거친 뒤 공사실시 도면을 작성한 후 공사에 들어간다.

4) 제과점 개점과 점포 차별화

(1) 제과점 개점 준비

① 인원이 선발되면 개점을 위한 준비를 해야 하는데 판촉물을 제작하고 홍보를 충분히 하며 개점에 특별한 이벤트를 준비해야 한다.
② 점포의 첫인상이 개점의 시점에서 결정되므로 개점준비를 소홀히 한 채 개점을 서두르면 향후 영업에 상당한 영향이 있다.
③ 점포의 장점을 개발하고 부각시켜 경쟁 점포와의 차별화를 주어 우리 점포만의 특별한 제품을 고객에게 각인시켜야 한다.
④ 모든 준비가 완벽하게 이루어졌을 때 오픈행사를 계획성 있게 해야 한다.

(2) 점포 차별화 전략

① 입지와 인테리어 차별화

- 목표고객이 선정되면 목표고객의 성별, 나이, 직업군 등을 고려하여 고객의 기호에 맞는 입지와 인테리어를 결정해야 한다.

② 목표고객 분석

- 목표고객을 분석하기 위해서 목표고객의 이동장소, 동선, 주거지역, 거주자의 성향 등을 분석한다.
- 이동 장소: 오피스, 대형서점, 극장, 대학교, 학원가 등
- 동선: 퇴근 후의 이동 동선, 출퇴근시간대 등
- 주거 밀집지역: 아파트, 오피스텔, 빌라, 다세대주택, 주택면적 등
- 거주자 분석: 소비성향, 차량의 종류 등

③ 제품 및 가격 차별화

- 생산하는 제품을 선정할 때 고객이 선호하는 제품을 조사하여 빠르게 대응하는 것이 제품차별화 전략이다.
- 지역의 상권 내 점포를 방문하여 제품의 구성을 조사하고 경쟁점포와의 차별화 전략을 수립한다. 타 지역에서의 인기상품과 예측되는 상품을 개발하여 고객에게 만족감을 주어야 한다.
- 가격 또한 고객의 점포 선택에 중요한 결정요인이므로 고객층에 적합한 가격정책을 추구해야 한다.

④ 서비스 차별화

- 제과점은 빵, 과자 등의 제품뿐만 아니라 서비스를 제공하는 점포로서 서비스 차별화가 중요하다.
- 무형성이며 생산과 동시에 소비되고 소비자가 서비스 생산과정에 직접 참여하고 소비자의 의견이 반영되어야 하므로 고객응대에 필요한 차별화된 서비스가 필요하다.

5-3 고객관리하기

1 고객만족

1) 고객만족 경영

(1) 고객 기대와 만족

① 고객의 사전 기대 수준보다 제품을 구매한 후의 사후 기대치가 높으면 고객만족이라 할 수 있는데 가격, 서비스 등을 넘어선 사후 기대치를 올리는 방안을 경영전략에 적극 반영하는 것이 중요하다.

② 고객의 욕구와 기대에 최대한 부응하여 그 결과로서 제품과 서비스를 재구입할 수 있는 단골고객의 창출이 제과점 경영에서 아주 중요하다.

③ 고객은 기대이상의 제품과 서비스를 받게 되면 만족과 감동을 하게 되어 단골고객이 되며 이를 충족시키지 못하여 만족도가 떨어지면 바로 떠나는 것이 먹거리 제품 판매인 제과제빵 영업이다.

④ 제과점 고객만족은 고객접점(M.O.T=Moment Of Truth)에서 이루어지는 것이 큰 비중을 차지하므로 고객 접점에서 근무하는 직원의 지속적인 서비스 마인드를 키울 방안을 경영전략에 포함해야 한다.

⑤ 고객의 기대수준은 개인마다 다르므로 지속적으로 고객의 욕구수준을 파악해야 고객의 만족도를 높일 수 있다.

(2) 고객만족의 3요소

① 하드웨어(hard ware)
- 제과점의 상품, 기업이미지와 브랜드파워, 인테리어시설, 주차시설, 편의시설 등을 말한다.

② 소프트웨어(soft ware)
- 제과점의 서비스, 서비스절차, 예약, 업무처리, 고객관리 시스템, 사전 사후 관리 등에 필요한 절차, 규칙, 관련 문서 등 보이지 않는 무형의 요소를 말한다.

③ 휴먼웨어(human ware)
- 제과점의 직원이 가지고 있는 서비스 마인드와 접객태도, 행동, 문화, 능력, 권한 등의 인적 자원을 말하는데 직원들의 행동과 서비스 마인드는 고객만족도를 높이는 데 매우 중요한 요소이다.

(3) 고객관계관리(CRM=customer relationship management)

① 불특정 다수를 대상으로 하던 고객관리에서 특정계층 및 단골고객을 위한 차별화된 마케팅이 필요한데 고객과 관련된 자료를 분석하여 특정고객중심의 관리를 극대화하여 이를 토대로 영업활동, 마케팅을 계획하고 관리, 평가하는 과정을 고객관계관리라고 한다.

② 방문고객을 분류하여 신규고객을 확보하거나 단골고객을 유지하기 위해 개별고객에 맞는 맞춤전략으로 차별화를 강화하고 시장의 흐름을 반영하여 경쟁우위 전략을 세워 경쟁업체로의 이탈을 방지하는 것이 제과점 영업에서 중요하다.

2) 고객관리

(1) 고객선별

① 고객세분화

- 제과제빵 제품은 제품의 특성상 선호하는 고객이 다를 수 있으므로 고객을 세분화하여 제품을 개발하고 서비스를 차별화해야 한다.
- 제과제빵 제품의 홍보가 필요하거나 긍정적인 반응을 보이는 고객층을 선별하여 홍보를 차별화해야 한다.
- 고객별 특성을 바탕으로 차별화된 관심과 서비스를 제공함으로써 고객만족을 증대시키고 충성도를 높일 수 있다.

② 고객세분화 방법

- 고객을 세분화하기 위해 고객의 성별, 나이, 행동특성 등을 파악한다.
- 세분화된 고객은 타기팅과 포지셔닝이 가능한지 실행 가능성을 파악한다.
- 세분화된 고객이 구매력이 있는지 파악한다.
- 전형적인 충성고객과 일반고객, 가치파괴 고객으로 세분화한다.

(2) 신규고객 확보하기

① 고객접점(MOT)을 이용한 신규고객 확보하기

- 고객이 제과점의 광고나 홍보기사를 보는 순간, 문을 열고 들어서는 순간, 제품을 선택하는 순간, 계산을 하는 순간, 나가는 순간 등 결정적인 순간에 고객감동으로 신규고객을 확보할 수 있다.

② 온라인으로 신규고객 확보하기

- 온라인으로 차별화된 홍보를 통하여 신규고객을 확보한다.

- 서비스 영역 내의 고객에 따른 소비성향을 파악하고 고객 맞춤 서비스를 개발하여 신규 고객 창출에 적극 활용한다.
- 특성화된 차별 서비스와 친밀한 커뮤니케이션을 통해 신규고객을 확보한다.

③ 다양한 마케팅을 활용하여 신규고객 확보하기
- 시식 등의 활성으로 제품에 따른 신규고객 창출방안을 마련해야 한다.
- 고객지향적 서비스 마인드와 고객관리 시스템 운영으로 새로운 고객의 확보와 단골고 객의 유지방안을 같은 맥락에서 연구하고 관리해야 한다.
- 마일리지 적립, 생일에 방문하는 고객, 할인제도 등을 이용하여 신규고객을 확보 한다.

(3) 우수고객 유지하기

① 신규고객 유치를 위해 적극적인 고객 확보 활동이 필요하지만 기존의 우수고객을 관리하 고 유지하는 활동의 중요성을 안다.

② 모든 고객이 평등하지 않으므로 고객관계관리(CRM)를 활용하여 개별 고객의 특성에 따른 판매와 홍보활동을 실행하고 고객 확보 비용뿐만 아니라 우수고객 유지비용을 감소시 킨다.

③ 수익창출은 고객의 양적 증대가 아니라 질적 성장으로 보고 때로는 신규고객의 확보를 자제하고 우수고객의 니즈에 대응하여 우수고객 관리를 할 필요성이 있다.

④ 고객의 데이터 분석을 통해 우량성향을 지닌 잠재고객을 발굴하여 우수고객으로 유치 한다.

(4) 고객정보관리

① 매출 향상을 위한 고객 선별을 통해 충성고객, 악성고객 등의 고객으로 분류하고 특별 관리하는 고객정보관리가 필요하다.

② 고객의 요구에 의거하여 고객니즈를 돌출시켜 요소별 적정성을 확인하며 고객의 충성도 를 높이는 방안으로 고객정보관리를 해야 한다.

③ 매장고객 응대방법, 고객의 편의성에 맞는 동선 수립 등으로 고객을 유지할 수 있는 방안 을 꾸준히 개발해야 한다.

④ 고객정보 보호를 종업원에게 주지시키고 고객정보 관리방안을 철저히 할 필요가 있다.

2 고객응대

1) 매장 서비스

(1) 첫인상의 중요성

① 제과점은 보통 가까운 지역의 소비자가 주를 이루므로 고객이 매장에서 처음으로 만나는 직원의 이미지가 곧 매장과 브랜드 이미지와 직결될 수 있으며 주위에 전파력이 빠르고 크기 때문에 상당히 중요하다.

② 매장 직원의 첫인상이 고객에게 인식되면 영업에 강한 영향을 미치기 때문에 이후의 고객 관계 형성에 중요한 열쇠가 되기도 한다.

③ 고객접점 직원의 고객응대 교육을 꾸준히 실시하고 매뉴얼화하여 수시로 점검해야 한다.

(2) 인사

① 인사의 정의

- 인사는 사람 인(人)과 일 사(事)로 이루어진 단어로, 사람이 마땅히 섬기면서 할 일을 뜻한다.
- 인간관계의 첫걸음으로, 인사는 가장 기본적인 예의이며 서비스맨의 인사는 고객에 대한 봉사정신의 표현이다.

② 인사의 종류와 방법

㉮ 목례

- 눈으로 예의를 표시하며 허리를 약간 굽히거나 가볍게 머리를 숙이는 정도의 가벼운 인사를 말한다.
- 가볍게 머리를 숙이는 눈인사로 남자는 차려 자세로, 여자는 손을 모아서 하복부쯤에 두고 밝은 표정으로 15도 정도 굽힌다.

㉯ 보통례

- 전통 인사법의 평절에 가까운 인사로 가장 기본이 되는 인사이며 일상생활에서 가장 많이 한다.
- 일상생활 중 어른이나 상사, 내방객을 맞을 때 하는 인사로 상대를 향하여 허리를 30도 정도 굽혀주는 인사다.
- 남자는 양손을 바지 재봉선에 대고 하며 여자는 공수 자세로 인사한다.

㉡ 정중례

- 감사나 사죄의 마음을 전하는 경우에 45도 정도 허리를 굽혀서 마음을 전하는 인사다.
- 가장 정중한 표현이므로 가벼운 표정이나 입을 벌리고 웃는 행동은 삼가는 것이 좋다.

(3) 잘못된 인사

① 고개만 끄덕이는 인사

② 동작 없이 말로만 하는 인사

③ 상대방을 쳐다보지 않고 하는 인사

④ 형식적인 인사

⑤ 계단 위에서 윗사람에게 하는 인사

⑥ 뛰어가면서 하는 인사

⑦ 무표정한 인사

⑧ 인사말이 분명치 않고 어물어물하며 하는 인사

⑨ 아무 말도 하지 않는 인사

2) 고객 맞이 인사 매뉴얼

(1) 대기자세

① 시선은 정면보다 약간 아래를 향한다.

② 남자는 손을 가지런히 하여 바지 재봉선에 붙인다.

③ 여자는 오른손이 위로 향하도록 두 손을 포개어 단전에 놓는다.

④ 발은 양쪽 발뒤꿈치를 붙인다.

(2) 표정

① 입 운동하기

- 입을 크게 벌려 큰 소리로 '아', '에', '이', '오', '우' 소리내기를 연습한다.
- 볼에 바람을 잔뜩 불어 넣어 좌우, 아래, 위로 움직인다.

② 눈 운동하기

- 눈썹을 위아래로 되풀이해 움직인다.

③ 웃는 얼굴 유지하기

- 두 집게손가락으로 크게 웃는 입 꼬리를 고정시킨다.
- 근육의 움직임을 확인하면서 10초간 웃는 얼굴을 유지한다.

(3) 맞이 인사

① 상체를 30도 정도 앞으로 기울여 인사 연습을 한다.

② 손은 앞으로 모아 양손으로 손가락을 붙이듯이 가지런하게 한다.

③ 밝고 명랑한 목소리로 "안녕하십니까? 어서 오십시오.", " 안녕하십니까? 반갑습니다." 하고 인사 연습을 한다.

(4) 대기 인원 수가 많은 경우 인사말

① 손은 앞으로 모아 양손으로 손가락을 붙이듯이 가지런하게 한다.

② 상황에 맞는 표정으로 "고객님, 오래 기다리셨습니다.", "고객님, 기다려주셔서 고맙습니다." 하고 양해 인사를 연습한다.

(5) 주의해야 할 대화법

① 부정의 말
  • "안 됩니다.", "안 돼요.", "모르겠는데요."

② 핑계의 말
  • "그건 제 담당이 아니에요.", "지금 바빠서요."

③ 무례한 말
  • "뭐라고요?", "어떻게 오셨어요?", "어쩌라는 거죠?"

④ 냉정한 말
  • "업무시간 끝났습니다.", "그건 고객님 사정이죠."

⑤ 따지는 말
  • "그건 고객님 책임이지요.", "저희 책임이 아닙니다."

⑥ 권위적인 말
  • "규정이 그렇게 되어 있습니다."

⑦ 무시하는 말
  • "그건 아니죠.", "고객님이 잘 몰라서 그런 거 같은데요.~"

제6장 베이커리 경영

베이커리 경영

6-1 생산관리하기
6-2 마케팅관리하기
6-3 매출손익관리하기

6-1 생산관리하기

1 경영과 생산

1) 경영의 정의

(1) 경영(management)이란 재정을 제외한 가계·기업, 기타 국민경제를 구성하는 개별경제의 단위를 말하며 재화, 서비스를 생산·분배·관리하는 사람들의 제반 활동을 말한다. 경영학 (business management)이란 개인이나 사회 전체의 안락과 복지를 위하여 필요한 경영현상을 관찰하여 거기에 존재하는 법칙을 밝히고 그것을 실천적 목적에 활용하기 위한 학문을 말한다.

(2) 기업 경영(administration of enterprise)이란 영리를 목적으로 필요한 자금을 조달하고, 인적 요소와 물적 요소를 결합하여 이것을 경제적으로 운용하는 생산·판매 활동을 말한다.

(3) 베이커리 경영(bakery management)이란 베이커리 영업의 생산·유통과정에서 발생하는 경제적인 운용과 여러 경영의 개념을 적용 발전시킨 것이다.

2) 경영의 3대 기본원리

(1) 선택성 원리

- 경영활동에 물적 자원과 인적 자원을 동원하고 이를 합리적으로 결합시켜 목적달성에 유효하게 활용하기 위하여 가장 유리한 것을 선택하는 것이 경영자의 의사결정이며 선택성의 원리이다.

(2) 적응성 원리

- 기업경영은 해당산업 및 국민경제의 변화와 국제정세의 변화에 잘 적응해야 존재할 수 있으며 항상 시장수요 또는 소비구조의 변화에 크게 영향을 받는다.
- 해당 산업의 미래변화를 예측하고 잘 통찰해서 기업을 변화하는 외부환경에 적응시키는 것이 곧 적응성 원리에 입각한 경영이다.

(3) 창조성 원리

- 경영자는 기업의 유지·발전을 위해서 창조적 활동을 해야 하는데 의욕적이고 적극적이며 혁신적인 창조활동을 통해서 기업은 생기를 지니게 되고 수익성을 올릴 뿐만 아니라 사회의 복지향상에 기여하는 창조성의 원리가 있어야 한다.
- 선택성과 적응성과 창조성의 원리는 따로 분리된 것이 아니고 서로 밀접한 관련성을 가진다.

3) 생산의 요소

(1) 생산의 3요소: 재료(Material), 사람(Man), 자금(Money)

(2) 생산의 4요소: 사람, 재료, 자금, 경영(management)

(3) 생산의 투입요소: 원자재(Material), 설비(Machine), 인력(Man), 시간(Minute), 자금(Money)

(4) 생산활동의 구성요소(4M): Man(사람, 질과 양), Material(재료, 물질), Machine(기계, 시설), Method(방법)

4) 생산관리의 의미

(1) 자원의 물리적, 시간적, 공간적, 혹은 지리적 변형을 통해 가치를 창출하는 행위를 생산이라 한다. 생산이 있기 때문에 기업의 가치가 존재하는 것이며 생산활동을 계획하고, 조직하고, 통제하는 과정을 관리하는 것이 생산관리(production management)이다.

(2) 생산관리는 기업의 목표를 효과적으로 달성하기 위해 인적 자원, 물적 자원 등을 효율적으로 활용하는 것이다. 특히 생산과 관련된 계획의 수립과 집행, 통솔 및 통제와 같은 일련의 활동을 수행하는 것을 의미한다.

(3) 생산관리의 목적은 경영적 생산활동을 대상으로 생산시스템에 알맞은 관리시스템의 설계·운영·통제에 관한 체계적 연구를 하여 능률성과 효율성을 높이는 것이며, 생산 외적으로는 생산경영에 부과된 과제를 효과적으로 수행하는 것이다.

5) 베이커리 생산관리의 목표

(1) 높고 균일한 품질의 제품

① 높은 품질이란 경쟁업체보다 품질이 높고 비싼 가격에도 불구하고 팔릴 수 있을 만큼 충분히 좋은 품질로 정의된다.

② 프랜차이즈 직영점과 할인점의 맛이 같은 균일한 품질이 요구된다.

③ 어제와 오늘의 제품 품질에 차이가 없이 균일해야 한다.

(2) 원가와 제품 경쟁력

① 제품의 기획, 개발, 생산준비, 조달, 생산까지 제품 개발에 드는 비용을 낮추면서도 제품의 경쟁력을 잃지 않는 범위의 원가여야 한다.

② 원가가 낮아도 경쟁사의 제품과 차이 없는 경쟁력을 유지하는 것이 필요하다.

(3) 신속하고 정확한 공급

① 시장의 수요 경향을 헤아려 고객이 원하는 시간과 장소에 제품이나 서비스를 제공할 수 있는 생산·유통 능력을 갖추어야 한다.

② 시장수요를 파악하고 신속하고 정확한 공급의 여건을 수시로 확인해야 한다.

(4) 시스템의 유연성 확보

① 수요에 따라 생산수량을 조절할 수 있고, 소비자의 요구나 취향에 맞추어 신제품을 개발하거나 제품디자인을 다양하게 변경할 수 있는 능력을 갖추어야 한다.

② 개발, 재료 수급, 생산시설, 인력 등의 과부족을 수시로 파악할 수 있는 시스템을 갖추어야 한다.

6) 생산관리의 기능

(1) 자원 및 재료관리

① 생산부문 간 정보교환을 원활히 함으로써 통합된 정보를 활용케 하여 업무흐름에 따라 시간별·요소별·재료별 정보를 하나의 체계로 통합 구축함으로써 생산성을 극대화한다.

② 통합적 자원 관리는 제과 제품가의 30%를 차지하는 재료조달을 합리적으로 확보함으로써 긴급주문에 따른 생산수주에도 거뜬히 부응할 수 있다.

(2) 설비배치 및 구조유지 기능

① 생산활동에 알맞은 설비배치(plant layout)는 어떤 시설을 어떤 형태로 어느 정도 설치하는 것이 가장 적당할 것인가에 초점을 두고 의사결정을 해야 하는데 경제적인 면을 고려해야 한다.

② 생산과정에서 선행공정과 후속공정 간의 처리능력을 감안하여 공정의 흐름이 일관성을 유지할 수 있도록 라인의 균형이 지켜져야 하고, 공정 간의 상호연결에서 오는 애로공정을 최소화할 수 있도록 해야 한다.

③ 시설의 보수유지는 치료·보전보수방법보다는 예방보수의 방법이 더 유익하다. 보수의 방침이 결정되면 집행을 위한 절차를 확립하여 집행해야 한다.

④ 현재의 기계시설이 노후하여 그 성능이 떨어졌다거나 아니면 아주 성능이 좋은 새로운 기계시설이 개발되었을 경우에도 경영적인 차원에서 이의 대체 여부를 위해 계획을 다시 수립토록 해야 한다.

(3) 생산계획·집행·통제기능

① 생산관리는 생산계획에서 시작된다. 생산계획은 제품별·공정별 제조계획으로 구체화되어 생산활동으로 실행된다.

② 생산계획에 따라 구체적으로 실행해야 할 작업이 일정한 공정에 따라 서열화되어야 한다.

③ 공정에 따라 각 작업을 수행하는 데 필요한 기계가 결정되고 작업시간 계획이 수립되어야 한다.

④ 생산활동이 보다 효율적으로 이루어지기 위해서는 생산활동에 필요한 모든 정보가 효과적으로 사용될 수 있어야 한다.

(4) 품질 보증 기능

① 고객이 원하는 품질요구 사항이 충족될 것이라는 신뢰로 고객에게 품질을 보증하는 기능을 갖는다.

② 목표 원가절감과 품질향상을 위해 좋은 제품을 낮은 가격으로 적기에 생산 공급하기 위한 품질관리와 검사기능은 전사적인 노력으로 전개되어야 한다.

③ 사회나 시장의 요구를 조사하고 검토하여 그에 알맞은 제품의 품질을 계획, 생산하여 품질 보증이 담보되어야 한다.

(5) 재고관리의 기능

① 생산활동이 정상적으로 이루어지려면 언제나 원재료, 완제품, 반제품의 재고량을 적절하게 유지하는 것이 생산관리에 있어서 대단히 중요한 일이다.

② 재고부족에 의한 조업의 중단이나 재고과잉에 의한 자본과 비용의 낭비를 최소화하기 위해 적정 재고량을 유지해야 한다.

③ 재고량의 결정에 있어서는 필요 원자재 및 부품의 구매와 그것의 생산 투입상황이 지속적으로 검토되어야 한다.

(6) 적기 생산 인도기능

① 시장의 수요를 헤아려 고객의 요구에 바탕을 두고 생산량을 계획한다.

② 요구기일까지 적정량을 생산하는 기능을 갖는다.

③ 적기 생산인도시스템(just in time scheduling)은 일반적으로 재고가 없는 생산시스템으로 알려져 있다. 이 시스템은 작업장이나 시설에 자재가 적기에 조달되도록 함으로써 가장 효과적으로 생산활동을 할 수 있게 하는 통제의 기법이다.

(7) 원가 조절 기능

① 제품을 제조하는 과정에서 가장 중요한 것은 품질개선과 원가절감이다. 기업의 목표를 이윤추구라고 한다면 생산과정에서 원가절감은 가장 중요한 목표가 될 수 있다.

② 제품을 기획하는 데서부터 제품 개발, 생산 준비, 재료조달, 제품생산까지 제품 개발에 드는 비용을 계획된 원가에 맞추어야 한다.

7) 베이커리 생산 관리의 체계

(1) 생산 준비

① 신제품 생산계획서에 따라 시험 생산을 준비한다.

② 시험생산 과정을 거치면서 품질, 원가, 판매가, 생산규모, 생산설비, 생산 개시일 등을 결정한다.

③ 이 과정을 통해 생산공정 전체의 능력을 점검하고 작업자를 교육한다.

(2) 생산량 관리

① 판매계획과 연계하여 생산하고자 하는 양을 계획하여 생산하고 통제하는 것을 말한다.

② 생산량 관리는 계획, 생산, 통제의 단계로 이루어진다. 생산계획에는 연간생산계획, 월간 생산계획, 주간생산계획, 일간생산계획이 있는데 필요에 따라 선택 사용한다.

(3) 제품 품질 관리

① 신제품 개발 후 품질의 저하를 가져오는 요인을 찾아 개선하고 관리하는 기능이다.

② 계획한 품질을 소비자의 기호에 맞추어 생산계획에 따라 생산하고 생산품의 품질 여부를 검사하여 출고되도록 관리한다.

(4) 제품의 표준화

① 표준화(standardization)란 제품이나 작업과정을 통일된 형태로 만드는 것이다.

② 제품의 표준화에는 모양, 규격, 종류, 단위, 품질 등이 있다.

③ 작업의 표준화에는 제조방법, 제조를 위한 조건, 제품의 보관 및 유통, 재고처리 등이 있다.

④ 표준화의 효과로는 대량생산, 품질향상의 실현, 제품의 균일화, 일정한 맛, 종업원 교육훈련의 용이, 제조 작업능률의 향상, 생산비의 저하 등을 들 수 있다.

(5) 제품의 단순화

① 단순화(simplification)란 제품의 품목이나 제조작업절차를 간소화시키는 것을 말한다.

② 제조과정에서 사용되는 불필요한 재료를 제거하여 대량생산을 가능하게 하고, 나아가서 원가절감에 의한 경제성을 제고시키는 데 있다.

③ 다양화(diversification)가 가져다주는 경영상의 장점과 단순화가 가져다주는 경영상의 장점을 분석하여 운영의 묘를 살려야 한다.

(6) 제품의 전문화

① 전문화(specialization)는 개별기업의 특정 제품을 전문적으로 생산하는 과정을 의미한다.

② 생산활동에서 분업에 의하여 생산성이 향상된다는 것이 전문화의 기본 개념이다.

③ 생산방법은 기술 면에서 각기 특수한 장점을 지니고 있을 수 있으므로 전문분야별로 집중적으로 제품을 생산한다면 숙련도가 높아질 뿐만 아니라, 질적으로나 양적으로 그 성과를 증대시킬 수 있다.

(7) 원가 관리

① 제품의 가치에는 교환가치, 원가가치, 귀중가치, 사용가치가 있는데, 고객은 교환, 귀중, 사용가치에 관심이 있는 반면, 제과제빵에서는 교환가치와 사용가치가 중요하다.

② 이익을 창출하면서 제품가치를 높이기 위해서는 원가를 절감하는 노력이 필요하지만 제과제빵에서는 경쟁사와의 경쟁력이 우선시되어야 한다.

---

2 수요예측과 생산계획

1) 수요예측의 의의

(1) 수요예측은 모든 공급사슬 계획의 기초를 형성하는 중요한 분야로 판매계획, 생산계획, 구매계획, 물류계획 등 모든 공급사슬 계획 수립의 기초를 형성한다.

(2) 수요예측은 앞으로 전개될 상황에 대해 여러 가지 시나리오를 세우고 대응방안을 찾는 것이 중요하다.

(3) 기업경영을 위해서는 어떤 형태로든 수요예측이 필요한데 가급적 사용 목적에 부합되고, 과학적이고 논리적이며, 정확도가 높은 예측모델과 시스템을 구축할 필요가 있다.

(4) 경영을 잘하기 위해서는 수요예측의 중요성을 인식하고 예측역량을 향상시키는 데 충분한

노력과 투자를 기울여야 한다.

(5) 베이커리 기업의 경우 정확한 수요예측을 통하여 과잉 재고로 인한 이자 손실과 재고 부족으로 인한 판매 손실이 초래되므로 정확한 수요예측을 통하여 재고가 발생하지 않도록 해야 한다.

2) 수요예측의 방법

(1) 경쟁사의 인기 제품 트렌드를 파악하고 고객의 시대적 니즈를 파악하여야 한다.

(2) 수요예측은 과거의 자료를 통해 미래의 수요를 예측하는 기법으로 매출액, 고객 수, 생산량, 식자재량 등을 고려해야 한다.

(3) 수요 예측의 목적과 예측 결과의 사용 시기 및 기간을 결정한다.

(4) 가용 자료의 유무, 예측 사항에 영향을 주는 요소 및 요소 간의 관계, 예측의 중요도, 사용 경비, 긴급정도에 따라 적절한 수요예측기법을 선정하고 여러 방법을 혼합하여 사용할 수 있어야 한다.

(5) 타당하고 적당한 자료의 수집 및 분석 방법을 통해 필요한 자료를 수집 및 분석해야 한다.

(6) 예측된 자료의 타당성에 따라 이를 활용하거나 수정·보완해야 한다.

3) 수요예측기법

(1) 정성적 기법

① 판매원 의견 통합법
- 판매원들로 하여금 판매예측을 산출하게 한 다음 이를 모두 합하여 전체의 판매 예측액을 산출하는 방법으로 많은 양을 구매하는 구매자를 대상으로 하는 제품에 적당하다.
- 문제점은 판매원들이 실제보다 과대 또는 과소예측하려는 경향이 있다는 점이고 반면에 현실감 있는 자료를 얻을 수 있고 신속하다는 장점이 있다.

② 전문가 의견 통합법
- 중간상, 유통업자, 공급업자, 마케팅, 상담역, 업계협회 등 전문가들에게 판매에 대한 의견을 물어 통합하는 방법이다.
- 집단 토의법, 개별 측정 통합법, 델파이 방법 등이 활용된다.

③ 구매의도 조사법
- 구매자에게 구매의도를 직접적으로 질문하여 측정하는 방법이다.

- 신제품, 산업재, 내구소비재 등의 경우에 활용되나 실제 판매량보다 과대 예측되는 단점이 있다.

④ 시장실험법

- 몇몇 지역시장을 선정하여 실제로 제품을 판매하고 그 결과를 토대로 전체 시장에서의 매출액을 추정하는 방법이다.
- 신제품 또는 새로운 유통경로에 대한 예측에 사용되며 예측기간이 길고 비용이 많이 들며 신제품 정보가 경쟁사에 노출되는 단점이 있다.

(2) 정량적 기법

① 이동평균법

- 제품의 판매량을 기준으로 일정기간별로 산출한 평균 추세를 통해 미래수요를 예측하는 방법이다.
- 과거 판매량자료 중 특정기간의 자료만을 사용하며 이동 평균의 계산에 활용된 과거자료에는 동일한 가중치를 부여한다.

② 지수평활법

- 주어진 제품의 모든 판매량 자료를 이용하며 기간에 따라 가중치를 두어 평균을 계산하고 이의 추세를 통해 미래수요를 예측하는 방법이다.

③ ARIMA(auto regressive integrated moving-average)

- 판매자료 간의 관계상관요인과 이동평균요인으로 구분하고 이를 통해 미래수요를 예측하는 방법이다.
- 관계상관요인이란 현재 판매량에 몇 달 전의 판매량이 영향을 미쳤는가를 파악하는 것이고 이동평균요인이란 예측치와 실제치의 오차 사이에 어떤 상관관계가 생기는가를 추정하는 것이다.
- 이 방법은 분석과정이 복잡하여 어느 정도 통계지식이 있는 경우에만 사용이 가능하다.

④ 분해법

- 과거 판매자료가 있는 변화를 추세변동, 주기변동, 계절변동, 불규칙변동으로 구분하여 각각을 예측한 후 이를 결합하여 미래수요를 예측하는 방법이다.
- 계절성이 있는 소비재의 경우에 많이 사용하며 많은 기간의 과거자료가 필요하다.

⑤ 확산모형

- 제품수명주기이론을 바탕으로 제품이 확산되는 과정을 혁신효과와 모방효과로 구분하여 추정하고 이를 통해 미래수요를 예측하는 방법이다.

- 모형의 변형이 용이하며 시장 환경변화가 많은 경우에 적합한 모형을 쉽게 개발할 수 있다.
- 주로 신제품의 수요예측에 많이 활용되는데 판매량자료가 없으므로 과거에 유사한 제품이 없을 때에는 외국의 사례 등을 통해 유추해 낸다.

⑥ 계량경제 모형
- 어떠한 요소들이 영향을 미치는 것인가를 분석하고 이 요소들과 판매량 간의 관계를 도출하여 이 관계식을 바탕으로 미래수요를 예측하는 기법이다.
- 마케팅 활동 변화에 따른 판매량 변화를 예측할 수 있어서 활용도가 높으나 상당한 통계지식이나 분석능력이 요구된다.

4) 수요예측기법의 선정 시 고려할 사항

(1) 제품의 공간(요일, 계절), 시간적 차원에서의 수요에 대한 예측을 고려한다.

(2) 예측의 정확도, 사용가능한 비용, 분석기간 등 예측정보를 파악한다.

(3) 예측기법에 대한 지식 및 이용능력을 함양한다.

(4) 과거자료의 존재 및 자료유형을 파악하여 적극 활용한다.

(5) 제품 특성에 잘 맞는 수요기법을 고려하여 선정한다.

(6) 한 번의 수요예측 실시로는 정확한 예측이 이루어질 수 없으며 시장상황이 불안정할수록 계속적인 분석이 요구된다.

5) 생산계획과 제품가치

(1) 생산계획의 의의

① 수요예측에 따라 생산활동을 계획하는 것으로 생산해야 할 상품의 종류, 수량, 품질, 생산시기, 실행예산 등을 과학적으로 계획하는 일이다.

② 제품에 따른 기존 판매량을 일별, 월별로 파악하고 경영 목표에 따른 시장의 수요를 예측한 후 생산량을 결정하고 예정 생산량에 따라 생산계획을 세워야 한다.

③ 생산계획을 수립할 때는 생산할 인력, 기술, 재료, 필요경비 등을 점검하여 체계적인 생산계획을 절차에 따라 수립해야 한다.

④ 생산계획에 따라 생산이 진행되면 객관적인 생산자료를 분석·검토하여 생산일지를 기록해야 하며 생산일지에는 업무별 생산자와 작업시간, 효율적인 업무방법에 관해서도 기록할 수 있게 한다.

⑤ 생산은 최적의 생산라인에 따라 하고 효율적인 생산시간을 안배하여 과다 생산으로 인한 손실을 절감하기 위하여 생산결과 검증 및 개선 방법을 수시로 점검해야 한다.

(2) 생산계획 활동

① 생산계획의 분류에 따라 계획을 세운다.
- 생산량 계획: 주문이나 예정판매량에 따라 경영이익의 관점에서 계획한다.
- 인원 계획: 평균 근무율, 기계의 능력 등을 감안하여 인원 계획을 세운다.
- 설비 계획: 기계화와 설비 보전과 기계와 기계 사이의 생산능력의 밸런스를 맞추는 작업을 계획하는 일이다.
- 제품 계획: 신제품, 제품 구성비, 개발 계획을 세우는 것으로, 제품의 가격, 가격의 차별화, 생산성, 계절 지수, 포장 방식, 소비자의 경향 등을 고려해 제품 계획을 세운다.
- 합리화 계획: 생산성 향상, 원가 절감 등 사업장의 사업 계획에 맞추어 계획을 세우는 일이다.
- 교육 훈련 계획 : 관리 감독자 교육과 작업 능력 향상 훈련을 계획하는 일이다.

② 실행예산에 맞춘 계획을 세운다.
- 실행예산과 제조 원가를 수요계획과 맞추어 계획한다.

③ 목표를 설정하고 계획을 세운다.
- 노동 생산성, 가치 생산성, 노동 분배율, 1인당 이익의 목표를 설정하여 계획을 세운다.

- 노동 생산성 $= \dfrac{생산금액}{소요\ 인원\ 수}$

- 가치 생산성 $= \dfrac{생산\ 가치}{연인원}$

- 노동 분배율 $= \dfrac{인건비}{생산가치}$

- 1인당 이익 $= \dfrac{조이익}{연인원}$

(3) 제품의 가치

① 고객의 요구사항을 충족시키는 정도를 품질이라 할 수 있으며 고객이 요구하는 품질을 정확히 인지하는 것이 중요하다.
② 제품의 가치는 품질과 비용의 상관관계에서 정해진다.

- 제품의 가치 $= \dfrac{(원료, 제법, 기술) + 품질(맛, 외관, 풍미)}{원가(원재료 + 가공비 + 경비) + 이익}$

$$= \dfrac{기능}{가격} = \dfrac{품질}{비용}$$

③ 생산가치는 생산금액에 인건비와 감가상각비를 제외한 모든 부대비용을 제한 것이다.
- 생산가치=생산금액-(원재료비+부재료비)-(제조경비-인건비-감가상각비)

④ 노동 생산성은 물량적 생산성과 가치적 생산성이 있다.

- 물량적 생산성 $= \dfrac{생산량(혹은\ 생산금액)}{인원 \times 시간}$

- 가치적 생산성 $= \dfrac{생산량 \times 생산가치 \times 이익}{인원 \times 시간 \times 임금}$

- 1인당 생산가치 $= \dfrac{생산가치}{인원}$

- 생산가치율 $= \dfrac{생산가치}{생산금액}$

6) 생산 손실 관리

(1) **생산 능력과 생산액·생산량 점검**: 생산계획에 따른 수행능력과 생산액·생산량을 점검하여 계획을 달성하지 못하는 원인을 규명하고 시정한다.

(2) **생산 인원 점검**: 생산에 투입되는 전 노동력을 생산성과 비교하여 점검한 후 조치한다. 또한 인원 부족, 결근율, 잔업 요인 등을 점검하여 노동력을 향상시키고 작업 관리를 철저히 한다.

(3) **원재료, 포장재 점검**: 원·부재료의 사용계획과 사용량을 비교한 뒤 원인을 분석하여 구매를 검토하고 사용액의 변동에 대한 조치를 취한다.

(4) **불량률 점검**: 제품의 불량, 손실을 점검하여 원재료, 공정, 기계 설비, 노동력, 기술 등 원인을 속히 규명하고 조치한다.

(5) **노동 생산성 점검**: 생산 능력 및 생산성 저하 원인을 점검하여 생산성 향상 조치를 취한다.

(6) **개당 평균 단가 점검**: 제품 비용을 거시적으로 파악하여 차기의 상품 계획과 가격 계획의 기초로 활용한다.

(7) **생산가치 점검**: 생산가치지수와 비교하여 생산가치가 감소하는 원인을 분석하는 데 활용한다.

(8) **노동 분배율 점검**: 노동 분배 지수와 비교하여 노동 분배율이 높아지는 원인을 분석하고 조치한다.

(9) **설비 가동률 점검**: 작업 공정, 노동력과 관련된 운전 시간, 조작 시간의 균형을 점검하여 설비 계획과 작업공정 개선의 자료로 활용한다.

3 재고관리

1) 원재료 재고관리

(1) 원재료의 재고관리는 재료의 부족으로 인한 제품 생산에 차질을 없게 하고 재료의 적정 보유를 유지하여 재료 관리의 비용을 줄이기 위함이다.

(2) 원재료의 재고관리 시 유효기간관리를 같이하여 지나치게 많은 재료의 보관으로 유효기간 의 지남으로써 생기는 낭비요소를 없게 한다.

(3) 재고관리 시 재료의 신선도를 유지하기 위하여 선입선출이 가능하게 보관하고 재료의 선입 선출이 이루어질 수 있도록 재고관리대장을 만들어 입출고 시 기록하여 관리한다.

(4) 정확한 재고량의 파악으로 적정 생산량을 결정할 수 있으며 최저의 가격으로 최상의 재료를 구매할 수 있는 구매 비용의 절감도 가져온다.

(5) 생산량에 따른 재료의 재고 파악으로 재료의 변질에 의한 손실을 최소화하고 재료의 품질과 안전을 기할 수 있게 한다.

2) 제품재고관리

(1) 제과제빵 제품의 재고관리는 제품의 특성에 따라 관리할 수 있도록 매뉴얼화하는 것이 필요 한데 예를 들어 빵제품은 당일 생산·판매를 원칙으로 하고 품목에 따라 2~3일 판매할 수 있는 제품을 구별하여 관리해야 하며 케이크 제품은 품목별 1~5일 등으로 제품에 따라 관리 하는 기준의 설정이 필요하다.

(2) 제품관리 시에는 제품의 특수성을 고려하여 상온, 냉장, 냉동 등 보관온도 지침에 따라 이루어질 수 있게 하여 신선한 제품으로 관리하고 필요에 따라 선입선출이 될 수 있게 한다.

(3) 제품재고관리는 판매기간이 지난 제품이나 유효기간이 다 된 제품의 처리방안도 매뉴얼화 하여 재사용되지 않도록 주의 관리한다.

3) 재고회전율(Inventory Turnover)

(1) 재고회전율이란 총 매출원가를 평균 재고액으로 나눈 값으로 재고의 보충 빈도로서 일정한 기간 중 재고가 얼마나 고갈되었다가 다시 보충되느냐 하는 재고의 회전 속도를 말하며 재고량과는 반비례하고 수요량과는 정비례한다.

- 매출액 ÷ 재고액 = 재고회전율

(2) 평균회전율이란 월초 재고회전율과 월말 재고회전율의 평균값으로 나타내며 재고의 과잉이나 과소의 평균을 나타낸다.

- 월초 재고회전율 + 월말 재고회전율 ÷ 2 = 평균 재고회전율

(3) 평균 재고회전율이 낮으면 재고량이 과잉하여 재료의 손실과 보관비용의 낭비를 가져오고 평균 재고회전율이 높으면 재료가 없어 고객을 위한 제품을 생산하지 못해 고객의 만족도를 떨어뜨린다.

4) 재고관리의 목적과 비용

(1) 재고관리의 목적

① 재고관리는 유동자산 가치와 재고자산의 상태파악, 식재료의 원가와 미실현 비용의 파악, 재고회전율 파악, 신규 주문 대비를 위해 필요하다.

② 재고 비용과 제품 품질의 균형이 이루어지도록 적정재고를 유지하는 것이 목적이다.

③ 재고 비용을 최소화하면서 고객의 수요와 서비스를 만족시키고 생산에 필요한 원료의 부족이 발생하지 않도록 관리·통제하는 것이 매우 중요하다.

(2) 재고관리 비용

① 주문비용(Setup cost)

- 식재료를 구매하는 데 소요되는 비용으로 구매비용, 수송비용, 검사비용 등이 포함된다. 고정비의 성격을 띠고 있으며 주문량과는 무관한 비용이다.

② 유지비용(Hold cost)

- 재고 보유과정에서 발생하는 비용이며 보관비, 세금, 보험료 등이 포함된다. 주문 비용이 고정비인 반면 유지비용은 변동비의 성격을 띠고 있다.

③ 재고 부족비용(Shortage cost)

- 생산량에 필요한 식재료를 보유하지 못함으로써 발생하는 비용이다. 식재료 부족으로 인한 생산 기회나 판매 상실, 생산 중단 등으로 업소에서 입게 되는 비용을 말한다.

④ 폐기로 인한 비용
- 유통기한이 지난 재료나 변질된 재료의 폐기 등으로 발생하는 폐기비용이다.

(3) 재고관리 시 점검사항

① 재고품을 품목별, 규격별, 유통기한별로 정리하여 진열한다.
② 재고품의 상태를 점검하여 선입선출될 수 있게 관리한다.
③ 입출고 카드는 기록을 철저히 한다.
④ 정기적인 재고조사를 실시한다.
⑤ 적정 재고의 산출 근거에 따른 재고량인지를 확인한다.
⑥ 재료에 따른 보관온도는 적정한지를 확인한다.

5) 재고관리방법

(1) 생산에 차질이 없는 일정한 양을 정하여 재고량이 감소하면 구매하여 항상 일정한 최대 재고와 최저 재고 내에서 재고량을 준비하도록 관리한다.

(2) 재료의 평균 사용량을 비율로 정하여 그 비율을 기준으로 하여 관리하는 방법이 있다.

(3) 확률적 통계방법으로 수요량, 납입기간 등 결정요소가 확정되었을 때 주문량이나 그 시기를 결정하여 관리하는 방법이다.

(4) 재고관리를 확실히 하려면 관리 시 생기는 경제 효과와 관리에 필요한 비용을 비교하여 실시 여부를 검토해야 한다. 다음과 같은 재고 관리방법이 있다.

① 정량 주문 방식
- 제과제빵 경영에서 가장 많이 쓰인다. 이 방식은 원재료의 재료량이 줄어들면 일정량을 주문하는 방식이다.
- 재고량도 사용 또는 판매의 형태로 소비되므로 그만큼 보충하지 않으면 안 된다.

② ABC분석
- 자재의 품목별 사용금액을 기준으로 하여 자재를 분류하고 그 중요도에 따라 적절한 관리방식을 도입하여 자재의 관리 효율을 높이는 방안이다.
- 상위 약 10%의 것을 A그룹, 다음의 20%에 해당하는 것을 B그룹, 나머지 70%를 C그룹 등으로 자재의 소비금액이 큰 것의 순서로 나열하고 누계곡선을 작성하며 중요도의 순서로 나누는 것을 ABC분석이라 한다.

6-2 마케팅관리하기

1 마케팅관리

1) 마케팅의 개념

(1) 마케팅이란 소비자의 욕구를 파악하고 이를 충족시켜 줄 수 있는 제품이나 서비스의 개발, 가격결정, 유통, 판매촉진을 계획하고 수행하는 과정을 의미한다.

(2) 마케팅이란 소비자에게 상품이나 서비스를 효율적으로 제공하기 위한 체계적인 경영 활동, 시장조사, 상품의 계획, 선전, 판매 등이 이에 속하며, 소비자에게 최대의 만족을 주고 생산자의 생산 목적을 가장 효율적으로 달성시키는 것을 목표로 한다.

(3) 마케팅 개념은 생산 중심, 제품 중심, 판매 중심으로 발전되어 오다가 시장과 고객에 집중하는 마케팅 개념과 사회적 마케팅 개념으로 발전하게 되었다.

2) 마케팅 분석기법

(1) 4P(4 positioning) 믹스 분석

① 제품(Product)전략은 그 제품이 가지고 있는 특징(장점, 약점)을 통해서 자신만의 차별화된 것을 찾아 이 점을 제품에 적극적으로 반영한다. 제품전략은 독특한 제품으로 차별화와 전문화를 기하고 소비자 기호에 맞는 제품이어야 한다.

② 가격(Price)전략은 책정되어 있는 가격이 소비자들에게 적정한 가격인지 아니면 원재료 비용 상승으로 인해서 가격을 높게 책정할 필요가 있는지 등에 대해서 분석하여 최적의 가격을 찾아내는 제품 가격에 대한 분석이다.

③ 유통(Place)전략은 소비자들이 얼마나 쉽게 제품을 구매할 수 있는가에 대한 분석으로 아무리 좋은 제품이라도 가까이서 쉽게 그 제품을 구매할 수 없다면 소비자는 만족할 수 없을 것이므로 제품이 얼마나 잘 유통되어 소비자들의 눈에 쉽게 띄는지에 대해 분석할 필요가 있다. 요즈음은 온오프라인 등 유통경로가 다양하므로 상품을 선택하는 데 중요한 전략이 되어야 한다.

④ 촉진(Promotion)전략은 소비자들에게 상품이나 서비스에 대한 정보를 설득력 있게 전달하기 위하여 광고나 PR 등을 어떻게 사용하느냐 하는 전략이다. 촉진전략은 소비자와의 의사소통과정이라는 면에서 매우 중요한 부분이기에 시간과 비용을 많이 투자해야 한다.

(2) SWOT 분석

① 제품을 내부적 요인과 외부적 요인으로 나누어 분석하는 기법으로 내부적 요인은 강점 (Strength)과 약점(Weakness), 외부적 요인은 기회(Opportunity)와 위협(Threat)으로 나누어 각 항목에 대한 분석을 한다.

② SWOT 분석 시 제품뿐만 아니라 업체 전체의 경영에 대한 분석을 하여 어떤 강점을 가지고 있고 어떤 취약점이 있는지를 내부적으로 분석한 후에 외부상황을 보았을 때 어떤 기회가 있고 어떤 위협을 받고 있는가에 대해 조사하여 제품과 연동해서 전략을 세울 필요가 있다.

③ 강점, 약점, 기회, 위협의 네 가지 요인에 대한 분석이 끝나면 이 분석을 토대로 우리의 강점과 외부의 기회를 연계하여 SO전략을 세워서 부가가치가 창출되는 상품을 제조 판매 해야 한다. 즉 각각의 항목들을 연계하여 우리가 나아가야 할 방향을 정립하기 위한 분석 이 SWOT 분석이다.

(3) STP 분석

① STP 분석은 Segmentation(세분화), Targeting(타깃 선정), Positioning(위치)에 대한 분석으로 고객층이 어디에 있느냐를 알아내고 고객에게 어떠한 이미지로 다가갈 것인지에 대해서 알아볼 수 있는 분석기법이다.

② 세분화는 시장을 분류하여 그 성격에 알맞은 상품을 제조하고 판매하는 활동을 하는 일로 연령대, 성별, 지역, 문화, 재산 등 다양한 관점 중에서 2~3개 정도로 나누어 분석하는 것이 바람직하다.

③ 타깃 선정은 세분화된 목표시장에서 우리의 제품을 가장 잘 사용할 것 같고 제품 특성과 어울리는 고객을 타깃 고객으로 선정하여 제품을 기획하고 생산하고 마케팅해야 한다.

④ 소비자들의 인식 속에 자신의 제품이 어떻게 비추어질지 생각해 보고 타깃 고객에 적합한 제품명, 가격, 맛, 모양, 질 등을 결정하여 마케팅 전략을 세워야 한다.

⑤ 주요 소비지역의 고객층이 부유한지, 문화는 어떤지, 생활패턴은 어떠한지 등의 지역 고객 과 계층별 소비자 니즈를 분석하여 마케팅 계획을 수립해야 한다.

3) 마케팅 전략

(1) 마케팅 전략이란 기업이 목표를 달성하기 위하여 주위 환경에 어떻게 효과적으로 대처할 수 있는가에 관한 장기 계획과 의사결정을 수립하고 어떤 시장을 목표시장으로 하고 어떤 제품을 판매할지에 관하여 계획하고 결정하는 과정이라 할 수 있다.

(2) 마케팅 전략은 제품(Product), 가격(Price), 유통(Place), 촉진(Promotion)에 관한 분석으로 현재 전략에 대해 분석할 때 자주 쓰이는 것이며, 각 부분에 대한 분석 결과를 기반으로 올바른 전략을 사용하고 있는지와 앞으로 어떠한 방향으로 전략을 세워야 할지에 대해서 알아볼 수 있다.

(3) 기업은 목표 달성을 위해서 내·외부 환경 분석을 통한 정보를 수집·분석하여 시장을 세분화하고 타깃 시장을 선정하여 제품의 포지셔닝을 위해 마케팅 믹스를 활용하는 방법을 사용해야 한다.

〈마케팅 전략의 수립과정〉

2 마케팅 환경분석

1) 내·외부 환경분석

(1) 내부 환경

① 효과적인 마케팅 활동을 위해서는 내부 환경과 외부 환경을 잘 분석하고 이에 대처하는 전략이 필요한데 내부 환경은 현재의 성과 수준, 우리만의 강점과 약점, 돈과 기술을 포함한 업체가 가지고 있는 제약조건 등을 분석하여 변화된 환경에 적응시키기 위함이다.

② 회사의 강점은 이용하고 약점은 수정 보완하여 대응전략을 찾아내지 못하면 위협요인이 되기 때문에 장단점을 파악해서 장점은 최대한 활용하고 단점을 보완하는 등 환경에 슬기롭게 대처해야 한다.

(2) 외부 환경

① 인구 통계적 환경
- 제과제빵 시장은 지역 소비권 내의 인구의 변동, 연령별 구성, 성별 구성 등을 살펴 소비자 목표 타깃을 세우는 것이 중요하다.
- 젊은 소비층과 나이든 소비층의 제품 선호도에 따른 호불호가 다를 수 있으므로 소비층에 따른 개발제품의 변화가 중요하다.

② 경제적 환경
- 지역 주민의 경제적 환경에 따라 제품의 고급화를 기하고 가격 경쟁에서 이길 수 있는 제품을 개발해야 한다.
- 소득이 증가하면 구매가 증가하고 소득이 감소하면 소비가 위축되므로 경제적 상황을 유심히 관찰해야 한다.

③ 자연적 환경
- 자연 재해에 대한 제과제빵시장의 환경을 파악하고 이에 따른 대처능력을 미리 키워야 한다.
- 조류 독감과 같은 전염병은 베이커리 업계의 구매 변화를 가져올 수 있으므로 이때는 달걀을 사용하지 않는 제품의 개발이 필요하다.

④ 기술적 환경
- 기계와 장비의 발달로 제품의 표준화, 규격화가 가능해져 대량생산이 이루어지고 있다.
- 대량생산이 제품의 품질을 해치지 않는다면 기술과 장비의 환경도 변화시켜 제품개발

에 힘써야 할 것이다.

⑤ 정치적·법률적 환경

- 정치적 문제나 법적인 규제는 기업이 통제할 수 없는 요인이므로 위생관리법, 소방법, 환경관련법 등의 내용에 대한 영향을 받는다.
- 프랜차이즈 점포의 거리규제 등은 기업의 어쩔 수 없는 환경요인이다.

⑥ 사회문화적 환경

- 사회문화적 환경은 빠르게 변화하지 않으므로 주변 소비자층의 문화를 파악하여 제품의 개발에 응용해야 한다.
- 연령이 높을수록 전통음식을 선호하고 젊은 세대일수록 패스트푸드를 선호하는 경향이 있다.

⑦ 경쟁사 환경

- 경쟁사 분석은 제과제빵 경영에서 가장 중요한 분석이라 생각한다. 경쟁사의 전략을 확인하고 경쟁사의 약점과 강점을 파악해서 대응전략을 마련해야 한다.
- 주위에 있는 프랜차이즈 점포나 경쟁력 있는 윈도 베이커리의 제품에 미치지 못하면 성공하기 쉽지 않다.

2) 전략목표 결정

(1) 시장환경에서 중요한 세분시장의 구성과 특성을 파악하고 동종 제품의 시장규모를 분석하며 과거에 히트한 제품과 실패한 제품은 어떤 것인지를 파악한다.

(2) 대상 제품이 속해 있는 시장의 최근 몇 년간의 전체 규모, 각 기업 매출액과 점유율의 추이는 물론 제품의 라이프 사이클을 점검하여 도입기, 성숙기, 쇠퇴기에 따라 전략목표가 달라져야 한다.

(3) 자회사와 경쟁사의 환경을 SWOT 분석을 통해 확인하고 정확한 목표를 설정해야 한다.

(4) 목표설정은 전략적 선택이 중요한데 당장의 수익성과 시장점유율 중 어떤 것을 선택해야 장시간 뒤에 유리할지를 결정해야 한다.

3) 제품 분석

(1) 자사 제품 분석

① 제품 분석은 생산하는 제품을 정확히 아는 것이다. 소비자의 마음을 움직일 강력한 특징이나 해당 제품이 다른 제품과 무엇이 다르고 소비자에게 필요한지, 어떻게 좋은지를 분

석하는 것이다.

② 제품의 특징, 모양, 색, 가격, 재료, 감성적 특성(브랜드 이미지), 유통 등을 다양하게 분석해야 한다.

③ 제품을 팔기 위해서는 그 제품을 진심으로 사랑해야 하며 목표 소비자와 관련성이 있는 제품 분석과 소비자 분석이 중요하다.

(2) 경쟁제품 분석

① 경쟁제품에는 우리 제품과 직접적인 경쟁관계에 있는 제품과 같은 제품군에 속해 있지는 않지만 우리 제품과 같은 편익을 공유하는 다른 제품군의 제품도 포함해서 분석한다.

② 경쟁제품별로 강점과 약점을 비교해 보면 경쟁제품 속에서 자사제품을 어떻게 위치시켜야 하는지를 판단할 수 있으며 상대적으로 우리 제품이 다른 제품에 비해 강점은 무엇인지, 취약점은 무엇인지를 한눈에 알 수 있다.

③ 경쟁구도를 분석하여 어떤 구도로 경쟁이 벌어지며 차후에는 어떻게 변할 것인지 등 앞으로 경쟁상대가 될 가능성은 없는지 잠재적 경쟁자까지 분석해야 한다.

④ 시장점유율에 따라 전략이 달라질 수 있는데 시장점유율이 지배적이면 시장 자체를 키우는 전략을 선택해야 제품 판매를 늘릴 수 있고, 작은 시장점유율을 가지고 있다면 시장을 키우기보다는 시장점유율을 높이는 전략을 구사해야 한다.

⑤ 경쟁제품들이 시장에서 어떤 위치를 차지하고 있는지를 파악하는 것은 그들과 대응해서 자사제품이 상대적으로 유리한 위치를 차지할 수 있을 것인가를 판단하는 데 중요하다.

⑥ 경쟁제품의 비교·분석을 통해 자사제품이 내세워야 할 경쟁적 우위점이 무엇인지를 파악할 수 있으며, 경쟁제품들 사이를 비집고 자사제품이 들어설 수 있는 빈틈을 발견할 수 있다. 그곳이 바로 우리 제품이 위치해야 할 자리가 된다.

4) 시장세분화(market segmentation)

(1) 지리적 세분화

① 소비자의 활동영역 안에서 제과제빵의 영업이 이루어지는 것이 보통이므로 주변을 분석하여 영업영역 안에 있는지를 조사한다.

② 지리적 세분화는 소비자의 주요 생활 동선을 파악하여 지역의 점유가 가능한지를 조사하는 것이다.

(2) 인구통계적 세분화

① 소비자의 연령, 성별, 소득 수준, 직업, 교육 수준 등의 필요한 변수를 기준으로 세분화
한다.

② 가족 생활주기 상태, 주거 형태, 지역의 크기 등 통계적 · 수량적으로 파악 가능한 부분을
말한다.

③ 인구통계학적(Demographics) 분석에서는 목표 소비자가 어떤 사람인지 대략적으로 파악
할 수 있으며 상대적 특성을 확인할 수 있다.

(3) 심리분석적 세분화

① 소비자의 사회계층, 라이프 스타일, 개성 등을 기준으로 나누는 것이다. 소비자들의 개성
이나 욕구, 소비자 편익의 탐색과정 등 소비행동 측면을 분석하는 경우 가장 보편적인
것은 소비자의 라이프스타일(life style)이다.

② 같은 인구통계적 특성에서도 심리적 특성이 다를 수 있으며 다른 인구통계적 특성을 가졌
더라도 심리적 특성이 같을 수 있다.

(4) 행동적 세분화

① 소비자의 상품에 대한 지식, 태도, 반응 등 소비자 행동을 기준으로 나누는 것이다.

② 행동 관습, 소비패턴, 친구관계, 의사결정 형태, 의사결정의 영향자, 여가활동, 매체이용
형태 등을 파악하여 그 제품을 왜 좋아하는지를 상호 유기적으로 종합 분석 · 평가해야
한다.

5) 목표시장 선정(targeting)

(1) 단일 세분시장 집중화

① 앞에서 나눈 세분시장을 매력 있는 단일의 세분시장으로 표적을 집중하는 전략이다.

② 목표시장의 매력도는 성장성, 규모, 수익성, 경쟁사의 접근 등 다양한 차원에서 검토된다.

(2) 선택적 전문화

① 기업의 목표 및 자원과 부합되는 몇 개의 세분시장으로 선정하는 전략이다.

② 기업 소재지와 자사 여건에 따른 선택적 시장을 선정하는 전략으로 예를 들어 카페 베이
커리의 다양한 소비자의 취향을 고려하여 시장을 선택하는 전략을 들 수 있다.

(3) 제품 전문화

① 여러 고객 집단에 판매할 수 있는 특정 제품에 집중하는 전략이다.

② 시장이 원하는 제품이 없거나 가지고 있어도 지나친 경우에는 어려움에 봉착한다.

(4) 시장 전문화

① 여러 제품을 특정 고객 시장에 집중하는 전략이다.

② 소비자와 제품의 특성을 고려하여 전문화시키는 전략이다.

(5) 전체 시장 포괄

① 모든 시장에 모든 제품을 포괄적으로 제공하는 전략이다.

② 구태의연한 윈도 베이커리의 과거 경영방법으로 베이커리 경영에서 재고되어야 할 전략이다.

6) 포지셔닝(positioning)

(1) 포지셔닝의 정의 및 요건

① 포지셔닝은 소비자의 마음 또는 인식에서 경쟁 브랜드에 비해 특정 브랜드가 차지하고 있는 위치를 강화하거나 변화시키는 전략이다.

② 목표시장이 선정되면 선정된 고객들에게 자사제품과 서비스가 다른 회사의 제품이나 서비스보다 가치가 있는 것으로 인식하게 하는 활동을 포지셔닝이라 한다.

③ 경쟁 회사와 제품 차별화 전략, 서비스 차별화전략, 종업원 차별화 전략, 회사 이미지 차별화 등의 전략을 들 수 있다.

④ 제품을 자신의 의도대로 기획·생산하는 것으로 끝나는 것이 아니라 그것이 소비자의 마음이나 인식에 어떻게 자리 잡아야 하는가를 계획해야 한다. 소비자 마인드에 파고들기 위해서는 애매하거나 불필요한 것들을 제거하고 메시지를 정교화해야 한다.

⑤ 소비자 마음에 특정 브랜드의 이미지를 형성화시키기 위해서는 메시지가 광고, PR, 입소문(word-of-mouth), 그리고 소비자의 사용경험 등을 통해 오랜 시간에 걸쳐 전달되어야 한다.

(2) 포지셔닝을 위한 요건

① 경쟁 브랜드와 비교했을 때 우리 브랜드만의 독특한 포지션을 위한 차별화(differentiation)가 있어야 한다.

② 지속적으로 유지하는 일관성(consistency)이 있어야 한다. 차별화가 잘 된 메시지라도 지속적으로 전달되지 않는다면 소비자는 그 브랜드의 차별된 포지션을 마음에 형성하지 않을 것이다.

(3) 포지셔닝의 유형

① 제품 특징 포지셔닝은 기업이 제품의 어떤 속성 또는 특징을 포지셔닝하는 것이다. 제과제빵에서는 흑미나 오징어먹물 등의 재료를 이용하여 치아바타를 만들어 검정고무신이라는 이름으로 제품의 특징을 살려 소비자에게 차별화 정책을 펴는 등의 예를 들 수 있다.

② 소비자 편익(benefit) 포지셔닝은 제품이 소비자에게 주는 혜택을 약속하는 것으로 제과제빵제품을 이용할 때나 이용하고 난 후의 편리한 처리를 위한 포장 등의 편익을 제공하는 것을 예로 들 수 있다.

③ 가격과 품질 포지셔닝은 제품을 일정한 가격 수준과 품질로 위상을 정립하여 소비자에게 포지셔닝하는 것으로 경쟁제품에 비해 품질 대비 가격이 저렴하다든지 가격이 왜 비싼지를 소비자에게 이해시키는 것을 말한다.

④ 사용자 포지셔닝은 제품을 특정 계층의 사용자 집단에 연결시키는 것으로 아동을 위한 제과제빵 제품이라든지 브런치 개념의 제품이라든지 노년을 위한 제품이라든지 등으로 특정 소비자를 위한 제과제빵이라는 것을 포지셔닝하는 것이다.

⑤ 제품 범주 포지셔닝은 기업이 자사나 자사 브랜드를 해당 제품 범주의 선도자(leader)라고 주장함으로써 소비자에게 어필하는 것으로 우리 제과제빵 제품이 어느 곳에서도 찾아볼 수 없는 원조제품이라는 것을 포지셔닝하는 것이다.

7) 마케팅 믹스 관리

(1) 제품(Product) 관리

① 제품 관리는 마케팅 믹스 중 가장 중요한 전략으로 다른 전략을 잘 세웠더라도 고객이 원하는 제품을 생산하지 못하면 판매는 이루어질 수 없다.

② 제과제빵은 트렌드에 맞게 생산하고 꾸준한 제품관리로 품질이 떨어지지 않게 안정적인 공급이 이루어지고 있다는 소비자의 인식을 심어주어야 한다.

③ 예를 들어 같은 빵이라도 특이한 맛과 유기농 등 좋은 재료만 써서 겉이 바삭바삭하고 속은 부드럽게 하여 소비자의 니즈를 만족시키고 시럽을 즉석에서 고객의 취향에 맞춰 뿌려주는 식의 제품으로 차별화시켜 고객들이 좋아하는 제품으로 관리하는 것을 말한다.

(2) 가격(Price) 관리

① 제과제빵에서 가격 결정에 영향을 미치는 요인으로는 목표 이윤, 재료 원가, 경쟁사 가격, 소비자의 반응 등이 있다.

② 제과제빵 가격을 결정하는 방법은 원가를 고려하여 적정이윤이 나야 하며 경쟁 업체의 가격과 비교하여 경쟁우위가 되어야 하며 소비자에게 구매 만족의 가격경쟁이 되어야 한다.

③ 가격은 제품의 질에 비해 소비자의 만족도가 높을 때 싸다는 인식이 소비자에게 쌓이므로 가격관리는 아주 중요하다.

④ 가격관리는 같은 재료를 싸게 구입해야 가능한 것이므로 제과재료의 가격 변동에 대한 꾸준한 점검이 필요하며 또한 재료의 구매, 저장 등에서 필요한 요소들을 최대한 갖추어야 한다.

⑤ 예를 들어 가격변동이 적은 밀가루 등은 다량으로 구매하여 구매단가를 낮춘다든지 계절적으로 가격변동이 큰 재료들은 시세가 낮을 때 구매하고 달걀, 우유, 채소 등 신선재료의 사용이 필요한 것은 미리 선금을 주고 조금씩 가져다 쓴다든지 하는 방법이다.

(3) 촉진(Promotion) 관리

① 인적 판매 촉진은 판매원을 통하여 제품이나 서비스를 소비자에게 직접 제공하는 활동이다.

② 홍보 촉진은 소비자에게 기업 이미지와 제품을 알려 좋은 관계를 유지하려는 활동이다.

③ 광고 촉진은 대중매체를 통하여 불특정 다수에게 자사의 제품이나 서비스를 알리는 것이다.

④ 판매 촉진은 즉각적인 판매 증대를 유도하기 위한 단기적인 유인책이다.

⑤ 예를 들어 제과점 경영자가 직접 만드는 것보다 판매 촉진으로 지출한 인건비보다 주문을 더 많이 받을 수 있다면 홍보와 판촉에 비중을 두고 직접 경영하는 방법이다.

(4) 입지(Place) 관리

① 소비자가 제품과 서비스를 편리하게 이용 가능한 곳이 점포이며 베이커리 사업의 가장 성공적인 요소 중 하나이다.

② 입지 선정 시 유의해야 할 사항은 보행 인구, 차량 통행 인구, 대중교통수단 이용 인구, 입지 이용의 용이성, 점포 면적, 주차 면적, 인접 상권, 도시 계획 등이다.

(5) 서비스 프로세스(Process) 및 종업원(Person) 관리

① 서비스 프로세스란 서비스가 진행되는 절차나 활동을 의미하며 흐르는 물과 같이 진행되어야만 고객이 만족할 수 있다.

② 어느 한 과정에서도 고객의 불만이 나오지 않아야 양질의 서비스가 이루어졌다고 할 수 있다.

③ 고객과 접점에 있는 종업원의 중요성을 인식하여 종업원에게 동기 부여를 시켜줌으로써 서비스의 품질이 향상되고 원가 절감이나 업무의 효율성이 높다는 점에서 내부 마케팅 관리라고도 한다.

④ 종업원도 1차 고객이라는 관점에서 종업원의 업무나 작업 환경개선을 통한 직무 만족도를 높이고 관계하는 사람 간의 갈등을 해소시켜 줌으로써 제1차적 고객관리가 이루어진다고 할 수 있다.

⑤ 제과제빵 매장에서 이루어지는 고객과의 대화나 인사방법은 물론 개인의 위생 및 복장 등에 관해서도 매뉴얼화하여 지속적인 교육이 필요하다.

(6) 서비스 물리적 증거(Physical evidence) 관리

① 무형의 서비스가 제공되는 데 필요한 모든 유형적 요소들을 말하며 고객이 서비스 품질을 평가하는 데 중요한 요소이다.

② 물리적 증거의 구성에는 각종 레스토랑의 시설물, 간판, 주차장, 주변 경치, 실내 장식, 색상, 가구, 온도 등이 있으며, 기타 종업원의 유니폼, 광고, 메모지, 영수증 등도 해당된다.

③ 예를 들어 매장을 동화 속의 빵 나라처럼 아주 재미있게 꾸민다든지 주방의 환풍구를 길 쪽으로 내놓아 빵을 구울 때마다 향기로운 빵 냄새가 사람들을 자극시켜 매장을 방문하게 만든다든지 하는 것이다.

3 상권분석

1) 상권(Trading Area, Market Area)의 의미

(1) 상권이란 점포와 고객을 연결하는 지리적 영역이며 상거래의 세력이 미치는 범위를 말하는데 1개의 점포가 고객을 흡수할 수 있는 독점적인 공간적 범위를 말한다.

(2) 주민의 생활과 그 지역에서 생기는 지역적인 경제공간이며, 손쉽게 생활편익을 얻을 수 있는 소비자의 생활행동 공간이다.

(3) 중요 판매액의 비율을 고려하여 1차 상권지역, 2차 상권지역, 3차 상권지역으로 범위를 정하여 구분할 수 있다.

(4) 상권이라는 말과 유사하게 쓰는 말로는 시장권·세력권·의존권·영향권·지배권·상세권 등이 있다.

2) 상권의 범위

(1) 1차 상권지역

① 1차 상권은 총매출액의 70% 정도를 차지하는 지역을 말하며 점포 고객의 60~70%가 거주하는 지역으로 점포에 가장 근접해 있으며 고객 수나 고객 1인당 판매액이 가장 높은 지역이다.

② 베이커리 영업의 1차 상권은 식료품과 같은 편의품 등의 경우와 마찬가지로 걸어서 500m 이내이다.

(2) 2차 상권지역

① 2차 상권은 총매출액의 20% 정도를 차지하는 지역으로 점포 고객의 20~25%가 거주하는 지역으로 1차 상권의 외곽에 위치한다.

② 제과제빵의 경우 워낙 점포 수가 많아 경쟁력 있는 제품을 가지지 못하면 판매에 보탬이 되지 않는 지역이다.

(3) 3차 상권지역

① 3차 상권은 1, 2차 상권에 포함되는 고객 이외에 나머지 고객들이 거주하는 지역으로 고객들의 거주지역은 매우 분산되어 있다.

② 호텔, 대형 쇼핑센터 내의 제과점도 많이 있는데 독자적인 고객 흡인력이 없기 때문에 속해 있는 특정 상권의 절대적인 영향을 받는다.

3) 상권의 유형

(1) 아파트 상권

① 아파트 상권은 폐쇄된 상권에 속하므로 해당 아파트 단지 주민 이외에는 거의 없다.

② 아파트 상권에서 베이커리 점포를 운영하기 위해서는 생활패턴이 유사한 5천 세대 이상으로 구성되어야 하고 단골고객의 확보가 경영의 성공을 좌우한다.

③ 새로운 소비자의 수요 창출이 어려우므로 경쟁업체와의 경쟁에서 밀리거나 경쟁업체가 많으면 심각한 경영난을 초래할 수 있다.

(2) 역세권 상권

① 역세권의 경우 제과 점포를 경영하기 위해서는 통행 인구의 습성과 특성을 고려하여 중저가 제품을 취급하는 것이 좋다.

② 주위환경과 소비자의 특성을 고려하여 식사대용이 가능한 제품을 빠르게 테이크 아웃할 수 있는 제품을 개발할 필요성도 있다.

③ 다양한 고객으로 단골로 삼기 어려운 단점도 있지만 업종 간의 경쟁이 다른 지역권에 비해서 치열하지 않으며 회전율이 높다는 장점도 있다.

(3) 학교 주변 상권

① 학교 주변 상권의 경우 판매 대상이 항상 고정적이기 때문에 구매 단위 역시 고정적이다.

② 학생들의 취향과 구매 형태를 고려해야 하고 중저가의 상품을 취급하는 것이 좋으며 방학이 있는 관계로 매출을 올릴 수 있는 시기가 한정되어 있다는 것을 고려해야 한다.

③ 주요 고객을 학생으로 잡는다면 베이커리 상권으로는 부적합하다.

(4) 주택가 상권

① 주택가 상권은 생활수준, 지역문화, 주민의 동선, 활동인구의 특성 등 반드시 관찰해야 할 일들이 많다.

② 제과업 또한 지역주민이 주로 이용하는 상가와 동일한 상가 내에 위치하므로 업종 간의 협력을 고려한다.

③ 프랜차이즈 상권이 자리 잡은 곳이 대부분이므로 일반제과점 상권으로 파악하기 힘든 약점이 있다.

④ 상권 내 경쟁업체 이외의 점포가 많은 지역을 우선적으로 검토할 필요가 있다.

(5) 중심지 대로변 상권

① 화려하고 특색 있는 사업장은 어렵지 않게 영업이 가능하지만 제과제빵 영업은 경쟁력과 특색 있는 제품을 취급하지 않으면 살아남기 어려운 상권이다.

② 대부분의 경우 고정 고객보다는 유동 고객이 많으므로 경쟁사보다 경쟁우위에 놓일 수

있도록 시설은 물론 종업원의 서비스에도 정성을 다해야 한다.

③ 방문 주기가 빈번하지 않기 때문에 방문 후 머무는 시간이 길어 매장을 대형으로 운영해야 한다는 단점이 있다.

(6) 사무실(Office) 상권

① 제과업에서는 요즈음 많이 영업하고 있는 카페 베이커리, 디저트 카페의 형태가 유익하다.

② 입지도 중요하지만 경쟁에서 이기는 맛이 가장 중요하다.

③ 배달이나 테이크아웃형이 아니라면 한꺼번에 많은 고객이 동시에 이용할 수 있으므로 테이블 회전율을 감안한 대형매장이 유리하다.

④ 사무실 고객의 지루함을 해소할 수 있도록 인테리어의 변화를 추구하고 식사를 위한 브런치 메뉴도 함께할 수 있는 복합형 베이커리가 유리하다.

4 상권분석을 통한 전략수립

1) 경쟁전략

(1) 원가우위전략

① 장점: 제품의 질이 동일하면 항상 강한 경쟁우위에서 경영할 수 있는 전략이다.

② 단점: 질은 같으나 더 저렴한 경쟁업체의 등장은 문제를 야기한다.

(2) 차별화전략

① 제품의 차별화: 고객의 제품 사용가치를 최대화시키는 전략으로 제품별 판매시간, 제품의 영양과 품질, 판매시기의 차별화 등을 경쟁업체보다 우위에 있게 하는 전략이다.

② 서비스 차별화: 고객의 심리가치를 최대화하는 전략으로 희소성 있는 서비스 품질을 개발하는 전략이다. 단골고객을 파악하여 차별화된 서비스를 제공하는 방법을 생각하여 종업원의 교육을 매뉴얼화시킨다.

③ 광고 차별화: 유동인구, 주위환경, 시기별 전략수립이 필요하다. 주위 경쟁업체의 홍보전략을 항상 분석하여 나의 것과 차별화를 시도해야 하는 전략이다.

(3) 집중화전략

① 원가우위 집중화전략: 경쟁력 점포와의 제품 품질은 동일하면서 가격우위를 점하는 제품

을 선택하여 집중화시키는 전략으로 항상 경쟁업체를 관리해야 한다.

② 차별화 집중화전략: 고객의 특성을 파악하여 제품, 서비스를 차별화하여 집중적인 교육을 통해 실천하는 전략으로 경쟁점포의 집중화전략이 무엇인지 파악해야 한다.

2) 성장전략

(1) 시장침투전략

① 단골고객의 반복적 구매가 이루어질 수 있도록 기존시장에서 고객을 확보하여 우리 가게의 단골고객으로 만들어 매출을 증대시키는 방법이다.

② 판매 촉진을 통하여 성장을 시도하지만 효과는 크지 않을 수 있다.

(2) 제품개발전략

① 기간별, 고객의 니즈별, 계절별로 기존메뉴의 개선이나 신제품을 개발하여 고객의 구매욕구를 잡겠다는 전략이다.

② 생산자는 항상 창의적이고 차별화되며 경쟁에서 앞서는 제품개발을 염두에 두어야 하는 전략이다.

(3) 시장개발전략

① 기존메뉴의 판매 우위의 상품을 이용하여 시장을 개척하는 전략이다.

② 상권과 입지를 분석하여 새로운 분점이나 프랜차이즈 사업을 하는 전략이다.

(4) 다각화전략

① 새로운 메뉴개발과 연계 가능한 제품을 결합하여 새로운 시장을 개척하는 전략이다.

② 윈도 베이커리에서 카페 베이커리, 디저트 카페, 브런치 전문점, 샌드위치 전문점 등으로 새로운 시장을 모색하는 전략이다.

6-3 매출손익관리하기

1 손익계산(Profit and Loss)

1) 손익계산의 개념

(1) 손익계산은 일정기간의 경영성과를 계산하는 것으로 수익과 비용의 흐름을 나타내는 것으로 경영 활동 중 가장 중요한 것이다.

(2) 수익과 비용이라는 경영 활동의 흐름을 일정 기간 집계하여 나타낸 손익계산의 흐름표를 손익계산서(Profit and Loss Statement)라고 한다.

(3) 수익은 총매출액을 의미하고 비용은 수익 발생을 위하여 지출한 비용이며 순이익은 매출 총이익에서 비용을 제한 것을 말한다.

2) 손익계산의 요소

(1) 수익

① 매출액

- 총매출액: 기업의 주요 영업활동 또는 경상적 활동으로부터 얻는 수익으로서 제품의 판매 또는 용역의 제공으로 실현된 금액을 말한다. 주요 영업활동이 아닌 것으로부터 얻는 수익은 영업외수익으로, 비경상적 활동으로부터 얻은 수익은 특별이익으로 계상된다.
- 순매출액: 손익계산서상의 매출액은 총매출액에서 매출에누리와 매출환입을 차감한 순매출액을 표시한다.
- 매출 총이익: 매출액으로부터 매출 원가를 차감하면 매출 총이익이 산출된다. 제품의 판매액과 그 원가를 대비시킴으로써 판매비와 일반 관리비 등 다른 비용을 고려하지 않은 상태에서 제품의 수익성 여부를 판단할 수 있는 중요한 이익 지표가 된다.
- 매출액 관리: 매출액은 제품의 판매 또는 용역의 제공으로 얻어지는 금액으로 총매출이 늘어나면 제품의 원가가 낮아지는 장점을 가진 요소로 매출액 관리를 잘 하는 것이 경영의 노하우이다. 제과제빵 영업에서는 거의 대부분의 이익이 제품의 판매에서 일어나는 것이므로 매출액에 관한 관리를 철저히 해야 한다.

② 영업외수익

- 기업의 주요 영업 활동과 관련 없이 발생하는 수익으로 이자수익, 임대료 등을 포함하며 매출할인이나 매입할인은 매출액이나 매출원가에서 각각 차감된다.
- 제과제빵 영업에서는 거의 일어나지 않는 수익이다.

③ 특별 이익

- 고정 자산 처분 이익 등과 같이 불규칙적이고 비반복적으로 발생하는 이익이다.
- 제과제빵 영업에서는 거의 일어나지 않는 이익이다.

(2) 비용

① 매출 원가(순수재료비용) = 기초 재고액 + 당기 매입액 - 기말 재고액

② 판매비와 일반 관리비

- 판매비는 판매활동에 따른 비용으로 직원의 급여, 광고비, 판매 수수료 등이 있다.
- 일반 관리비는 관리와 유지에 따른 비용으로 급여, 보험료, 감가상각비, 교통비, 임차료 등이 있다.

③ 영업외비용(non-operating expenses)

- 주요 영업활동에 직접 관련되지 않은 부수적 활동에 따라 발생하는 비용이다.
- 이자비용, 창업비상각(amortization of initial expense), 할인매출, 대손상각(bad debts expense) 등이 있다.
- 영업외비용은 영업비가 아니라는 점에서 영업비인 판매, 관리비와 구별되고, 경상적 비용이라는 점에서 특별 손실과 구별된다.

④ 특별 손실(extraordinary loss)

- 경상적 영업활동 이외의 우발적 · 임시적 원인에 의해 발생하는 손실이다.
- 자산 처분 손실, 재해 손실같이 불규칙적, 비반복적으로 발생하는 손실이다.

⑤ 세금

- 국가를 유지하고 국민 생활의 발전을 위해 국민들의 소득 일부분을 국가에 납부하는 것을 말한다.
- 세금은 개인 사업자가 영업활동 결과 얻은 소득을 바탕으로 해서 내는 사업소득세와 법인이 내는 법인세가 있다.

⑥ 부가 가치세(VAT: value added tax)

- 물품이나 용역이 생산 및 유통과정의 각 단계에서 발생하는 매출금액 전액에 대하여 과세하는 것이 아니라 기업이 부가하는 가치, 즉 마진에 대해서만 과세하는 세금이다.
- 부가가치세는 국세 · 보통세 · 간접세에 속한다.

(3) 순이익

① 순이익: 매출 총이익에서 판매비와 일반관리비, 세금 등 지출한 모든 비용을 공제하고 순수하게 이익으로 남은 몫을 말한다.

② 단기순이익: 기업이 한 사업연도 동안 얼마나 돈을 벌었는지를 나타내는 수치이다.

3) 비용 분석

(1) 손익분기점(Break-even Point=BEP)

① 손익분기점이란 일정 기간의 매출액이 총비용과 일치하는 점을 말한다.

② 매출액이 손익분기점 이하로 떨어지면 손해가 나고 그 이상으로 오르면 이익이 생기는 것을 말한다.

③ 손익분기점 분석에서는 비용을 고정비와 변동비로 나누어 매출액과의 관계를 검토해야 한다.

(2) 손익분기점의 계산식

① 손익분기점을 산출하는 공식

- 손익분기점 매출액 = 고정비 $\div (1 - \dfrac{변동비}{매출액})$

- 손익분기점 판매량 = $\dfrac{고정비}{단위당 판매가격 - 변동비}$

② 일정한 매출이 발생했을 때 발생하는 손익액을 산출하는 공식

- 손익액 = 매출액 $\times (1 - \dfrac{변동비}{매출액}) - 고정비$

③ 특정한 목표이익을 얻기 위하여 필요로 하는 매출액을 산출하는 공식

- 필요매출액 = $(고정비 + 목표이익) \div (1 - \dfrac{변동비}{매출액})$

〈손익분기점 도표〉

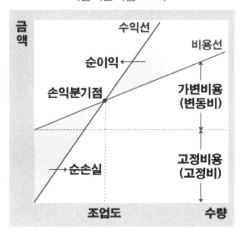

(3) 손익분기점의 산출

① 손익분기점 매출액을 구하기 위해선 모든 비용을 고정비와 변동비로 분류할 수 있어야 한다.
- 고정비는 매출액이나 조업도의 변화에 상관없이 일정한 비용으로 생산 매출을 불문하고 발생되는 비용이다. 인건비, 감가상각비, 금융비용, 제 경비 등으로 구성된다.
- 변동비는 매출액이나 조업도의 변화에 비례하여 증감하는 비용으로 매출이 증가함에 따라 같은 비율로 증가하는 비용이다. 재료비, 동력비 등의 비용으로 변동률을 예측한다.
- 변동률 = 변동비/매출액
② 매출액에서 변동비를 공제한 차액을 한계이익이라 하고 한계이익을 매출액으로 나누면 한계이익률이 된다.
③ 고정비를 한계이익률로 나누면 손익분기점 매출액이 된다.

2 원가관리

1) 원가의 정의

(1) 원가는 제조, 판매, 서비스를 제공하기 위해 소비되는 비용의 가치로서 제품생산에 소비한 경제적 가치라고 정의한다.
(2) 재료원가는 재료의 질과 사용량에 따라 차이가 있을 수 있으며 제품의 고급화를 기하면 원가는 올라가게 된다. 하지만 시장 경쟁력과 얼마나 상충되는지에 따라 제품의 판매 성과 여부가 가려질 것이다.
(3) 기타 비용은 전체 판매량에 따라 배분하는 비용으로 실재 원가와 판매가에 영향을 미치게 되는 비용의 전체를 말한다.

2) 원가계산의 목적

(1) 원가계산의 목적은 제품에 사용되는 원·부재료의 비용을 최소화하여 적정한 판매가격을 정하고 원가관리 및 경영관리의 기초자료로 활용하기 위함이다.
(2) 한국공인회계사회가 제정한 원가계산기준에서 원가의 목적을 다음과 같이 규정하고 있다.
① 재무재표 작성에 필요한 원가자료의 제공

② 판매가격의 결정에 필요한 원가자료의 제공

③ 원가관리에 필요한 원가자료의 제공

④ 예산의 구성 및 통제에 필요한 원가자료의 제공

⑤ 경영의 기본계획 결정에 필요한 자료의 제공

3) 원가의 3요소

(1) 재료비

① 제품 제조 시 제조활동에 소비되는 물질적인 것을 말하며 주원료, 부원료, 수선용 재료, 포장재 등이 있다.

② 재료비는 제조원가를 구성하는 직접재료비, 간접재료비로 구분된다. 제품생산에 직접 투입된 재료비가 산출가능하면 직접재료비, 산출할 수 없는 재료비는 간접재료비가 된다.

③ 직접재료비는 실체를 형성하는 물품을 말하며 주원료와 부원료를 말한다.

④ 간접재료비는 실체를 형성하지는 않으나 제조에 보조적으로 소비되는 물품으로 수선용 재료, 포장재 등을 말한다.

- 재료비 = 재료량 × 단위당가격

(2) 노무비

① 제품 제조를 위하여 생산활동에 직간접으로 종사하는 인적 보수를 말하며 월급, 봉급, 수당, 잔금 등이 해당된다.

② 노무비는 제조원가를 구성하는 직접노무비, 간접노무비로 구분된다.

③ 직접노무비는 작업에 직접 종사하는 종업원 및 노무자에 의하여 제공되는 노동력의 대가로서 기본급, 제수당, 상여금, 퇴직급여충당금 등을 말한다.

④ 간접노무비는 제조작업에 직접 종사하지는 않으나, 작업현장에서 보조작업에 종사하는 사무직, 급식원, 관리자 등의 기본급과 제수당, 상여금, 퇴직급여충당금 등을 말한다.

- 노무비 = 노무량 × 단위당가격

(3) 경비

① 경비는 직접경비와 간접경비로 구분하는데 재료비의 분류와 마찬가지로 제품생산에 직접적으로 투입된 경비를 산출가능하면 직접경비가 되고 산출할 수 없으면 간접경비가 된다.

② 경비는 제품의 제조를 위하여 소비된 제조원가 중 재료비, 노무비를 제외한 광열비, 전력비, 보험료, 감가상각비 등과 같은 비용을 말한다.

③ 일반관리비는 기업의 유지를 위한 관리활동부문에서 발생하는 제비용으로서 복리후생비, 여비, 교통 및 통신비, 세금과 공과금, 지급임차료, 운반비, 차량비 등 일반적인 관리를 하는 데 필요한 비용을 말한다.

④ 경비는 당해 제품의 제조기간 중 소비량을 측정하거나 원가 계산 자료, 계약서, 영수증 등을 근거로 하여 계산한다.

• 경비 = 소요(소비)량×단위당가격

〈원가의 구분〉

제조원가	재료비	직접재료비	생산제품의 직접 재료비
		간접재료비	직접재료비 이외의 재료비
	노무비	직접노무비	생산과 판매를 위한 종업원 임금
		간접노무비	보조작업에 종사하는 사무직, 급식원, 관리자의 임금
	경비	직접경비	제품에 직접 쓰이는 경비로 재료비, 노무비 등
		간접경비	감가상각비, 판매비와 일반관리비, 영업외비용, 특별 손실, 소득세와 법인세, 부가가치세

4) 원가의 구성요소

(1) 직접 원가(Direct Cost)

① 제품의 제조를 위하여 직접적으로 사용한 비용으로 기초 원가라고도 한다.

② 직접 재료비 : 제과제빵 주 재료비

③ 직접 노무비 : 월급, 연봉 등 임금

④ 직접 경비 : 외주 가공비

• 직접 원가 = 직접 재료비 + 직접 노무비 + 직접 경비

(2) 제조 원가(Factory Cost)

① 직접 원가에 제조 간접비를 합한 것으로 제조 간접비에는 간접 재료비, 간접 노무비, 간접 경비가 포함되며 공장 원가라고도 한다.

② 간접 재료비: 보조 재료비

③ 간접 노무비: 급료, 수당 등

④ 간접 경비: 감가상각비, 보험료, 수선비, 전력비, 가스비, 수도·광열비 등

- 제조 원가 = 직접 원가 + 간접 재료비 + 간접 노무비 + 간접 경비

(3) 총원가(Total Cost)

① 제조 원가에 일반 관리비와 판매 직·간접비를 합한 것이다.

② 일반관리비: 제조, 판매 등 현업부문의 비용이 아니고 총무부, 인사부, 경리부 등과 같은 일반관리부문의 비용으로서 임원이나 사무원의 급료수당, 감가상각비, 지대, 집세, 수선비, 사무용 소모품비, 통신교통비, 보험료, 교제비 등이다.

③ 판매비: 상품의 판매를 위한 비용, 판매 수수료, 발송 운임, 광고 선전비 등

- 총원가 = 제조 원가 + 판매비 + 일반 관리비

(4) 판매 원가(Selling Cost)

① 기업이 마케팅 활동을 할 때 발생하는 비용으로 계산방식에는 기능별 분석과 적용별 분석의 두 가지가 있다.

② 기능별 분석은 영업비를 판매기능, 판매촉진기능, 배송기능, 보관기능 등 기능별로 분석하여 각 부문별 영업능률의 개선 및 영업활동의 관리를 목적으로 한다.

③ 적용별 분석은 상품별, 판매지역별, 판매방법별, 고객별, 판매원별 등으로 분석하여 주로 영업정책의 평가·설정·변경 등의 지침으로 관리하는 것을 목표로 하고 있다.

④ 판매 원가는 총원가에 기업의 이익을 더한 가격이다.

- 판매 원가 = 총원가 + 이익

〈판매가격의 구성〉

판매가격							
총원가(판매원가)							
제조원가(공장원가)							
직접원가(기초원가)							
직접 재료비	직접 노무비	직접 경비	간접 재료비	간접 노무비	간접 경비	일반관리비, 판매비	이익

5) 원가관리원칙

(1) 원가관리원칙의 의미

① 원가관리의 원칙은 원가요소를 관리 가능한 것과 관리 불가능한 것으로 분류하여 원가절감하기 위한 것이다.

② 관리계층별, 부문별로 그 책임의 범위를 뚜렷이 하고, 통제를 통하여 원가능률을 높이는 수단으로 이용된다.

③ 실제원가는 제품이 완성된 후에 그 제품제조를 위하여 생겨난 가치를 소비액으로 산출한 원가이다. 즉 사후계산에 의하여 산출된 원가로서 보통 원가라 하면 실제원가를 뜻한다.

④ 표준원가는 재화의 소비량을 과학적, 통계적 조사에 의하여 가치의 척도가 되도록 예상가격 또는 정상가격으로 계산한 원가이다.

⑤ 원가관리는 표준원가와 실제원가를 비교하여 문제의 소지, 개선책 등을 검토한 후 그에 따른 개선대책을 수립하고 목표원가를 세우는 것을 말한다. 이렇게 하여 표준원가와 실제원가와의 차이를 점차 줄여나가는 과정을 원가관리라고 한다.

(2) 원가관리원칙

① 진실성의 원칙
  - 제품의 제조에 소요된 원가를 계산하여 진실하게 제시해야 한다. 즉 실제로 발생한 원가의 거짓 없는 진실한 파악, 경영의사의 결정에 대한 건전한 기초를 제공하기 위한 원칙이다.

② 발생기준의 원칙
  - 현금기준과 대립되는 원칙으로 모든 비용과 수익의 계산은 발생시점을 기준으로 해야 한다는 원칙이다. 수지에 상관없이 원가 발생의 사실이 있으면 그것을 원가로 인정해야 한다는 원칙이다.

③ 계산 경제성의 원칙
  - 중요성의 원칙이라고도 한다. 원가계산 시 경제성을 고려해야 한다는 원칙이다.

④ 확실성의 원칙
  - 실행 가능한 여러 방법이 있을 경우에 가장 확실성이 높은 방법을 선택하는 원칙이다. 확실한 결과를 얻을 수 있는 방법을 선택하는 원칙이다.

⑤ 정상성의 원칙
  - 정상적으로 발생한 원가만을 계산하고, 비정상적으로 발생한 원가는 계산하지 않는다는 원칙이다.

⑥ 비교성의 원칙
  - 원가계산에 다른 일정기간의 것과 또 다른 부분을 비교할 수 있도록 실행해야 하는 원칙이다. 원가계산에 비교성이 없으면 효율성이 높은 경영관리의 수단이 되지 못한다.

⑦ 상호관리의 원칙
  - 원가계산과 일반회계와 각 요소별 계산, 부문별 계산, 제품별 계산 간에 서로 밀접하게 유기적 관계를 구성함으로써 상호 관리가 가능해져야 하는 원칙이다.
⑧ 객관성의 원칙
  - 유익한 원가계산을 위하여 계산을 객관적으로 수행하는 원칙이다.
⑨ 일관성의 원칙
  - 경영활동의 판정에 필요한 자료를 제공하기 위해 비교 가능한 방법으로 계산되도록 일관성이 있어야 한다는 원칙이다.

6) 5대 로스(Loss)를 통한 원가절감의 방법

(1) 인원 Loss(고정비: 노무비)

① 인원절감 방안: 교육을 통한 종업원의 기술 수준 향상과 숙련도를 높여 생산소요시간, 작업공정시간을 단축하여 업무에 대한 생산성을 향상시키고 전체적인 생산능률을 높인다.
② 작업능률 향상 방안: 제품을 계획하고 생산하는 단계에서 작업량, 작업시간, 작업공정 등을 표준화·단순화하고, 정기적 점검을 통해 작업여건을 개선한다.
③ 불량률개선: 작업 표준이나 작업 태도를 점검하고 정기적인 점검을 통해 불량률을 개선한다.

(2) 자재 Loss(변동비: 재료비)

① 자재단기 인하 방안: 재료 구입 단가의 재조정 등으로 재료 구매 관리를 정확히 하여 구입 단가와 결재의 합리화를 추구한다.
② 자재수율 향상 방안: 품질향상을 통한 생산수율을 높일 수 있도록 재료의 배합, 제조공정의 정확한 설계 등으로 불량품 발생을 줄여 재료의 수율을 높인다.

(3) 설비 Loss(제조경비: 경비)

① 가동률 향상 방안: 영업활동을 통해 주문 수량을 증대시키고 제조공정상의 작업 배분, 공정기간의 효율적 연계 등을 통하여 표준화·단순화시켜 작업 능률을 높인다.
② 고장시간 감소 방안: 장비의 일상점검 및 예방정비 활동 등 설비 관리를 철저히 하여 작업 중 가동이 중지되지 않아야 한다.

(4) 물류 Loss(제조경비: 경비)

① 운반방법의 개선 방안: 운송방법의 개선을 통해 재료의 보관 및 사용 시 손실을 최소화하는 방안을 수시로 점검한다.

② LAYOUT의 개선 방안: 선입 선출 등 창고 관리 업무의 체계적 관리로 재료 이동 흐름의 최소화를 통해 재료 손실을 줄인다.

(5) 물자 Loss(제조경비: 경비)

① 전기, 수도, 가스 등의 절약 방안: 불필요한 곳에 사용하고 있지는 않은지 점검하고 작업의 능률과 생산성 향상에 영향을 끼치지 않는 범위에서 절약방안을 마련해야 한다.

② 기타 경비의 절약 방안: 여비출장비, 수선비, 임차료, 통신비 등도 불필요하게 사용되고 있지는 않은지 항상 점검하고 절약방안을 마련한다.

7) 원가 분석(cost analysis)

(1) 원가수치를 분석하여 경영활동의 실태를 파악하고 이에 대한 해석을 내리는 것을 원가분석이라고 한다.

(2) 원가 분석에는 제품명과 제품에 대한 상세 정보, 구분, 단가와 금액 등을 기록하도록 한다.

(3) 비교원가를 분석할 때에는 비슷한 경쟁사 물품이 그 대상이 될 수도 있고, 자회사의 물품이 대상이 될 수도 있다. 자회사의 물품 원가를 분석하는 경우, 이는 주로 개선을 목적으로 하는 경우가 많다.

(4) 개별 제품의 수익과 비용을 정확하게 토출하여 제품별로 원가 분석을 실시하여 불필요한 재료, 인력, 경비를 절감할 수 있어야 한다.

3 비용관리

1) 재료비용관리

(1) 적정구매와 재고관리

① 식자재의 가격과 제품원가를 생각하여 질과 양을 조사한 후 우수 식자재를 확보하기 위한 납품업체를 찾는 것은 재료의 비용관리와 연관 있다.

② 납품업체가 지닌 재료의 신선함과 수율이 다른 업체에 비하여 높은지를 조사하고 경영에

맞는 조건으로 구매가 가능한지도 조사한다.

③ 물가의 동향을 예의주시하여 선구매 등의 조치를 할 수 있어야 한다.

④ 재고량의 파악과 적절한 발주는 재료 비용관리에서 가장 중요하다.

⑤ 필요한 식자재의 올바른 선택과 적정량을 파악하여 낭비와 손실의 요소를 최대한 줄여 구매할 수 있어야 한다.

⑥ 적정구매를 하지 못해 재료의 낭비와 부족을 가져오면 영업의 악화에 결정적인 손실을 끼치게 된다.

(2) 유효기간과 선입선출

① 입고되는 재료는 반드시 유효기간을 확인하여 정리해야 하는데 먼저 라벨의 인쇄는 제대로 되었는지 확인하고 수입자재는 우리말 라벨이 외국어와 맞게 조치되었는지도 알아보고 무표시제품은 절대 보관해서는 안 된다.

② 유효기간에 따른 선입선출이 될 수 있게 정리할 때 조치한다. 같은 재료는 항상 같은 위치에 정리하여 사용할 때나 재고 파악할 때 찾는 번거로움을 줄인다.

③ 냉장, 냉동, 실온에서 저장할 수 있는 자재를 각각 분리 · 보관하여 적절한 습도, 온도, 통풍, 채광 등 식자재의 조건에 맞게 저장한다.

〈식재료 보관온도〉

• 냉장 보관: 5℃ 이하(최대 10℃)
• 냉동 보관: -18℃ 이하
• 건조 보관: 10~20℃(상대습도 50~60%)

④ 식재료와 기타 일반자재는 분리하여 보관해야 한다. 식자재를 일반자재와 같이 두면 오염의 위험에 노출될 뿐만 아니라 안전하게 관리하기도 힘들기 때문에 반드시 분리 · 보관하는 습관을 들인다.

⑤ 식자재 표시기준 중 유효기간이 짧은 것을 먼저 쓸 수 있게 저장한다.

⑥ 식자재의 창고에는 항상 유효기간카드와 재고량 확인카드를 비치하여 입출 시 기록하는 습관을 가진다.

⑦ 식자재 관리의 잘못은 곧 재료비 비용의 낭비를 가져오므로 경영에 악영향을 끼치는 것은 당연하다.

2) 인사비용관리

(1) 종업원

① 베이커리 경영에서 가장 어려운 것은 인력의 관리이다. 제과제빵사는 물론 판매종업원을 구하기도 쉽지 않으며 근무여건이 열악하면 직원의 이직이 심해 업무 연결이 어려울 뿐만 아니라 경영의 성패에 영향을 미치게 된다.

② 인사비용은 제품을 제조하는 데 필요한 인력의 사용에 관계되는 노사관계를 대상으로 하여 발생되는 비용이므로 적정한 비용으로 최대의 효과가 나올 수 있게 관리해야 한다.

③ 종업원에 관한 비용은 채용, 교육, 배치, 이동, 승진, 퇴직 등의 인사관리 시 발생되는 비용을 말한다.

④ 채용에 발생되는 비용은 그중 가장 중요하다고 생각하는데 필요한 적정 인원의 채용은 경영의 성패를 좌우한다 해도 좋을 것이다. 비용만 생각하면 적정 인원의 부족으로 인한 과중한 업무로 이직자가 자주 나타나게 되어 효율적인 생산라인과 안정적인 제품의 공급에 차질을 가져올 수 있으며 생산량에 필요한 인력보다 많이 채용하면 비용의 부담이 지나치게 되어 경영에 어려움을 가져오게 된다.

⑤ 종업원의 교육에 발생하는 비용도 적절하게 배분하여 사용해야 하는 중요한 요소이다. 적당한 교육으로 근무 분위기는 물론 생산의 증가를 가져올 수 있다. 종업원의 조직에 대한 인식을 심어주고 일의 중복이나 능력에 맞는 업무의 배정을 위해서도 적절한 교육이 반드시 필요하다.

⑥ 종업원의 근무성적과 개인의 능력에 따른 배치, 이동, 승진을 하여 종업원의 업무에 대한 애착과 생산향상을 위한 동기를 부여하기 위한 적당한 평가지침과 보상기준을 마련하고 그에 따른 적당한 비용의 배정은 장기적인 경영을 위하여 필요하다.

(2) 임금

① 임금은 종업원의 업무능력과 경영자의 지불능력은 물론 매출, 이익 등에 의해 결정되는 것으로 제과제빵 분야의 임금이 근무시간, 업무강도에 비하여 상당히 열악한 것이 사실이었으나 인력의 부족과 경영자의 경영마인드가 올라감에 따라 요즈음은 차츰 좋아지고 있다.

② 임금은 경영자와 종업원이 모두 만족해야 하는 것이므로 적정하게 관리하는 데 어려움이 있으므로 이를 잘 관리하는 경영자가 유능한 경영자라 할 수 있다. 지나친 이윤만 추구하여 경쟁업체보다 낮은 임금으로 경영을 하게 되면 생산성이 떨어지게 되고 결국은 좋은

사람을 쓰지 못하게 되어 경영에 실패하게 된다.

③ 매출액과 임금의 비교는 중요한 경영의 포인트라 할 수 있는데 매출액에서 임금의 비중을 몇 %로 잡느냐에 따라 종업원의 채용은 물론 경영의 성패가 좌우된다고 할 수 있으므로 업체의 형편과 경영 규정을 확실하게 설정하고 점검하여 그에 따른 문제점을 수시로 해결하면서 경영해야 한다.

④ 노사 모두가 긍정할 수 있는 임금 테이블을 결정하여 경영하는 것이 중요하며 임금이 투명하고 공정하게 집행되어야 함은 물론 하위직원들에게 희망을 줄 수 있는 임금체계가 되게 해야 경영에서 성공할 수 있다.

(3) 복지

① 제과제빵업체는 일반제과점에서 카페 베이커리가 많이 생기면서 자본의 유입이 많아지고 중형 기업으로 발돋움하는 제과업체가 늘어남에 따라 종업원의 임금 이외에 복지에 관해서도 업체들의 인식이 높아지고 있다.

② 종업원의 복지는 장기간 근무하는 직원들에게 근무의욕을 생기게 하고 생산성을 높일 수 있는 좋은 여건을 만들어주므로 이젠 제과업계에서도 관심을 보다 많이 가져야 성공경영을 이끌 수 있다.

③ 복지는 근무연수에 따라 달리하여 규정을 정할 필요가 있으며 장기간 근무자가 많은 혜택을 입을 수 있게 해야 종업원의 이탈을 막아 생산성 향상에 도움을 줄 수 있을 것이다.

④ 매년 연차와 공휴일 대체휴무 및 수당, 추가근무 수당, 경조사 지원 등을 하는 업체들이 늘어나고 있는 추세이며 일반 제과점에서도 규모가 커지는 곳에서 상당한 복지가 이루어지고 있다. 앞으로는 이러한 것이 뒷받침되어야 인력이 모여들고 업계도 안정적으로 발전할 수 있을 것이다.

3) 일반경비관리

(1) 시설

① 베이커리를 경영하기 위해서는 그에 맞는 시설이 필요한데 매장과 주방 등 공간을 적절하게 배분하여 설치해야 관리 비용을 절감할 수 있다.

② 각각의 공간을 상호 유기적으로 연관성 있게 분할하여 설치하는 것이 아주 중요한 과제이다.

③ 매장과 주방, 창고 등의 공간 조정이 결정되었으면 다음으로 작업동선에 관한 구분이

이루어져야 하는데 업무의 종류와 업무량, 작업비중, 작업반경 등 제반사항을 검토하여 제반시설을 설치해야 업무는 물론 관리를 용이하게 하고 비용을 절감할 수 있다.

④ 바닥 트렌치는 배수가 원활하게 하여 추가비용이 발생하지 않도록 하고 청소 등을 용이하게 하여 환경위생은 물론 경비의 절감효과가 있게 설치한다.

⑤ 바닥타일은 미끄러지지 않고 청소가 잘 되는 재질의 것을 골라서 시공해야 청소와 위험, 추가관리에 대한 비용을 줄일 수 있다.

⑥ 후드의 크기와 용량을 적절하게 하여 배기를 원활하게 하고 계절에 따른 추가비용이 발생하지 않도록 세심한 계획이 필요하다.

⑦ 벽면의 재질은 청소가 용이하고 관리가 쉬운 재질의 것을 선택해서 사용해야 오랫동안 관리하는 데 비용을 절감할 수 있다.

⑧ 천장은 조명과 어울리게 설치하고 관리가 쉽게 계획을 세워야 추가비용을 줄이고 관리비용을 줄일 수 있다.

⑨ 수도배관과 가스배관 등 배관의 위치와 작업에서의 불편성 관계를 생각하여 신중한 결정을 하여야 하며 전기시설 또한 편리하게 해야 관리비용을 절감할 수 있다.

⑩ 기타 인테리어에 대한 관리를 처음부터 관리비용의 측면에서 바라보고 계획하여 설치한다면 상당한 관리비용을 절감할 수 있다.

(2) 기계 및 기구

① 기계는 작업의 안전성과 연결성에 중점을 두어 배치해야 작업의 능률을 올려 생산성을 높이고 작업자의 피로도를 감소시킬 수 있어 비용을 줄일 수 있다.

② 기구는 작업의 편리성과 연결성에 맞게 보관하여 사용자가 쉽게 이용할 수 있게 한다. 기구별로 항상 지정된 장소에 보관할 수 있도록 관리해야 비용을 줄일 수 있다.

③ 기계 및 기구의 설치 및 배치가 아주 중요하므로 한 번 더 생각하여 주방은 물론 매장도 작업자가 이동하기 좋게 배치하면 관리하면서 드는 비용을 줄일 수 있다.

(3) 기타 비용

① 수도, 전기, 가스 등의 사용에서 낭비의 요소는 없는지 생각해 보아야 한다. 우리가 무의식적으로 사용하는 조그마한 낭비가 비용부담이 크다는 것을 인지해야 한다.

② 포장지, 인쇄물 등 생산 이외의 기타 요소에 대한 낭비가 없는지도 생각해야 한다. 아무렇지 않게 버려지는 한 장의 포장지가 비용에 포함된다는 것을 알아야 한다.

제7장 ## 저장유통

7-1 실온냉장 저장하기
7-2 냉동저장하기
7-3 유통하기

7-1 실온냉장 저장하기

1 식품의 변질과 보존법

1) 식품의 변질

(1) 부패

① 질소를 포함하는 유기화합물(주로 단백질)이 미생물의 작용에 의해 악취를 내며 분해되는 현상으로 먹을 수 없게 되는 현상이다.

② 무산소성 세균에 의해 유기물이 불완전 분해되면 각종 아민이나 황화수소 등 악취가 발생하여 인체에 유해한 물질이 생성된다.

③ 부패가 생기기 쉬운 조건은 적당한 온도(20~40℃)와 수분(다습)으로 여름철에 쉽게 일어난다.

④ 부패과정에는 산화·환원·가수분해 등의 화학변화가 복잡하게 얽혀 있다.

⑤ 부패로 발생되는 3가지 주요 변화에는 물리적 부패(Physical Spoilage), 화학적 부패(Chemical Spoilage), 미생물학적 부패(Microbiological Spoilage) 등이 있다.

(2) 변패

① 식품을 방치하면 시간의 경과와 더불어 냄새, 빛깔, 외관 또는 조직 등의 바람직하지 못한 변화가 일어나는데 단백질 이외의 지방질이나 탄수화물 등의 성분들이 미생물에 의하여 변질되는 현상이다.

② 식품의 변질원인은 다음 네 가지로 대별할 수 있다.
- 생물에 의한 것: 곤충 등에 의한 침해, 미생물에 의한 변패 등
- 효소반응에 의한 것: 자기소화, 효소적 갈변, 효소분해 등
- 화학반응에 의한 것: 지방질의 산화, 비효소적 갈변 등
- 물리적 원인에 의한 것: 손상, 조직변화, 전분의 노화 등

(3) 산패

① 유지를 공기 속에 오래 방치해 두었을 때 산성이 되어 불쾌한 냄새가 나고, 맛이 나빠지거나 빛깔이 변하는 것이다.

② 유지의 산패는 식품의 변질에 영향이 크며 차고 어두운 곳에 보관함으로써 방지할 수 있다.

③ 가수분해형, 케톤형, 산화형 등으로 나눌 수 있다.

- 가수분해형: 가수분해에 의하여 생기는 유리지방산이 산패 냄새의 주원인이 되는 것으로 버터 등 분자량이 작은 유지에서 잘 일어난다.
- 케톤형: 미생물에 의하여 불포화결합이 산화 분해되어 알데하이드나 케톤이 생기고, 이것이 산패 냄새의 주원인이 되는 것으로 올레산이 많은 기름에서 잘 일어난다.
- 산화형: 공기 속의 산소에 의하여 자동적으로 산화되는 것으로 불포화인 기름일수록 산화를 잘 일으키며 빛·열·금속 등이 촉진시킨다.

(4) 발효

① 미생물 자신이 가지고 있는 효소를 이용해 유기물을 분해시키는 과정을 발효라고 한다.
② 탄수화물이 미생물에 의해 분해과정을 거치면서 유기산, 알코올 등이 생성되어 인체에 이로운 식품이나 물질을 얻는 현상이다.
③ 발효반응과 부패반응은 비슷한 과정에 의해 진행되지만 우리의 생활에 유용하게 사용되는 물질이 만들어지면 발효라 하고 악취가 나거나 유해한 물질이 만들어지면 부패라고 한다.

2) 식품 보존법

(1) 물리적 보존법

① 건조법

- 미생물은 수분 15% 이하에서 번식하지 못하므로 식품을 불이나 햇볕에 말려서 건조시켜 저장하는 건조법은 식품 보존법 중에서 가장 역사가 오래된 것이다.
- 건조법은 말리는 재료에 따라 건과법, 건어법, 나물 말리기 등으로 분류할 수 있다.
- 건조방법에 따라 일광 건조법, 고온 건조법(90℃ 이상), 열풍 건조법, 배건법, 동결 건조법, 분무 건조법, 감압 건조법 등이 있다.

② 냉장법

- 식품을 냉장시켜 미생물의 번식 조건 중 하나인 온도를 낮춤으로써 번식을 억제하는 방법으로 미생물을 억제할 수는 있으나 사멸시키지는 못한다.
- 냉장온도는 0~4℃ 정도이며 냉장실의 온도는 저장할 식품의 종류에 따라 고려해야 한다.
- 저장온도가 식품의 빙결온도보다 낮을 경우, 식품의 조직 내에 큰 얼음결정체가 생성되어 조직이 손상된다.

- 과일이나 채소같이 세포가 살아 있는 식품을 저장할 때에는 미생물에 의한 부패보다 저장식품이 냉해를 받지 않도록 온도를 조절해야 한다.

③ 냉동법
- 식품을 0℃ 이하에서 동결시켜 보존하는 방법으로 수분을 빙결시켜 저장하는 방법이므로 처리 방법이 좋으면 식품의 종류에 따라서는 저장 중에 품질의 변화가 적으므로 1년 이상 저장할 수도 있다.
- 냉장법은 식품을 동결하지 않기 때문에 조직이 파괴되지는 않으나 냉동법은 얼음 속에 묻어 저장하는 빙장법과 마찬가지로 자가소화 및 세균작용을 완전히 정지시킬 수 없기 때문에 시일이 경과함에 따라 품질이 떨어진다.

④ 가열살균법
- 가열에 의해 식품에 묻어 있는 미생물을 사멸시키거나 효소를 파괴시킨 후 미생물이 다시 번식하지 못하도록 밀봉하여 보존하는 방법이다.
- 가열살균법에는 60~65℃ 온도에서 30분 정도 가열하여 살균하는 저온살균법, 70~75℃에서 15초 정도 살균하는 고온단시간 살균법, 130~140℃에서 1~2초간 살균하는 초고온순간살균법, 90~120℃에서 60분간 살균하는 고온장시간 살균법, 초음파로 단시간 살균하는 초음파 살균법이 있다.

⑤ 조사살균법
- 자외선이나 방사선을 이용하여 미생물을 사멸시키는 방법이다.
- 자외선 살균법은 투과력이 약해서 음료수 소독에 적합하다.
- 방사선 살균은 코발트60(Co60)을 식품에 조사시키는 방법인데 곡류, 청과물, 축산물의 살균처리에 이용된다.

(2) 화학적 보존법

① 염장법
- 호염균을 제외한 보통 미생물을 식염에 절이는 방법으로 염장법에는 식품에 소금을 뿌리는 살염법과 식품을 소금물에 담그는 염수법이 있다.
- 살염법에서는 식품 무게의 10~15%의 소금을 사용하고 염수법에서는 20~25%의 소금을 사용한다.
- 염장법은 주로 육류, 어류(어란), 오이지 등의 저장법으로 널리 이용되어 왔다.

② 당장법
- 식품을 50% 정도의 설탕 농도에 절이면 재료로부터 강하게 수분을 빼내서 미생물이

번식할 수 없게 되어 방부효과가 발휘된다.

- 소금절임과는 달리 설탕은 농도가 높더라도 그대로 식용할 수 있는 이점이 있으며 식품의 산화를 방지하는 작용도 있다.
- 설탕절임에 쓰는 설탕은 순도가 높은 백설탕이 적합하다.

③ 산저장법

- 식품에 산을 첨가하면 미생물의 발육이 저지될 뿐만 아니라 조미효과도 나타낸다.
- 식초에 설탕이나 소금을 첨가하면 미생물 생육을 저지하는 효과가 커지므로 초절임을 할 때는 이들을 함께 사용하고 있다.
- 초절임법을 이용한 저장식품으로 마늘장아찌, 피클 등이 있다.

④ 화학물질 첨가

- 유해하지 않은 화학물질을 이용하여 미생물을 살균하고 발육을 저지하여 효소의 작용을 억제시키는 방법이다.

(3) 기타 보존법

① 훈연법

- 참나무, 자작나무, 오리나무 및 호두나무 등의 목재를 연소시켜 그 연기로 그을려 페놀 등의 살균물질을 침투시켜 보존성을 좋게 해주는 가공법을 말한다.
- 훈연 중 발생되는 연기에 함유된 방부성 물질에 의해 미생물의 생육이 억제되어 저장성이 증가되며 독특한 향기와 맛이 생겨 식품의 맛을 좋게 한다.
- 염장한 훈연 제육, 어류, 햄, 소시지 등과 같은 훈연 보존식품이 많이 있다.

② 밀봉법

- 용기에 식품을 넣고 수분 증발, 흡수, 해충의 침범, 공기(산소)의 통과를 막아 보존하는 방법이다.

③ 염건법

- 소금 간을 하여 말려서 보존하는 방법으로 조기를 염건한 것을 굴비라 한다.

④ 조미법

- 쥐포처럼 조미 간을 하여 말려서 보존하는 방법이다.

⑤ 발효처리 방법

- 발효균을 식품에 넣고 어느 정도 발효시킨 후 발효를 억제하여 건조 보존하는 방법으로 누룩, 건조이스트 등을 만들 때 사용되는 방법이다.

2 저장관리

1) 저장관리의 목적과 원칙

(1) 저장관리의 목적

① 저장관리는 입고된 재료 및 제품을 품목별, 규격별, 품질 특성별로 분류한 후에 적합한 저장방법으로 위생적인 상태로 저장고에 보관하는 것을 가리킨다.

② 저장과정에서 발생할 수 있는 손실을 최소화하여 생산에 차질이 발생하지 않도록 하는 데 목적이 있다.

③ 재료의 손상으로 사용할 수 없는 재료를 최소화함으로써 원재료의 적정 재고를 유지할 수 있다.

④ 재료를 위생적이고 안전하게 보관함으로써 손실을 최소화하고 올바른 출입고 관리를 할 수 있다.

(2) 저장관리의 원칙

① 저장 표시의 원칙
- 재료와 제품의 저장 위치를 손쉽게 알 수 있도록 물품별 카드를 작성·비치하여 위치를 쉽게 파악할 수 있게 한다.

② 분류저장의 원칙
- 재료를 구별하여 출입고가 용이하게 명칭, 용도 및 기능별로 분류하여 효율적인 저장관리가 이루어질 수 있도록 저장한다.

③ 품질보존의 원칙
- 재료의 특성을 고려하여 적절한 온도, 습도 등에 맞게 저장함으로써 재료와 제품의 변질을 최소화시켜 보존할 수 있게 한다.

④ 선입선출의 원칙
- 재료의 사용 시 효율성을 높이기 위해서 유효일자나 입고일을 꼭 기록하고 먼저 구입하거나 생산한 것부터 순차적으로 제조에 사용하거나 판매하기 위하여 필요하다.
- 재료나 제품의 선도를 최대한 유지하고 낭비를 최소화할 수 있다.

⑤ 공간 활용의 원칙
- 저장시설은 충분한 저장공간의 확보가 필요한데 재료 자체가 점유하는 공간 외에 이동의 효율성과 운송공간도 고려되어야 한다.

⑥ 안전성 확보의 원칙
- 저장물품의 부적절한 유출을 방지하기 위해서는 저장고의 방범 관리와 출입 시간 및 절차를 명확히 준수해야 한다.

2) 저장방법

(1) 실온저장

① 건조 식자재는 적합한 공간과 사용 현장과의 위치와 저장 식재료의 안전성을 고려하여야 한다.
② 캔류 등을 보관할 때는 선입선출이 가능하게 저장공간을 충분히 확보한다.
③ 실온저장이라도 습도, 온도 등의 저장조건에 알맞은지를 확인한 후에 저장한다.

(2) 냉장·냉동 저장

① 냉장 저장고의 종류
- 창고식 냉장고: 대량의 재료나 제품을 카트를 사용하여 직접 들어갈 수 있도록 설계된 것으로 안에서 문을 열 수 있는 장치가 설치되어 안전하게 이용할 수 있다.
- 소형냉장고: 일반적인 이동형 냉장고로 작업실 내에 설치하여 식품이나 당일 사용할 재료를 보관할 수 있다.
- 양면형 냉장고: 주로 완제품을 보관하는 것으로 앞뒤로 문을 열 수 있어 출입고가 편리하며 판매대와 연결해서 효율적으로 사용할 수 있다.
② 저장시설의 주의점
- 사람이 들어갈 수 있는 창고식 냉장고의 문은 안에서도 열려야 하고 조명이나 신호 장치에 의해 냉장고 내부에 사람이 있음을 알릴 수 있어야 안전하게 사용할 수 있다.
- 냉장고 내부의 벽은 내구성과 위생성이 좋은 재질을 사용하여 청소관리가 용이하게 해야 한다.
- 선반은 위생성과 이동성, 견고성을 고려한 조립식 트레이 선반을 사용하면 편리하다.
③ 냉동 저장
- 냉동은 식품에 함유된 수분을 영하 18℃ 이하로 냉동하여 불활성화시켜 보존하는 방법으로 식품의 저장기간을 연장하기 위한 수단으로 이용하고 있다.

7-2 냉동저장하기

1 냉동저장하기

1) 냉동저장

(1) 냉동저장의 목적

① 냉동저장은 장기 보존을 목적으로 사용되며, 장기 보관 시 냉해, 탈수, 오염, 부패 등의 품질 저하가 발생하므로 냉해 방지와 수분 증발을 억제하기 위해서 포장하거나 밀봉하여 저장 관리한다.

② 운반 동선을 고려하여 가능한 단거리에 배치하고 검수 지역과 생산 지역이 가까이에 있는 것이 바람직하다.

③ 냉동하면 얼음결정의 생성과 성장, 얼음의 승화 등의 물리적 작용과 더불어 화학반응과 효소작용이 지극히 서서히 진행되므로 세포조직의 손상, 지방질의 산화, 단백질의 변성 등이 일어난다.

④ 냉동식품은 해동 시 유출액(드립=drip)이나 영양소의 유실, 과산화물에 의한 안전성의 결여, 가공적성의 저하, 색조 · 풍미 · 식감 등의 품질저하를 가져오며 해동방법에 따라 큰 차이가 있다.

(2) 냉동방법

① 공기 냉동법
- 급속냉동방법으로 완제품을 -40℃의 냉풍으로 급속히 냉동시켜 60분 정도면 완전 냉동 경화된다.

② 암모니아 냉동법
- 속이 비어 있는 두꺼운 알루미늄판 속에 암모니아 가스를 넣어 -50℃ 정도로 냉각시키는 방법으로 40분 정도면 완전 냉동 경화된다.

③ 질소 냉동법
- 195℃의 액체 질소(니트로겐=nitrogen)를 불어넣어 순간적으로 냉동시키는 방법으로 약 3~5분 정도면 완전 냉동 경화된다.

2) 해동방법

(1) 완만 해동

① 냉장고 해동
- 냉장고 내에서 천천히 해동하는 방법으로 대량으로 해동할 때 사용한다.
- 냉장고 해동은 겉면과 속면이 동시에 해동될 수 있는 장점이 있어 식품 해동에 많이 사용된다.

② 상온해동
- 실온에서 해동하는 방법으로 공기 중의 수분이 재료나 제품에 직접 응결되지 않도록 포장한 채 해동한다.
- 실온이 높을수록 해동시간은 짧아지지만 균일하게 해동되지 않으므로 실온이 낮은 곳이 바람직하다.

③ 액체 중 해동
- 포장하거나 비닐 주머니에 넣어 보통 10℃ 정도의 물 또는 식염수로 해동하는 방법으로 고인 물보다 흐르는 물에 빨리 해동된다.

(2) 급속해동

① 건열해동
- 대류식 오븐을 이용하여 해동하는 방법이다.
- 낮은 온도에서 오븐 안의 바람에 의해 해동된다.

② 전자레인지 해동
- 비교적 단시간에 전자파의 파동에 의해 식품 속의 수분을 진동시켜 해동된다.

③ 그 외 해동법
- 증기를 이용하는 방법인 스팀 해동
- 뜨거운 물속에서 해동하는 보일러 해동
- 냉동식품을 고온의 기름 속에 넣어 해동 조리하는 튀김 해동

2 냉동저장 관리하기

1) 온도와 습도 관리

(1) 적정온도와 습도

① 냉동저장 온도는 -18℃ 이하로 관리한다.
② 냉동저장 습도는 75~95%에서 관리한다.

(2) 관리방법

① 냉동고 내부에 온도계를 부착하고 주기적으로 확인한다.
② 내부 온도가 유지되는지 확인하고 점검일지에 기록한다.

2) 재료관리

(1) 식재료별 냉동저장 온도

① 냉동생크림, 버터, 냉동육류 등은 -20℃에서 보관한다.
② 냉동케이크, 과일파이, 아이스크림 등은 -18℃ 이하에서 보관한다.

(2) 재료관리

① 선입선출관리
- 입고되는 재료는 유효기간과 라벨을 반드시 확인한다.
- 재료의 수령일자와 제품의 생산일자를 표시한다.
- 선입선출이 용이하도록 먼저 입고된 것을 앞쪽에 나중에 입고된 것은 뒤쪽에 보관한다.
② 정리 정돈
- 재료 보관 선반에 재료의 명칭, 용도, 규격 및 기능별로 그 종류를 분류하고 표기하여 재료별로 정리한다.
- 냉동고 용량의 70% 이하로 식품을 보관한다.
- 냉동식품은 검수 후 즉시 냉동고에 저장한다.
- 냉동고 문의 개폐는 신속하고 최소한으로 하여야 한다.
- 제품의 냉해 방지와 수분 증발을 억제하기 위해 제품별로 포장하거나 밀봉하여 보관한다.

- 입고된 재료는 겉포장 상자를 제거한 후에 보관한다.
- 재료와 제품은 바닥에 두지 않고 냉동고 바닥으로부터 25cm 위에 보관한다.
- 개봉하여 일부 사용한 제품들은 깨끗하게 소독된 용기에 옮겨 담아 개봉일자와 유통기한을 표시하여 보관한다.
- 뜨거운 식품은 식은 다음에 보관한다.
- 냉동 보관식품의 해동 시 '해동 중'이라는 표시를 하며 해동 후에는 날짜를 기록하여 냉장 보관한다.
- 냉동식품을 해동했다가 다시 냉동시키는 것은 매우 위험하므로 소포장하여 보관한다.
- 정기적으로 성에를 제거하고 청소, 정리 정돈한다.
- 냉동시설 내부에 설치된 개폐장치, 소화기 배치 등 안전관리에 주의를 기울인다.
- 점검기준을 마련하여 주기적으로 점검한다.

7-3 유통하기

1 유통기한

1) 유통기한의 정의

(1) 유통기한은 섭취 가능한 날짜가 아닌 식품의 제조일로부터 소비자에게 판매 가능한 기한을 말한다.

(2) 이 기한 내에서 적정하게 보관·관리한 식품은 일정 수준의 품질과 안전성이 보장됨을 의미한다.

(3) 이 기한을 넘긴 식품은 부패 또는 변질되지 않았더라도 판매할 수 없으므로 제조업체로 반품된다.

2) 유통기한 설정

(1) **식품 유통기한 표시제도**

- 「식품위생법」 제10조 규정에 의거하여 식품을 제조·판매하는 자는 「식품위생법 시행규칙」 제5조에 의하여 식품의 유통기한을 표시하도록 하고 있다.

(2) **식품 유통기한 연장제도**

- 식품의 유통기한을 연장하여 표시하고자 하는 제품은 보건복지부 장관의 승인을 받아 연장 표시하도록 하고 있다.

(3) **외국의 식품 유통기한 관리현황**

- 선진 외국의 경우 식품의 유통기한 설정을 생산업체 스스로 자율화하여 표시하며 그에 관한 책임과 의무를 지도록 하고 있다.

3) 유통기한에 영향을 주는 요인

(1) 개별 제품의 유통기한을 정하기 위해서는 이에 영향을 미치는 구체적인 요인들을 정확하게 식별하는 것이 중요하다.

(2) 요인들은 일반적으로 내부적 요인과 외부적 요인으로 나눌 수 있다. 내부적 요인과 외부적 요인들은 상호 작용할 수 있다.

(3) 내부적 요인으로는 재료의 배합과 구성성분, 수분의 함량과 활성도, 산도, 재료의 산화와 환원이 있다.

(4) 외부적 요인으로는 제조공정, 위생수준, 포장재질과 방법, 저장과 진열조건, 유통조건, 소비자의 취급 등의 원인이 있다.

4) 유통 중 온도관리

(1) 실온 유통제품의 적정온도

- 실온은 1~35℃를 말하며 제품의 특성에 따라 봄, 여름, 가을, 겨울을 고려하여 설정한다.

(2) 상온 유통제품의 적정온도

- 상온은 15~25℃를 말한다.

(3) 냉장 유통제품의 적정온도

- 냉장은 0~10℃를 말한다.

(4) 냉동 유통제품의 적정온도

- 냉동온도는 -18℃ 이하를 말하며, 품질 변화가 최소화될 수 있도록 냉동온도를 설정한다.
- 냉동식품 유통 시 제품을 출입고할 때 외부의 영향으로 온도가 상승하여 품질을 저하시킬 수 있으므로 취급 시 최우선으로 신속하게 운반한다.

2 포장

1) 포장의 목적

(1) 식품이 보관 · 가공 · 운송 · 판매를 거쳐 소비자에 이르기까지 충격, 압력, 온도, 습도 등의 외적 환경과, 파리, 미생물 등과 같은 피해로부터 식품을 보호하기 위함이다.

(2) 보관 · 운송 · 판매 등 일련의 작업을 능률적으로 행하기 위함이다.

(3) 소비자가 사용하기 쉽도록 하며, 상품의 가치를 높이기 위함이다.

2) 포장의 기준

(1) 식품에 접촉하는 포장은 청결하며 식품에 영향을 주어서는 안 된다.

(2) 「식품위생법」 제8조에는 '유독·유해 물질이 들어 있거나 묻어 있어 인체의 건강을 해할 우려가 있는 기구 및 용기·포장과 식품 또는 첨가물에 접촉되어 이에 유해한 영향을 줌으로써 인체의 건강을 해할 우려가 있는 기구 및 용기·포장을 판매하거나 판매의 목적으로 제조·수입·저장·운반 또는 진열하거나 영업상 사용하지 못한다.'고 규정하고 있다.

3) 포장재질

(1) 종이와 판지 제품: 종이 봉투, 종이 용기

(2) 유연 포장 재료: 셀로판, 플라스틱, 알루미늄

(3) 금속제: 통조림용 금속용기

(4) 유리제: 병, 컵

(5) 목재: 나무상자, 나무통

4) 포장재의 유해물질

(1) 종이와 판지 제품에는 착색제, 충진제, 표백제, 방부제, 형광염료 등이 포함될 수 있다.

(2) 금속재질은 납, 도료성분, 주석 등이 포함될 수 있다.

(3) 도자기와 유리제품은 납, 유약, 물감 등이 포함될 수 있다.

(4) 합성수지에는 안정제, 열가소성제, 산화방지제, 금속, 과산화물이 포함될 수 있다.

5) 포장방법

(1) 기능과 형태에 따른 분류

   ① 겉포장, 속포장, 낱개 포장

   ② 상자 포장, 천 포장, 종이봉투 포장, 나무통 포장, 자루 포장

   ③ 방습 포장, 방수 포장, 가스 치환 포장, 무균 포장 등

(2) 포장 시 유의사항

   ① 포장 용기의 위생

     • 공기나 자외선의 투과율, 내열성, 내산성, 내한성, 내약품성, 투명도, 신축성, 유해물질의 용출 등을 감안하여 포장방법을 선택한다.

- 유지의 산화, 식품의 변색 등을 고려하여 포장지를 선택한다.
- 용기와 포장지의 기본 재질에 유해물질이 있어 제품에 옮겨지지 않도록 유의하여 포장한다.
- 미생물이 오염된 포장지는 세균, 곰팡이 등의 발생 원인이 되므로 청결하게 보관·관리한다.

② 포장 제품의 품질 변화
- 최초로 포장된 내용물의 색·향·맛이 변하지 않아야 한다.
- 포장 재료의 특성을 잘못 선택하여 제품의 고유성이 변화되어서는 안 된다.
- 포장 환경과 저장조건이 불량하면 포장제품의 품질이 변할 수 있으므로, 미생물, 해충, 습기, 산소, 효소, 온도, 금속이온, 광선, 충격, 마찰 등의 물리적·생화학적 요인에 유의한다.

▌참고문헌

국가직무능력표준 사이트(http://www.ncs.go.kr/).

식품의약품안전처 사이트(http://www.mfds.go.kr/).

교육부 사이트(http://www.moe.go.kr/): 학교급식 위생관리지침서.

이수정(2008), 부산지역 학교급식 식재료 검수관리에 관한 연구, 고신대학교 대학원 박사학위논문.

윤성준 외(2011), 제빵기술사실무, 백산출판사.

월간 파티씨에(2010), 제과제빵이론 특강, 비앤씨월드.

파티시에 편집부(2009), 빵과자백과사전, 비앤씨월드.

재단법인 과우학원(2011), 표준재료과학, 비앤씨월드.

신길만(2000), 베이커리경영론, 형설출판사.

김금란 외(2010), 실무 식품구매론.

강무근 외(2014), 관광외식 원가관리.

이형우(2012), 호텔베이커리실무론, 대왕사.

이명호 외(2013), 제과제빵경영론, 형설출판사.

윤대순 외(2000), 베이커리경영론, 백산출판사.

이윤희 외(2014), 제과제빵 재료학, 지구문화사.

정용주(2012), 외식마케팅, 백산출판사.

홍행홍 외(2014), 제과제빵 이론&실기, 광문각.

윤재홍 외(2001), 생산계획 및 재고관리, 형설출판사.

조보상(2002), 소자본 창업과 경영의 실무, 무역경영사.

조경동 외(2011), 창업론, 형설출판사.

김용문 외(2012), 주방관리론, 광문각.

김업식 외(2004), 주방시설관리론, 도서출판 효일.

박대환 외(2001), 호텔관광서비스론, 백산출판사.

백남길(2013), 외식마케팅, 백산출판사.

안대희 외(2014), 호텔인적자원관리, 백산출판사.

원융희 외(2015), 관광인적자원관리, 백산출판사.

이상희(2013), 외식산업경영론, 백산출판사.

김성일 · 박영일 · 진양호(2013), 외식마케팅관리, 백산출판사.

김성혁 · 황수영 · 김연선(2011), 외식마케팅론, 백산출판사.

김원경(1992), 인사관리론, 형설출판사.

김헌희 · 이유경(2014), 외식창업실무, 백산출판사.

조병동 외(2017), 알기 쉬운 제과제빵학, 백산출판사.

기타 인터넷 자료.

저자약력

조병동
현) 부산여자대학교 호텔제과제빵과 교수
- 영산대학교 경영대학원 관광경영학석사
- 2002부산아시안게임, 2002년 아·태장애인게임 및 2003년 대구유니버시아드대회 선수촌 급식 제과담당 과장
- 국가기술자격실기시험 감독
- 서울롯데 및 부산롯데호텔 제과장
- 최신제과제빵(실습편), 알기 쉬운 제과제빵학 (이론편) 등 저서 다수

정양식
현) 계명문화대학교 식품영양조리학부 제과 제빵전공 교수
- 경기대학교 관광학박사
- 산업체 경력 15년
- 대한민국 제과기능장
- 한국산업인력공단 제과제빵 실기 감독위원

김남근
현) 김포대학교 호텔제과제빵과 전임교수
- Masedarin R&D Department Head Lotte City Hotel
- Marriott Executive Apartments Seoul
- Renaissance Seoul Hotel
- 세종대학교 조리외식경영학 외래교수

김동균
현) 한국관광대학교 호텔제과제빵과 교수
- 세종대학교 관광대학원 외식경영전공(석사 졸업)
- (주)제주그랜드호텔 파티시에 근무
- 대한민국 국제요리경연대회 '디저트LIVE 단체전 금상', '마지팬 케이크단체전 은상' 외 다수 수상
- 대한민국 제과기능장, 제과제빵실기 기능사 감독위원
- 독일 뉘른베르크 소재 독일빵 연구소 IREKS사 연수 및 근무
- 한국호텔관광직업전문학교 호텔제과제빵계열 교수

김한희
현) 대림대학교 제과제빵커피전공 교수
- 세종대학원 조리외식경영 박사과정
- 인터컨티넨탈 호텔 제과장
- CJ 푸드빌 그룹 행사 베이커리 담당

김해룡
현) 강릉영동대학교 호텔조리과 교수 제과제빵기능사 감독위원
- 강릉원주대학교 대학원 관광학박사
- (주)제주그랜드호텔 파티시에 근무
- 2018년 평창동계올림픽 강릉시 자문위원
- 2012~2015년 대한민국 국제요리대회 수석부회장, 자문위원
- 2010년 강원기능경기대회 제과심사장 및 심사위원

저자와의
합의하에
인지첩부
생략

알기 쉬운 **베이커리 경영론**

2018년 3월 25일 초 판 1쇄 발행
2022년 2월 25일 제2판 1쇄 발행

지은이 조병동 · 정양식 · 김남근 · 김동균 · 김한희 · 김해룡
펴낸이 진욱상
펴낸곳 (주)백산출판사
교 정 성인숙
본문디자인 오행복
표지디자인 오정은

등 록 2017년 5월 29일 제406-2017-000058호
주 소 경기도 파주시 회동길 370(백산빌딩 3층)
전 화 02-914-1621(代)
팩 스 031-955-9911
이메일 edit@ibaeksan.kr
홈페이지 www.ibaeksan.kr

ISBN 979-11-6567-442-7 93590
값 24,000원